Synthesis and Bioactivity Study of Glucosamine Derivatives

氨基葡萄糖衍生物合成及生物活性研究

刘玮炜　陈　超　曹联攻　著

U0201570

化学工业出版社
·北京·

内容简介

氨基葡萄糖是一类重要的单糖，具有抗菌、抗病毒、调节植物生长等广泛的生物活性。本书全面系统地介绍了氨基葡萄糖类化合物在生活中的应用，氨基葡萄糖衍生物中间体的合成，氨基葡萄糖噻唑类衍生物、氨基葡萄糖噻二唑类衍生物、氨基葡萄糖噁唑类衍生物、氨基葡萄糖 *N*-位修饰的酰胺类衍生物、氨基葡萄糖 *N*-位修饰的 1,2,4-三氮唑类衍生物的合成路线及生物活性研究，可操作性强。

本书适用于生物科学、生物技术、药学等相关专业的本科生及研究生阅读学习，也可供生物、医药领域的技术人员参考。

图书在版编目（CIP）数据

氨基葡萄糖衍生物合成及生物活性研究/刘玮炜，
陈超，曹联攻著. —北京：化学工业出版社，2022.9（2023.8重印）
ISBN 978-7-122-42051-0

Ⅰ.①氨… Ⅱ.①刘… ②陈… ③曹… Ⅲ.①氨基
糖-衍生物-生物合成-生物活性-研究 Ⅳ.①Q53

中国版本图书馆 CIP 数据核字（2022）第 153985 号

责任编辑：李建丽 　　　　　文字编辑：刘洋洋
责任校对：宋　夏 　　　　　装帧设计：王晓宇

出版发行：化学工业出版社（北京市东城区青年湖南街 13 号　邮政编码 100011）
印　　装：北京科印技术咨询服务有限公司数码印刷分部
710mm×1000mm　1/16　印张 13¾　字数 214 千字　2023 年 8 月北京第 1 版第 2 次印刷

购书咨询：010-64518888　　　　售后服务：010-64518899
网　　址：http://www.cip.com.cn
凡购买本书，如有缺损质量问题，本社销售中心负责调换。

定　　价：89.00 元　　　　　　　　　　　　　　　版权所有　违者必究

前言

　　氨基葡萄糖类化合物在医药、农药、食品、材料等领域具有良好的应用前景。该类化合物分子量小、溶解性好、药理活性多、生物利用度高且毒副作用小，生物活性广泛，尤其在医药领域应用更广泛，具有治疗阿尔茨海默病、抗肿瘤以及抗炎等多种活性，近年来已引起国内外诸多学者的广泛关注。设计、合成新型氨基葡萄糖衍生物并进行乙酰胆碱酯酶（AChE）抑制活性研究对克服现有阿尔茨海默病治疗药物的弊端具有现实意义。笔者课题组从 2009 年开始从事氨基葡萄糖衍生物的合成及生物活性研究，先后在江苏省优势学科和多个基金项目的资助下，合成并筛选了一批具有 AChE 抑制活性的氨基葡萄糖衍生物，并探究该类化合物的构效关系，相关内容在本书中进行了总结。

　　本书分 7 章，第 1 章为绪论，综述了氨基葡萄糖类化合物在各领域，尤其是医药领域的研究进展及其合成方法概况。第 2 章至第 7 章主要介绍了 6 类氨基葡萄糖衍生物的设计、合成及生物活性研究。第 2 章为重要氨基葡萄糖衍生物中间体的合成，第 3 章为氨基葡萄糖噻唑类衍生物的合成及生物活性研究，第 4 章为氨基葡萄糖噻二唑类衍生物的合成及生物活性研究，第 5 章为氨基葡萄糖噁唑类衍生物的合成及生物活性研究，第 6 章为氨基葡萄糖 N-位修饰的酰胺类衍生物的合成及生物活性研究，第 7 章为氨基葡萄糖 N-位修饰的 1,2,4-三氮唑类衍生物的合成及生物活性研究。

　　书中所述实验主要由程峰昌、龚峰、霍云峰、李曲祥、刘秀坚、王蕾、吴杨全、殷龙、张强等参与完成。本书编写主要由陈超、曹联攻完成，蒋凯俊、邵仲柏等参与完成部分内容编写。全书由刘玮炜统稿。书中实验项目的开展得到了江苏省优势学科及各基金项目的支持，在此一并表示感谢。

由于编者水平有限，书中难免存在缺点和不足，不妥之处恳请广大读者提出宝贵意见并给予批评指正。感谢使用本书的广大读者！

刘玮炜

2022 年 4 月

目录

第3章
氨基葡萄糖噻唑类衍生物的合成及生物活性研究 040

第 5 章
氨基葡萄糖噁唑类衍生物的合成及生物活性研究　　　130

第1章

绪论

1.1 概述

阿尔茨海默病（Alzheimer's disease，AD），也称老年性痴呆，是一种常见的脑神经退行性病变，发病率较高，已成为现代社会严重威胁老年人健康的疾病之一[1,2]，其临床表现为记忆障碍、认知功能紊乱和语言能力减退等[3]。世界卫生组织的统计数字表明，目前全世界约有 5000 万人患有 AD[4]，其致病机制仍不太确定，存在诸多假说，临床上比较公认的有胆碱能假说、Aβ 聚集假说、Tau 蛋白异常假说、代谢障碍及血管损伤假说等。其中胆碱能假说认为，AD 患者脑内缺乏一个重要的神经递质乙酰胆碱，引起了胆碱能神经传递的障碍从而导致认知和记忆功能的损伤[5,6]。基于此，增加大脑中乙酰胆碱的水平能够做到改善或治疗 AD。临床试验证明，乙酰胆碱酯酶（acetylcholinesterase，AChE）抑制剂能够抑制 AChE 的活性，从而降低或延缓乙酰胆碱的分解速度，恢复突触间隙乙酰胆碱的水平，以达到对 AD 控制与治疗的功效[7]。因此，临床上把 AChE 抑制剂作为治疗 AD 的首选药物，该类药物对轻、中度 AD 患者疗效确切，可使其认知功能及其他症状得到改善。到目前为止，以他克林（tacrine）、多奈哌齐（donepezil）、卡巴拉汀（rivastigmine）等为代表的 AChE 抑制剂是唯一一类通过美国食品药品监督管理局（FDA）批准用于治疗 AD 的药物[8]。

虽然现有的 AChE 抑制剂已经成为治疗 AD 的主流药物，但仅抑制乙酰胆碱酯酶的活性只能提高乙酰胆碱的含量，并不能阻止中枢胆碱能神经元的进行性退化死亡。随着病情的发展，中枢胆碱能神经元发生进行性退化死亡，AChE 抑制剂的药效也会逐渐降低[9]。并且现有的 AChE 抑制剂普遍具有药物选择性差、生物利用度低、胃肠道刺激性大等副作用以及严重的肝细胞毒性等缺点[10]。

这些都限制了它们在临床上的应用，因此，寻找并开发不良反应小且能够阻止胆碱能神经元进行性退化的新型 AChE 抑制剂已成为当前药物科学工作者们的研究热点。

糖类化合物是构成生命的基本物质之一，作为除蛋白质和核酸外的一大类生物分子，在自然界中分布最为广泛[11,12]，在体内以单糖、寡糖、多糖及糖蛋白等多种形式参与细胞分化、增殖、免疫、信息传递等多种生命活动[13]，其不仅是物质循环的中心，且在维持细胞形态、结构骨架等方面均有着重要作用[14,15]。近几十年，随着糖生物学及相关技术的迅速发展，人们发现其结构的复杂性、多样性远大于核酸和蛋白质[16]，并将其广泛运用于抗肿瘤、抗病毒、治疗阿尔茨海默病等[17,18]各类疾病的新药研发，如今批准上市的糖类药物数量和销售量不断上升[19]。

氨基葡萄糖（glucosamine）又称葡萄糖胺、葡糖胺，是自然界含量最丰富的单糖之一，可由甲壳素最终降解得到[20,21]，可在人体内合成，是形成软骨细胞的重要营养素，不仅可以帮助维护、修复软骨，也能大大刺激软骨细胞的生长[22-24]。其可制备成种类繁多的衍生物[25]，运用于寡糖、多糖的生物或化学合成[26]。鉴于此，本课题组对氨基葡萄糖衍生物的合成方法及其生物活性进行研究，合成了多个系列的氨基葡萄糖与杂环键合的化合物，研究结果表明噻唑类、噁二唑类、噻二唑类等氨基葡萄糖衍生物具有较好的 AChE 抑制活性[27-30]，可为治疗阿尔茨海默病的新药研发提供新思路。此外，氨基葡萄糖衍生物还可应用于农药与食品等行业[31]，如作为杀虫除草剂、食品添加剂和保健品[32,33]等。

1.2　氨基葡萄糖类化合物的化学修饰概况

目前，氨基葡萄糖类化合物的结构修饰以 N-位修饰和苷羟基修饰为主，无论 N-位修饰物还是苷羟基修饰物，都表现出了较好的生物活性。

1.2.1　氨基葡萄糖的 N-位化学修饰

1.2.1.1　N-位酰化修饰

N-位酰化氨基葡萄糖衍生物，通常有二氯亚砜法、缩合法和混合酸酐法这三种合成方法。

（1）二氯亚砜法

首先将脂肪酸或芳香酸与二氯亚砜反应，得到相应的脂肪酰氯或芳香酰氯，再与氨基葡萄糖反应，制备出氨基葡萄糖的酰化产物（图 1-1）。相关研究采用此方法，将一些具有药理作用的芳环结构引入到氨基葡萄糖的 *N*-位上，得到 2-烟酰胺基-*β*-D-吡喃葡萄糖，活性测试表明，产物具有较好的抑菌活性[34]。田亚琴[35]也采用此方法，制备出 5 种酰化产物，其可作为表面活性剂且具有良好的性能。此法产率较高，但反应时间长，操作复杂。

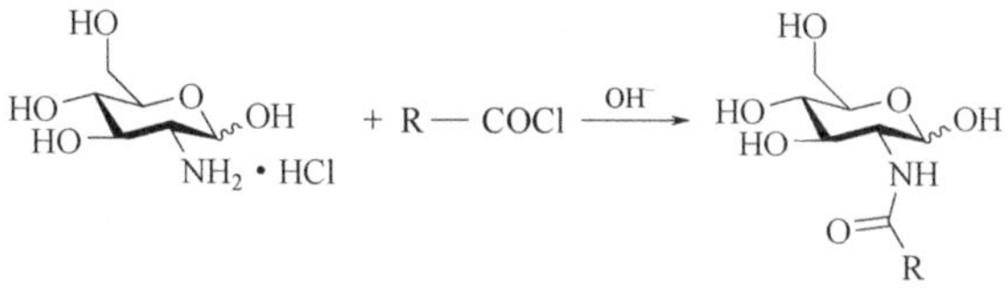

图 1-1　二氯亚砜法合成 *N*-酰化氨基葡萄糖衍生物

（2）缩合法

在缩合剂的作用下，将氨基葡萄糖的氨基直接与羧酸缩合，即可得到酰化产物。缩合剂主要有碳二亚胺类和鎓盐类。常用的碳二亚胺类缩合剂主要有 *N*,*N'*-二环己基碳二亚胺（*N*,*N'*-dicyclohexylcarbodiimide，DCC）、*N*,*N'*-二异丙基碳二亚胺（*N*,*N'*-diisopropylcarbodiimide，DIC）、1-乙基-3-(3-二甲基氨丙基)碳二亚胺盐酸盐［1-ethyl-3-(3-dimethylaminopropyl) carbodiimide hydrochloride，EDCI］等。在使用此类缩合剂时，反应第一阶段由羧酸对碳二亚胺的加成所得中间体不稳定，易发生结构重排，生成相对稳定的脲结构产物。因此，该法常需要使用催化剂或活性剂，如羟基苯并三唑（hydroxybenzotriazole，HOBt）和 4-*N*,*N*-二甲氨基吡啶（4-*N*,*N*-dimethylaminopyridine，DMAP）等，这样能使中间体转化成相应的活化酯或活化酰胺。笔者课题组[36]以 DCC 为缩合剂，以 DMAP 为催化剂，成功实现了含硝基芳香羧酸与氨基葡萄糖的缩合，将具有抗菌作用的硝基引入到氨基葡萄糖中，以用来开发具有更好抗菌活性的药物。与二氯亚砜法相比，此法具有操作简单、污染小等优点。

近年来，相继开发了许多鎓盐缩合剂并应用在酰胺类反应中，目前常用的鎓盐缩合剂有六氟磷酸 *O*-7-氮杂苯并三唑-1-基-*N*,*N*,*N'*,*N'*-四甲基糖醛鎓盐［*O*-(7-azabenzotriazol-1-yl)-N,N,N',N'-tetramethyluronium hexafluorophosphate，

HATU〕、六氟磷酸 *O*-苯并三唑-*N,N,N′,N′*-四甲基糖醛锇盐（*O*-Benzotriazole-*N,N,N′,N′*-tetramethyluroniumhexafluorophosphate，HBTU）等。使用碳锇盐缩合剂进行酰胺缩合，主要是通过分子内转移得到相应的活化酯。在癌细胞检测中，近红外荧光具有较低的自发荧光背景、较小的光像损伤等优势，因此，近年来，近红外荧光葡萄糖类似物引起了科学工作者们的广泛关注。Vendrell 等[37]以HATU 为缩合剂，将氨基戊二酸酰化的三碳菁染料成功引入氨基葡萄糖结构中，得到了新型的近红外荧光性脱氧葡萄糖类似物，研究表明，该物质在癌细胞检测光学成像中有着重要作用（图 1-2）。

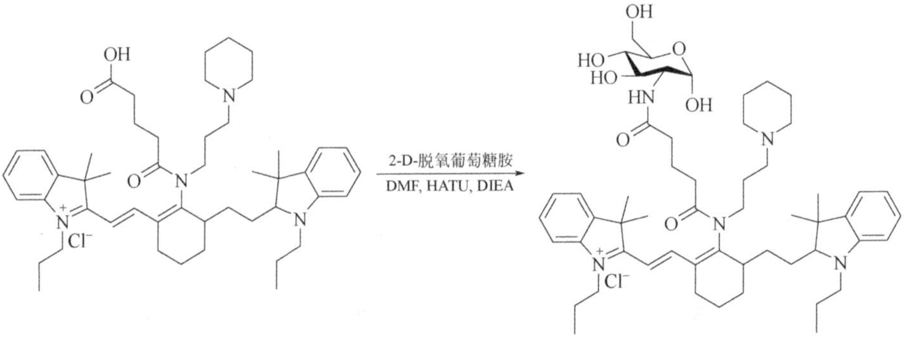

图 1-2　使用缩合剂合成氨基葡萄糖酰化衍生物

（3）混合酸酐法

首先将作为羧基活化剂的氯甲酸乙酯或磺甲酸等与羧酸反应生成混合酸酐，再与胺类作用合成酰化衍生物。任素梅等[38]以氯甲酸乙酯为活化剂，将具有抗肿瘤活性的氮芥苯甲酸结构与氨基葡萄糖合在一起（图 1-3），为开发新的抗癌药物提供了先导化合物。

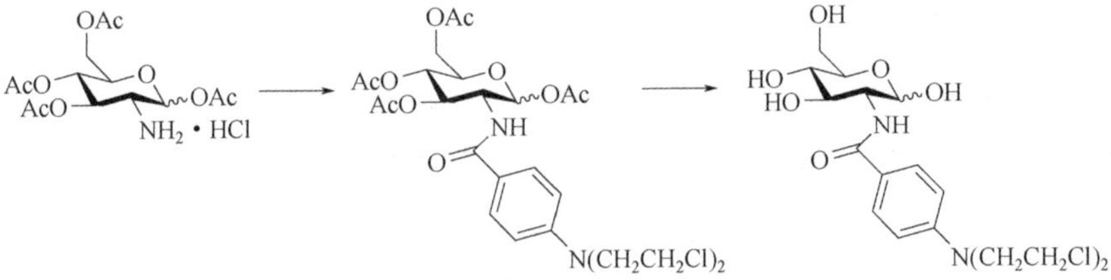

图 1-3　混合酸酐法合成氨基葡萄糖酰化衍生物

1.2.1.2 *N*-位的席夫碱修饰

氨基葡萄糖具有优异的生物活性，而席夫碱在抑菌、杀菌、抗癌等方面显示出独特的功效，因此，以氨基葡萄糖为先导化合物合成席夫碱在生物医药等领域有着重要的意义。

20世纪20年代，Irvine等率先在水相中合成了*N*-水杨醛氨基葡萄糖席夫碱。随后，Pessou等在甲醇中合成了*N*-水杨醛氨基葡萄糖席夫碱。近年来，在甲醇中成功合成出的一系列新型席夫碱（图1-4）对真菌表现出明显的抑制活性[39-41]。

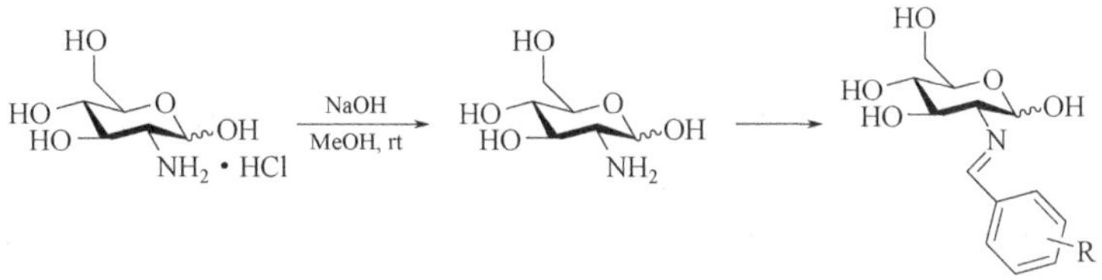

图1-4 氨基葡萄糖席夫碱的合成路线

氨基葡萄糖席夫碱能与多种金属离子形成配合物，在抗菌、抗氧化、抗肿瘤等方面具有很好的生物活性。研究表明，利用水杨醛和邻香草醛分别与氨基葡萄糖反应，所得产物再与Zn（Ⅱ）、Cu（Ⅱ）和Co（Ⅲ）螯合制备出席夫碱配合物（图1-5），两种席夫碱与金属离子形成配合物后，抑菌效果明显增强[42]。该课题组对不同的化合物进行研究，获得了这些化合物对细菌影响方面的信息，从而对药物合成，探讨药物的构效关系，以及药物筛选等有着重大意义。Shen等[43]将由萘甲醛与氨基葡萄糖作用得到的席夫碱与甘氨酸和Zn（Ⅱ）、Cu（Ⅱ）、Co（Ⅱ）螯合得到配合物（图1-6），但研究发现，由于存在甘氨酸配体，反而降低了该席夫碱的抗癌活性。随后经科学家改进，将制备的水杨醛氨基葡萄糖席夫碱与Ni（Ⅱ）形成配合物（图1-7），得到的配合物可作为不对称合成所用的催化剂[44]。

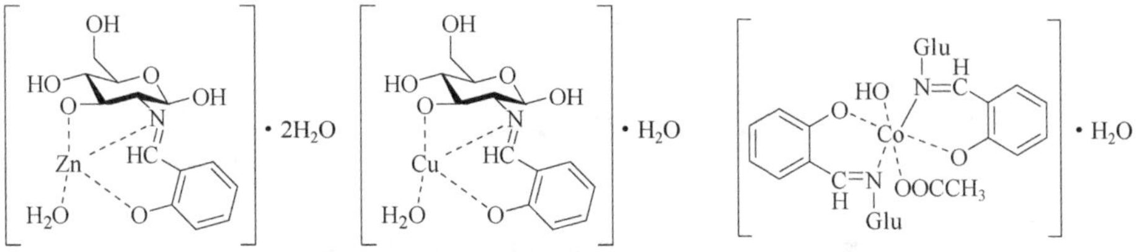

图1-5 水杨醛氨基葡萄糖席夫碱金属配合物的结构

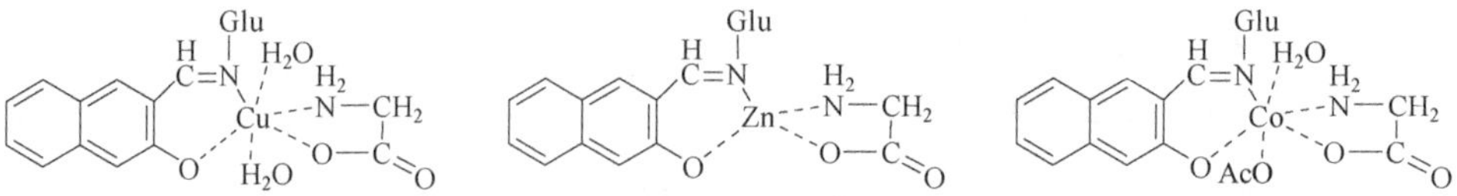

图1-6　萘甲醛氨基葡萄糖席夫碱与甘氨酸金属配合物的结构

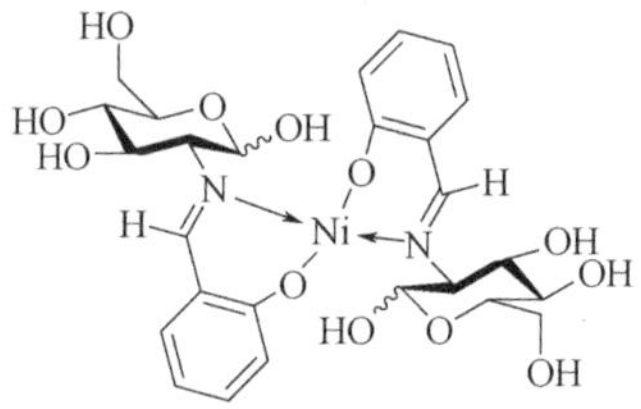

图1-7　水杨醛氨基葡萄糖席夫碱与 Ni（Ⅱ）配合物的结构

1.2.1.3　*N*-位脲类衍生物

因脲类衍生物具有抗癌[45,46]、抗艾滋病（HIV）[47]等生物活性，将脲类结构引入氨基葡萄糖分子中，对于筛选具有特定生物活性的化合物具有重要意义。一些糖基脲类衍生物对 α-葡糖苷酶和磷酸化酶具有很强的抑制作用，而且可作为抗糖尿病试剂。为此，López 等[48]首次报道采用三光气法制备氨基葡萄糖异氰酸酯，其与胺反应生成相应的氨基糖脲类衍生物（图 1-8）。此方法中制备出的异氰酸酯含有反应活性极强的异氰酸酯基团，极易与其他含有活泼氢的化合物如胺类、醇类、羧酸类、酚类等发生亲核加成反应。在此基础上，该课题组用硫光气将氨基葡萄糖转化为 1,2-双环糖基硫代氨基甲酸酯[49]。曹丹等[50]使用三光气法合成出一系列糖基脲类衍生物，对其进行除草活性研究，发现其对苏丹草具有较好的抑制作用。刘俊朋等[51]以氨基葡萄糖盐酸盐为原料，也用此类方法简便、高效、经济地将 4 种氨基酸甲酯成功引入到氨基葡萄糖上，从而使 1 个分子既可以发挥糖基脲的活性，又可拥有拟肽键的活性，为进一步探索氨基葡萄糖脲类衍生物提供了新思路。

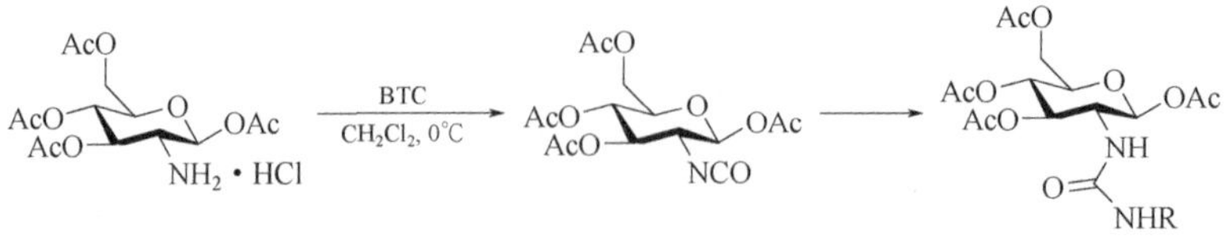

图1-8　三光气法合成氨基葡萄糖脲类衍生物

1.2.1.4 N-位的烷基化修饰

N-烷基化氨基葡萄糖衍生物的合成，一般首先采用醛与氨基反应生成席夫碱，再经还原反应得到烷基化产物。Hua 等[52]使 1,4-蒽醌醛类化合物与氨基葡萄糖发生席夫碱反应，再用 NaCNBH₃ 还原得到相应的烷基化产物（图 1-9）。将 1,4-蒽二酮引入到氨基葡萄糖 N-位上，增强了目标分子作用位点的靶向作用，并且其具有阻断核苷运输及诱导线粒体去极化作用。因而，临床上常用于抗肿瘤活性的研究。Liberek 等[53]将羟基保护的氨基葡萄糖在 NaCNBH₃、CH₃CN/H₂O 存在下与醛反应制备出一系列饱和烷烃烷基化产物，并发现 N-乙基-和 N-戊基-氨基葡萄糖有抑菌活性。

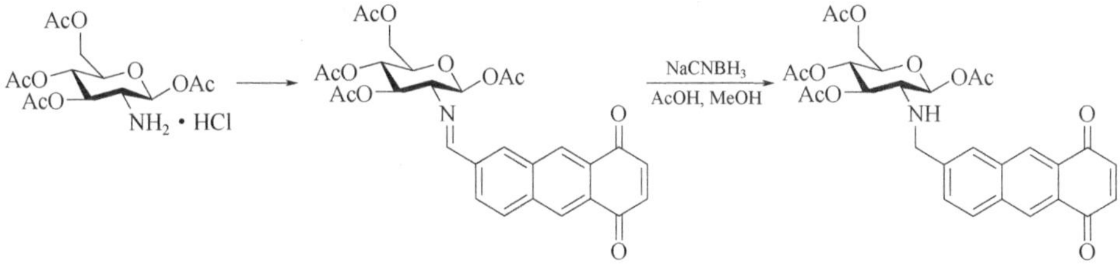

图 1-9　N-烷基化氨基葡萄糖衍生物的合成路线

1.2.1.5 N-位芳基化修饰

N-芳基化氨基葡萄糖由于合成困难，相关研究较少。近年来，研究发现，只有卤代芳烃上有强吸电子基时，才能与氨基葡萄糖发生亲核取代反应[54,55]。最近，陶传洲等[56]经过一系列的尝试，发现在铜催化下，含吸电子基和给电子基的芳香卤化物均能与氨基葡萄糖进行交叉偶联反应，实现 D-氨基葡萄糖的 N-芳基化修饰（图 1-10），并且反应条件温和，操作简单。

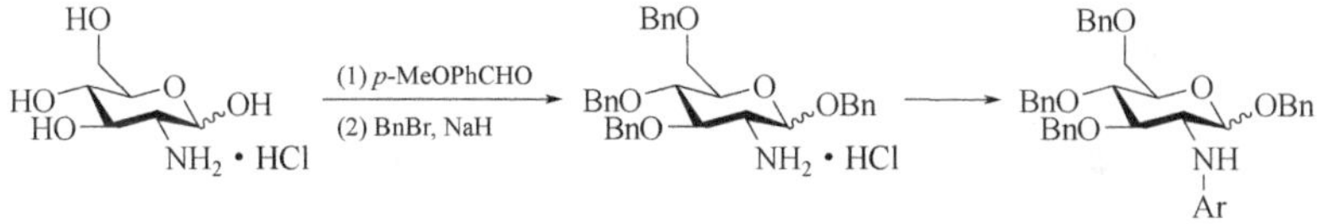

图 1-10　N-芳基化氨基葡萄糖衍生物的合成路线

1.2.2 氨基葡萄糖的苷羟基修饰

1.2.2.1 苷羟基的烷基化修饰

苷羟基的烷基化合成通常采用席夫碱法、N-邻苯二甲酰化法等。其核心是先实现氨基保护再对苷羟基进行烷基化，然后在特定条件下脱除保护基。Yang 等[57]以氨基葡萄糖为原料，用二甲基磷脂（DMP）保护氨基，在 NH_3、THF/CH_3OH 条件下与三氯乙腈反应得到糖基三氯乙酰亚胺酯中间体，然后再与各种醇反应制备出立体选择性较好的衍生物。Chen 等[58]利用上述类似的方法将氨基用三氯乙基硫酸酯（TCE）保护也得到了较好的立体选择性产物（图 1-11）。以 DMP、TCE 作为氨基保护基，可以在特定的酸或碱条件下，选择性进行糖基化修饰，从而可以得到糖基作为供体或受体的多元烷基化衍生物。

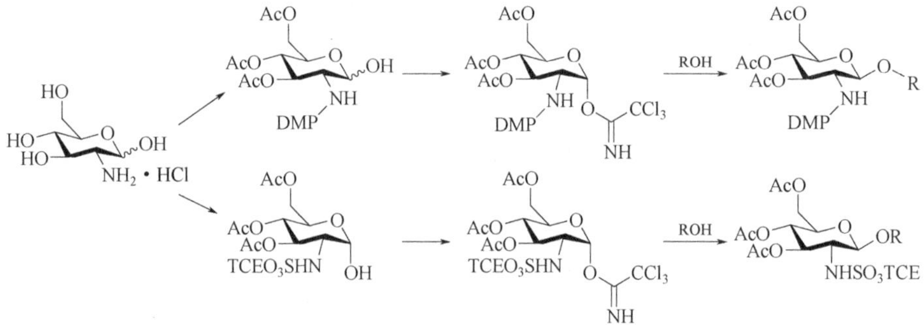

图 1-11　D-氨基葡萄糖烷基化衍生物的合成路线

　　Vega-Pérez 等[59]先将氨基葡萄糖 4 位、6 位羟基缩醛化保护，然后在汞盐的催化下将烯丙基类似物引入到端位碳上，并研究了其环氧化衍生物的亲和反应性和立体选择性。随后，他们又对氨基葡萄糖各异构体带有不饱和长链烷烃立体选择性环氧化作用进行了研究，得到一系列衍生物[60]（图 1-12）。4 位、6 位羟基缩醛化保护使分子的刚性结构增强。同时，环氧化产物具有很强的亲电和亲核性，因此常用作有机合成的中间体，并且也表现出了细胞毒活性，可用于抗癌试剂的研究。

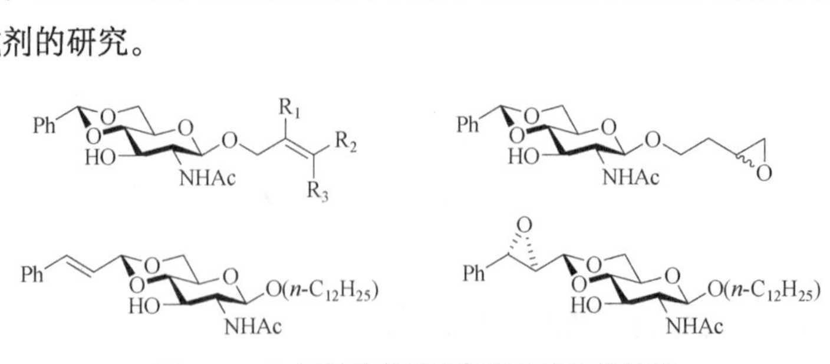

图 1-12　D-氨基葡萄糖环氧化衍生物的结构

　　Sarkar 等[61]将氨基分别用 2-甲基萘基、4-甲氧苄基、2,4-二甲氧苄基、2,4,6-

三甲氧苄基保护，然后端位硫苷化再与乙醇反应得到 β-构型糖基异构体，用这些基团保护氨基避免了在形成端位硫苷化时生成副产物噁唑啉，从而高选择性地得到了 β-构型产物。

Agarwal 等[62]将 N-乙酰氨基葡萄糖的端位进行甲基化，在 KOH/EtOH 条件下脱除乙酰基得到端位 α-构型甲基化产物，作为一种有机催化剂用于羟醛缩合，发现其具有很好的催化性能。最近也有人合成了一类糖基甾族衍生物用于诱导细胞凋亡和抗癌活性的研究[63]（图 1-13）。刘峰等[64]为实现氨基位点的高效化学改性，合成了一种重要医药中间体，即烯丙基保护的氨基葡萄糖，该法对于糖类氨基位点的选择性反应有着借鉴意义。

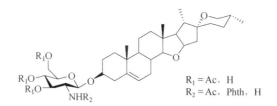

R₁ = Ac，H
R₂ = Ac，Phth，H

图 1-13　D-氨基葡萄糖甾族衍生物的结构

1.2.2.2　苷羟基的糖苷化修饰

近年来，在氨基葡萄糖的化学改性研究中，关于糖苷化衍生物的报道越来越多[65,66]。将氨基葡萄糖引入到其他类型的糖分子后，得到的寡糖或多糖衍生物（尤其含 4～7 个单糖分子）具有优良的生物医药活性。其合成通常采用 Koenigs-Knorr 法及其改进法，主要采用新的离去基团，提高异头碳的活性。Griffiths 等[67]将两分子氨基葡萄糖通过糖苷化合并在一起合成了一种脂质 A（lipid A）类似物的二糖分子，发现其具有抑制细胞内毒素的作用（图 1-14）。Hattum 等[68]以硫代二半乳糖苷为受体，N-邻苯二甲酰胺酰化糖为供体，制备出了一种带有三氮唑的壳寡糖分子（图 1-15），其对半乳糖凝集素-1 和半乳糖凝集素-3 有很好的抑制作用。在 C3 位引入 4-芳基三氮唑，研究发现，在以精氨酸-芳香烃之间的交互为靶向目标时，其增加了两者的亲和黏附能力，从而导致其对半乳糖凝集素-3 比对半乳糖凝集素-1 有更好的抑制作用。Debenham 等[69]用四氯邻苯二甲酰（tetrachlorophthaloyl，TCP）、邻苯二甲酰亚胺（phthalimide，Phth）保护的氨基葡萄糖苷作为前体，合成出了一种结瘤因子（nod factor，NF）。该因子是由根瘤菌分泌的一种脂质几丁寡糖，被用于植物固氮，通过化学方法

合成此类物质为维持自然界中氮循环平衡提供了一种可能（图 1-16）。Jung 等[70]
利用三氟甲磺酸三甲基甲硅烷基酯（trimethylsilyl trifluoromethanesulfonate,
TMSOTf）作为催化介质，使 D-氨基葡萄糖和 L-鼠李糖发生糖基化反应，得到
了一种混合糖基供体,再与胆固醇反应制备出 Brasilicardin 类似物(图 1-17)，
发现其表现出很强的抑制免疫力和细胞毒素活性。

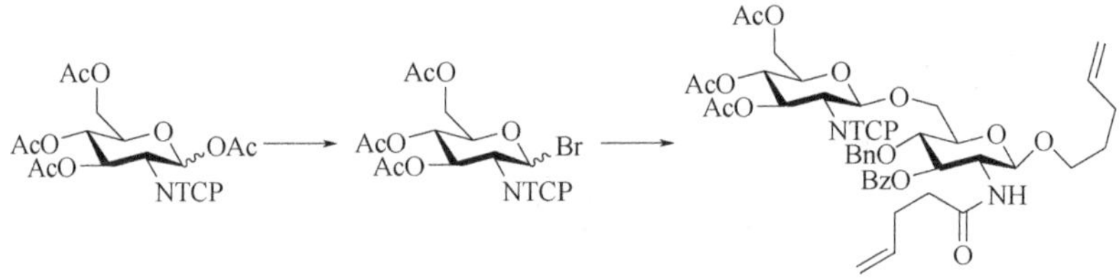

图 1-14　D-氨基葡萄糖脂质类似物的合成路线

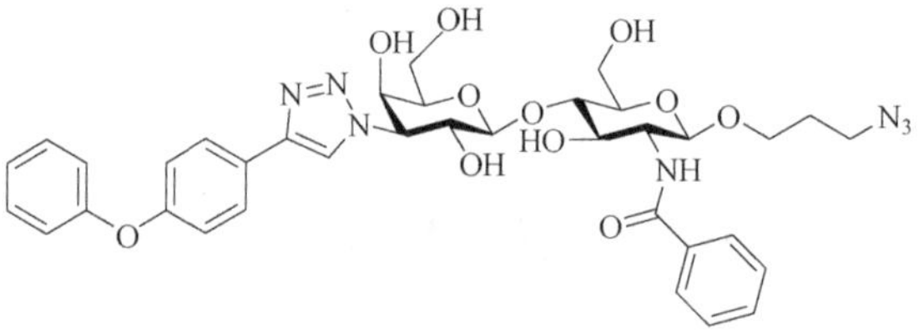

图 1-15　壳寡糖分子的结构

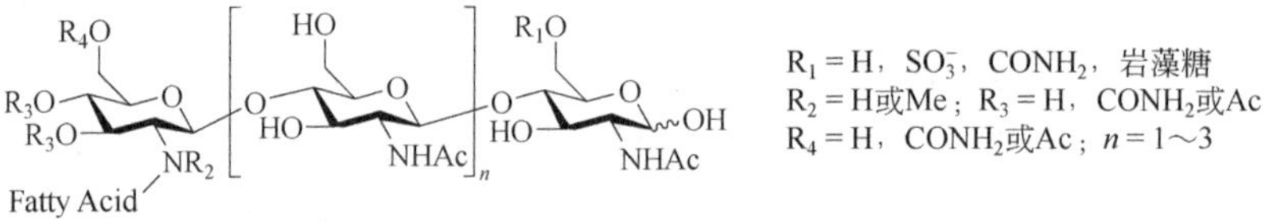

R$_1$＝H，SO$_3^-$，CONH$_2$，岩藻糖
R$_2$＝H或Me；R$_3$＝H，CONH$_2$或Ac
R$_4$＝H，CONH$_2$或Ac；n＝1～3

图 1-16　结瘤因子的结构

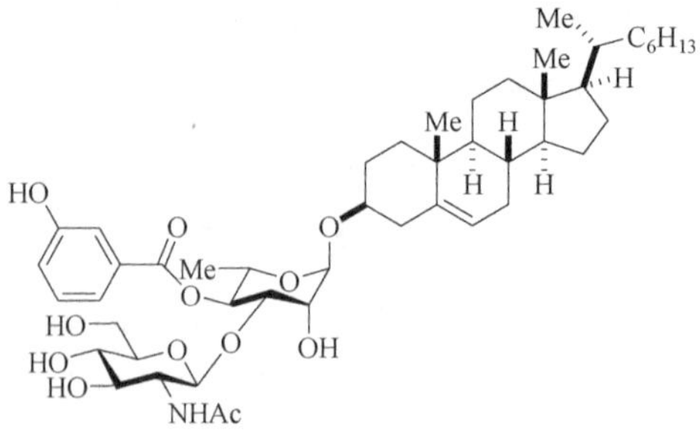

图 1-17　Brasilicardin 类似物的结构

最近，Mensah 等[71]用镍作为催化剂，将不同基团保护的葡萄糖分子作为供

体，立体选择性地引入到氨基葡萄糖分子中，合成的寡糖分子可以作为制备肝素的前体。同样，Tsvetkov 等[72]将氨基葡萄糖作为受体合成了一类三糖、四糖分子，能用于 HNK-1（human natural killer）细胞的分子识别（图1-18）。

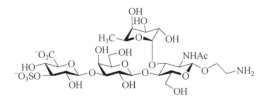

图1-18 硫酸化四糖分子的结构

另外，Walvoort 等[73]用丁烯二醇功能化的氯甲基树脂作为固定相合成了透明质酸低聚糖，产物在抗炎、细胞识别、细胞迁移等方面有着重要的作用。此种方法合成目标产物具有操作简单，高产高效的特点（图1-19）。

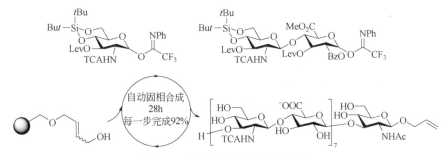

图1-19 透明质酸低聚糖的合成

近年来，以氨基葡萄糖作为糖基受体进行多糖合成也呈现不断上升的趋势，越来越多具有生物活性的多糖分子被报道[74]。据报道，以酰化的氨基葡萄糖为前驱单元，用几丁质酶催化合成了一种水溶性很好的含甲壳素-壳聚糖混合单元的聚合多糖（图1-20），具有很好的抗菌、促进植物生长的活性[75]。Fekete 等[76]以端位硫苷化氨基糖为前驱单元，在三氟甲磺酸（trifluoromethanesulfonic acid, TfOH）/硫化镍存在下得到一种 N-位乙酰化的多糖分子（图1-21），其对金黄色葡萄球菌和表皮葡萄球菌的生长有较强的抑制效果。

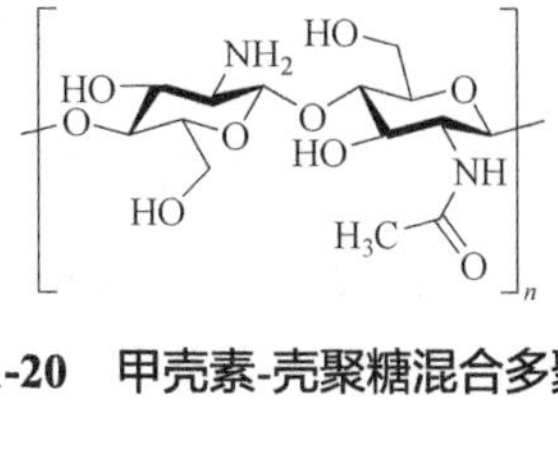

图1-20 甲壳素-壳聚糖混合多聚糖

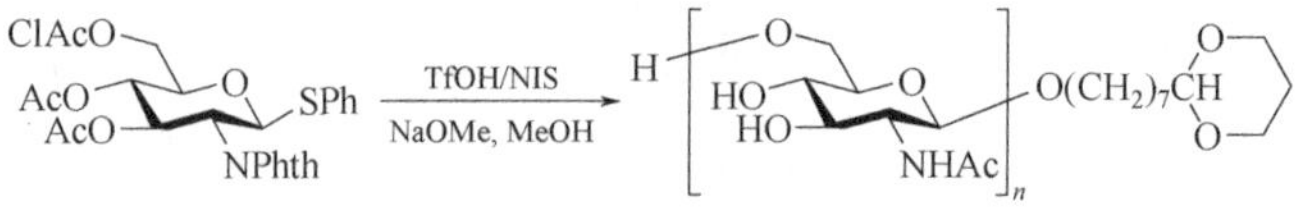

图1-21 N-乙酰多糖分子的合成

1.2.2.3 苷羟基的磷脂化修饰

磷在生命活动中扮演着极为重要的角色[77]。磷酸酯类的氨基葡萄糖衍生物在抗肿瘤、抗菌、抗病毒、免疫调节等方面表现出了优良的生物活性。在糖的异头碳上引入磷酸根，能有效提高某些寡糖、多糖的生物活性。苷羟基的磷酸酯化修饰常用方法有糖基化法和磷酸/亚磷酸三酯化法。

（1）糖基化法

利用在端基中心带有适当离去基团的基质，先将苷羟基卤代化，再与具有亲核性的磷酸酯类反应得到糖基磷酯化产物。Melay 等[78]将溴作为端基离去基团，然后与作为亲核试剂的磷酸二苯酯反应合成出了 α-D-氨基葡萄糖-1-磷酸酯衍生物（图1-22），并研究了其酶促反应的催化性能。Nikolaev 等[79]在相转移条件下用磷酸二苄酯处理 N-乙酰化的氯代糖，只得到相应的噁唑啉衍生物。Busca 等[80]先将溴代糖转化为相应糖基噁唑啉，再与磷酸二苄酯作用，得到了 α/β 结构的端基磷酸酯类衍生物。该反应的最初产物为 β-磷酸酯，随着反应时间的延长，端基发生异构，得到 α-端基异构体。

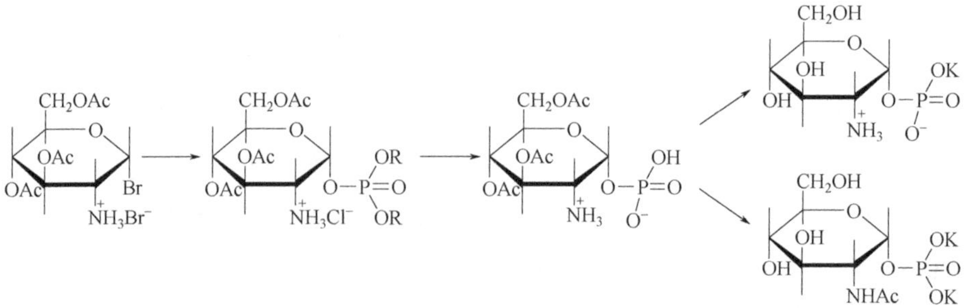

图1-22 α-D-氨基葡萄糖-1-磷酸酯衍生物的合成路线

（2）磷酸/亚磷酸三酯化法

将苷羟基与一些磷酸化试剂直接作用可得到磷酸酯。该方法可用于在仲羟基存在的条件下，将伯羟基选择性转化为磷酸三酯。利用糖醇与亚磷酸二苄基-N,N-二异丙基氨基酯在 1H-四唑催化下反应得到糖基磷酸酯，再与 UMP-吗啡林

试剂作用得到的 *N*-功能化的氨基葡萄糖基二磷酸脲核苷类似物（图 1-23），可在 *N*-乙酰葡萄糖胺转移酶介导的糖基化反应中扮演重要的角色[81]。Tedaldi 等[82]也发现糖基二磷酸脲核苷衍生物对葡萄糖胺转移酶有很好的抑制作用。Hartman 等[83]采用焦磷酸四苄基酯直接磷酸化也得到了糖基磷酸酯，之后他们又在磷酸氨基葡萄糖酯的基础上合成了 5'-氟二磷酸脲苷氨基葡萄糖衍生物。5-氟取代基的引入降低了 C5 位置的电子云密度，从而可能成为一种有用的酶促反应的机械探针。Li 等[84]也合成了一系列鸟苷二磷酸糖基衍生物，它是一种很好的葡萄糖胺转移酶激活剂（图 1-24）。

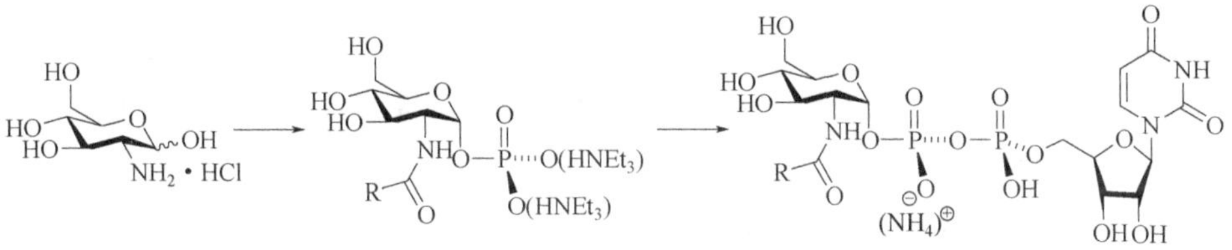

图 1-23　D-氨基葡萄糖基二磷酸脲核苷类似物的合成路线

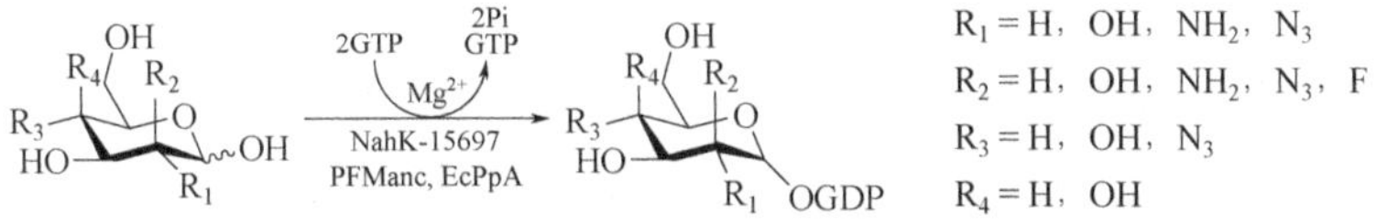

$R_1 = H, OH, NH_2, N_3$

$R_2 = H, OH, NH_2, N_3, F$

$R_3 = H, OH, N_3$

$R_4 = H, OH$

图 1-24　鸟苷二磷酸糖基衍生物的合成

1.2.2.4　苷羟基的羧酸化修饰

羧基化衍生物由于水溶性较好，近年来受到广泛的关注。其合成方法一般是先将氨基葡萄糖的羟基进行保护，然后再进行烷基化，最后在催化剂存在条件下经多步反应得到羧酸化衍生物[85]。以 *N*-位酰化糖为原料，得到苄基保护的端位烯丙基化糖基异构体，然后在 OsO₄ 存在下与 Jones 试剂作用得到 *α*-端位羧酸化衍生物（图 1-25），可以用于模拟肽、酶抑制剂、低聚物和高分子材料的设计与合成[86]。

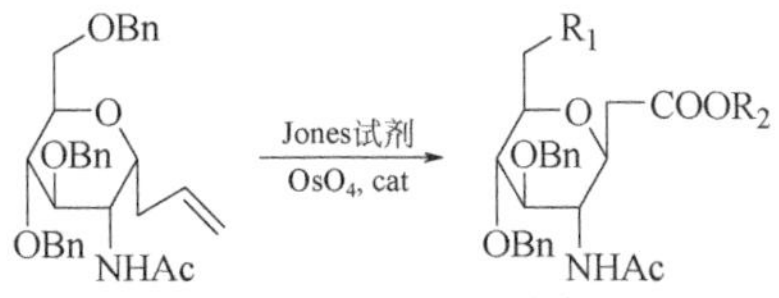

图 1-25　D-氨基葡萄糖羧酸化衍生物的合成

Lamers 等[87]先将酰化保护糖端位用三氯乙酰亚胺酯化，再与 2-丁基苹果酸反应制备出了端位二羧基化衍生物，最后进一步反应得到了 Bacillithiol 类似物，并研究了产物对低聚寡糖磷霉素酶的催化选择性（图 1-26）。

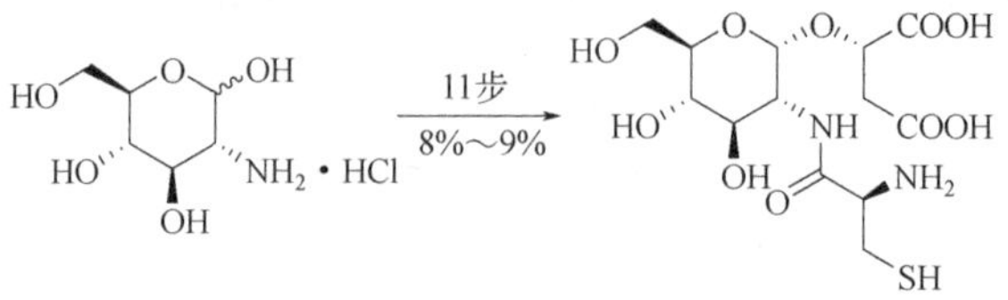

图 1-26　Bacillithiol 类似物的合成

1.2.2.5　苷羟基的芳基化修饰

芳基化修饰氨基葡萄糖衍生物在白细胞支持、细菌和过滤性病毒感染及肿瘤细胞等免疫识别方面发挥着重要的作用。自从 20 世纪中期，N-乙酰基-D-氨基葡萄糖对硝基苯衍生物被报道以来，在端基位引入芳香环引起了人们的关注。据报道，通过 O-苷键引入 4-硝基苯后再与 Me_3NSO_3Na 作用，得到 6-位磺酸钠盐化的糖基衍生物（图 1-27），C6 位磺酸钠盐的引入，可增强其对疱病毒感染正常细胞的抑制能力。Singh 等又合成了硫苷化的对甲苯衍生物，进一步反应得到了 α-构型的 ACL-21269 类似物（图 1-28），产物对癌细胞的生长有很好的抑制作用。Chibba 等[88]以乙酰基、邻苯二甲酰胺为氨基保护基的酰化糖为原料，得到 4-硝基苯基-氧甲基和 4-硝基苯基-氨基甲酰基-糖基衍生物（图 1-29），并发现其具有很好的显色作用，能应用于 β-N-乙酰氨基葡萄糖苷酶的活性研究。

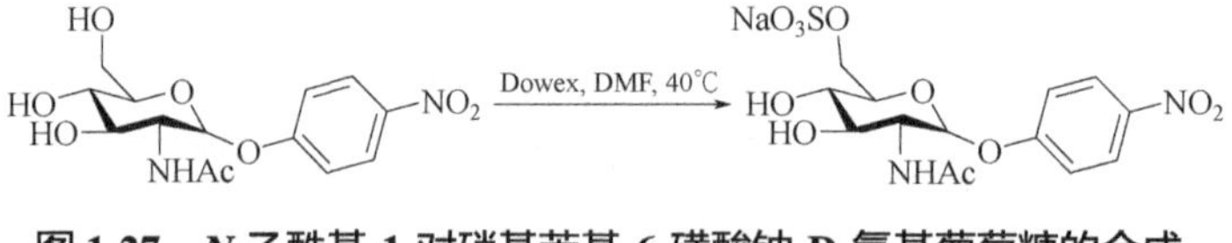

图 1-27　N-乙酰基-1-对硝基苯基-6-磺酸钠-D-氨基葡萄糖的合成

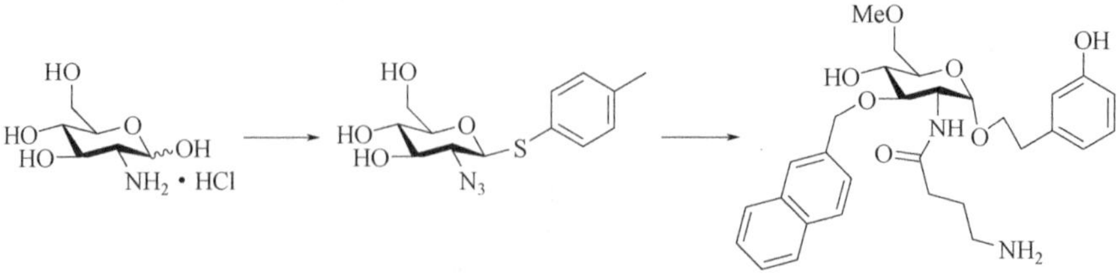

图 1-28　ACL-21269 类似物的合成路线

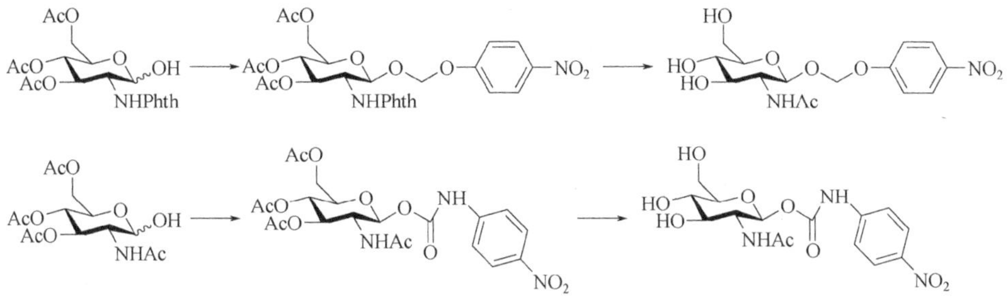

图 1-29　氨基葡萄糖对硝基苯基衍生物的合成路线

1.3　氨基葡萄糖类化合物的应用概况

1.3.1　氨基葡萄糖类化合物在医药中的应用

D-氨基葡萄糖存在于大多数人体组织中，含量最高的是健康软骨[89]，内源性 D-氨基葡萄糖通过己糖胺生物合成途径（HBP）在体内合成。D-氨基葡萄糖是人体内糖蛋白、蛋白聚糖、糖胺聚糖及所有氨基糖合成的主要前体物质，其中糖胺聚糖是肌腱、韧带和软骨细胞外基质等结缔组织的组成成分[90]。

常见的 D-氨基葡萄糖类药物主要有 3 种：D-氨基葡萄糖盐酸盐、D-氨基葡萄糖硫酸盐和 N-乙酰-D-氨基葡萄糖。D-氨基葡萄糖通常口服给药，注射和局部给药应用较少。常规口服剂量是 1500 mg/d，90%口服剂量可以被人体吸收，但是口服给药的生物利用度较低，仅为静脉注射给药的 26%。因此，更稳定、更强肠道吸收性的 D-氨基葡萄糖新剂型的开发近年来成为研究趋势[91]。

氨基葡萄糖不仅参与糖蛋白、细胞膜和人体组织等的构建，而且对受损的软骨具有修复作用，可有效地防治骨关节炎[92,93]，此外还具有抗炎、抗氧化、抗肿瘤、抗菌等活性，其还可以调节多种信号通路，在癌症、心血管疾病、神经退行性疾病、皮肤病和细菌感染等各种疾病中均发挥一定的药理作用[94]。

1.3.1.1　抗肿瘤作用

早在 1953 年，Quastel 等[95]对氨基葡萄糖能够抑制小鼠肿瘤的生长且对正常组织器官并无细胞毒性的报道，开始引起人们对利用氨基葡萄糖抗肿瘤和抗癌方面研究的关注。氨基葡萄糖的抗肿瘤作用主要通过抑制癌细胞增殖并诱导凋亡、诱导癌细胞自噬死亡、逆转肿瘤耐药性、抗肿瘤血管生成及抑制基质金属蛋白酶的表达等实现的。Wang 等[96]研究发现 D-氨基葡萄糖通过促进肾癌细胞在 G0/G1 期的周期阻滞来抑制其增殖，对肾癌细胞 786-O 和 Caki-1 的增殖有明显的抑制作用，且呈剂量相关性。Valinezhad 等[97]研究表明 D-氨基葡萄糖（2 mmol/L、3 mmol/L）可以抑制人顺铂耐药卵巢癌细胞 A2780/RCIS 中 *MRP2* 基因的表达，逆转 A2780/RCIS 细胞的耐药性，从而增强其对顺铂的敏感性，提高化疗疗效。Hosea 等[98]发现 D-氨基葡萄糖（0.25 mmol/L、1 mmol/L、4 mmol/L）通过抑制 STAT3 转录因子的磷酸化及其转录活性，可以影响人乳腺癌干细胞的"干细胞特性"，降低其生存能力及自我更新能力。

此外，D-氨基葡萄糖硫酸盐（5 mmol/L）被证实可以在体外抑制人慢性粒细胞白血病 K562 细胞的增殖并诱导其凋亡，其诱导凋亡机制是依赖于组织蛋白酶 D 的转运，同时伴随着线粒体向胞质释放细胞色素 C，从而引起细胞凋亡[99]。Liang 等[100]研究表明 *N*-乙酰-D-氨基葡萄糖通过上调 DR5 的表达，改善了非小细胞肺癌细胞 A549 对 TRAIL 的耐药性，同时 *N*-乙酰-D-氨基葡萄糖促进了 DR5 的 *O*-糖基化，提高了 TRAIL 诱导非小细胞肺癌细胞株的凋亡效应。另有研究表明 D-氨基葡萄糖衍生物（0.5 mmol/L）通过抑制 Cyclin D1 的产生，使人前列腺癌 PC3 细胞停滞在 G1 期，并诱导细胞凋亡。其可能的作用机制是 D-氨基葡萄糖衍生物刺激 PC3 细胞表达 *Maspin* 基因，而 *Maspin* 作为 II 类抑癌基因，具有抑制细胞周期进展和诱导肿瘤细胞凋亡的能力[101]。

根据体内外研究进展，D-氨基葡萄糖可以与多个分子靶点相互作用，调节多种细胞信号通路，并对多种癌症具有巨大的治疗潜力，如乳腺癌、肾癌、前列腺癌、肺癌和结肠癌等[102-104]。总之，D-氨基葡萄糖作为一种有效且无毒的潜在抗癌药物，具有较广泛的应用价值，有待开发出更多临床药物。

1.3.1.2 抗炎作用

氨基葡萄糖是蛋白多糖合成的前体物质，可刺激软骨细胞产生具有正常多聚体结构的蛋白多糖，提高软骨细胞的修复能力，抑制可损害关节软骨的酶（如胶原酶和磷脂酶 A2），防止损伤细胞的超氧化物自由基的产生，促进软骨基质的修复和重建，从而缓解关节疼痛，改善关节功能，延缓病程进展，可作为治疗骨关节炎的药物[105]。Rozendaal 等[106]给予治疗组 222 例髋关节炎患者口服氨基葡萄糖 1500 mg/d，治疗 2 年后发现，氨基葡萄糖在缓解骨关节炎症状和改变疾病进程方面与对照组（止痛药）并无差异。目前，欧洲抗风湿病联盟（EULAR）相关指南推荐氨基葡萄糖用于膝、髋、手等骨关节炎治疗[107,108]，其常用剂量为

500 mg/次，每日三次，耐受性良好，不良反应较轻，但其可增强非甾体类抗炎药（NSAIDs）的作用和减弱抗糖尿病药的作用，联用时应注意调整剂量。

Nagaoka 等[109]研究发现，氨基葡萄糖不仅保护软骨细胞，而且作为抗炎分子作用于关节性疾病、炎症性肠病和动脉粥样硬化。Park 等[110]发现氨基葡萄糖通过阻碍钙离子内流，在没有明显细胞毒性的情况下，抑制神经胶质细胞的血小板生成，从而阻止炎症前期症状的发生，而对机体的体重和其他细胞血小板的数量无影响，因此，氨基葡萄糖未来可能作为抗血小板剂使用。

1.3.1.3 抗氧化作用

氨基葡萄糖具有抗氧化作用，因其是还原性糖类物质，且带有氨基，容易受温度、光照等环境影响自身发生美拉德反应，颜色由刚制备时的无色转变成淡黄色，最终变成黑色[111,112]，主要反应机理为分子内羰氨反应、分子间脱水缩合和烯醇化反应，生成产物主要有羟甲基糠醛、吡嗪杂环、吡喃、呋喃、还原酮等[113]。Jamialahmadi 等[114]研究发现氨基葡萄糖通过消除体内自由基阻止蛋白质的氧化，抑制红细胞中胞质谷胱甘肽的减少。壳聚糖是甲壳素 N-脱乙酰基的产物，其分子的基本单元是氨基葡萄糖，具有抗氧化活性。陈琬雯[115]通过使壳聚糖与硒结合，构建了具有高稳定性的壳聚糖纳米硒和高硒含量的壳聚糖有机硒，显著增强了壳聚糖和硒的抗氧化活性。Bao 等[116]将氨基葡萄糖与白藜芦醇间苯二酚部分羟基的邻位连接修饰，发现其具有保护 DNA 抗过氧自由基氧化作用。

1.3.1.4 抗菌作用

席夫碱及其配合物在抑菌、杀菌等方面具有独特的药用效果[117-119]，氨基葡萄糖也具有丰富的药理活性，因此以氨基葡萄糖为先导化合物合成席夫碱及其配合物的研究在医药领域具有重要意义。Perihan[40]等合成了氨基葡萄糖席夫碱的铁（Ⅲ）配合物，对大肠杆菌和金黄色葡萄球菌具有良好的抑制活性。Wu[120]等利用非酶褐变反应合成一种新的氨基葡萄糖席夫碱的锌（Ⅱ）配合物，自由基清除活性高，可抑制大肠杆菌、金黄色葡萄球菌。Bhawana[121]等用 N-乙酰-D-氨基葡萄糖与苯并噻唑衍生物通过酯键合成了系列化合物，对大肠杆菌、金黄色葡萄球菌和白色念珠菌表现出抑制作用。

1.3.1.5 其他作用

此外，氨基葡萄糖及其衍生物在免疫、伤口愈合、降血脂中具有重要的应用价值。大量研究结果表明，体内平衡失调、血管内积瘀、血液循环不良、机体老化会导致新陈代谢能力降低，使人体对药物、营养物吸收能力下降[122]。而低分子和单分子活化氨基葡萄糖，由于其分子特别小，极其活泼，具有很强的渗透力和亲和力，易透过人体的细胞膜，疏通人体血管内的积瘀，特别能促使毛细血管正常有序地工作，改善微循环并从根本上改善和恢复人体的生理机能，从而发挥其防病和辅助治病的保健功效。随着对氨基葡萄糖研究的深入，将有更多的生物活性被发现并应用于医药领域，为新药的研发提供新方向。

1.3.2 氨基葡萄糖类化合物在农药中的应用

壳寡糖是氨基葡萄糖通过 β-1,4-糖苷键连接而成的低聚糖，其分子中一般含 2~10 个氨基葡萄糖[123]。以壳寡糖为代表的氨基葡萄糖类化合物广泛应用于农药领域[124]，具有杀菌、除草以及参与植物生长调节等多种功效[125]，且对植物组织亲和力高、毒性低，在植物中残留少，相比于传统的化学除草剂更加绿色安全，有着广阔的应用前景。

1.3.2.1 抗菌作用

壳寡糖在抑制细菌、真菌方面具有生物活性。相关实验用培养的小麦细胞来研究壳寡糖的 Ca^{2+} 传递作用和诱导细胞对真菌病原体的抵抗作用，经试验发现壳寡糖能够诱导转换 Ca^{2+} 信号，这能使植物启动自己的防御体系，免受真菌的入侵[126]。另有研究用壳寡糖诱导接种稻瘟病病菌的水稻植株，发现其抗病性会明显增强，病斑的级别有不同程度下降，病菌侵染的速度减慢，水稻抗病性增强的原因是壳寡糖诱导 HR 类细胞死亡[127]。Chris 等[128]发现，用壳寡糖处理收获后的胡萝卜，能够诱导胡萝卜对核盘霉菌产生抗体。Sun 等[129]研究发现，壳寡糖与 ε-聚-L-赖氨酸联合使用能够代替合成杀菌剂，具有明显的抗植物病原菌 *Botrytis cinerea* 的活性。

1.3.2.2 抗病毒作用

朱琳等[130]采用 H_3PO_4 和 KOH 为反应溶液建立壳聚糖的绿色生产工艺，制得不同脱乙酰度的壳寡糖，探究了不同脱乙酰度壳寡糖抗烟草花叶病毒（TMV）的效果，结果显示脱乙酰度为 79.34% 和 88.15% 的壳寡糖诱导植株对 TMV 产生抗病性,表现出对 TMV 进行体外钝化、抑制 TMV 在寄主内的复制和提高植物体内过氧化氢酶、过氧化物酶和多酚氧化酶的活性。鉴于此,可利用其诱导抗病的机制来对烟草病毒病进行控制,以减少农业经济损失。壳寡糖还具有诱导植物抗黑胫病菌(Phytophthora nicotianae)的生物活性,用 LewisX 五糖和七糖处理烟草,可诱导烟草植株产生对黑胫病的抗性,当浓度达 10μg/mL 时,诱导防病效果达 90%以上[131]。Kaku[132]等发现,在悬浮培养的水稻细胞内,壳寡糖诱导的亲和蛋白能够使植物进行抗毒素的生物合成。

1.3.2.3 其他作用

此外,壳寡糖在调节植物生长、抗寒、保鲜等方面有诸多作用。张洋[133]研究发现,壳寡糖可以通过作用于水稻幼苗根系,积极调节谷氨酸代谢来加速谷氨酸合成,进一步诱导脯氨酸代谢使脯氨酸含量增加来调节渗透压,从而使水稻幼苗有较高的抗寒性。Zong 等[134]在食用油菜叶片上喷施壳寡糖,发现其通过促进油菜叶片抗氧化酶活性和改变镉的分布,明显改善了镉胁迫引起的作物产量和质量的下降。何艳秋[135]以丰香草莓为研究对象,对壳寡糖处理的草莓保鲜机制进行研究,检测了此过程中细胞壁降解、乙烯合成相关酶的基因表达影响,结果表明壳寡糖可通过有效调节、控制果实采后成熟衰老进程,从而延长果实贮藏期。作为一种植物生长调节物质,壳寡糖可有效诱导植物防御酶活性的变化,也可诱导烟草对 TMV 的侵染产生系统抗病性。近年来人们不再仅仅关注壳寡糖的抗病性,壳寡糖衍生物也渐渐成为行业研究的热点。壳寡糖上连有不同的基团可产生不同的抗病效果,其作为一种绿色农药,应用前景十分广阔[136]。

1.3.3 氨基葡萄糖类化合物在食品中的应用

国外,氨基葡萄糖作为膳食补充剂和保健品被人们长期食用,可提高人体的免疫力[137-139]。2000 年,国家卫生部门批准硫酸氨基葡萄糖为保健食品[140]。N-乙酰-D-氨基葡萄糖是一种具有较高甜度的特殊单糖,除在医药领域具有消炎、抗肿瘤及抗氧化作用,可治疗骨关节炎、风湿性关节炎等外,在食品、化工及化妆品行业中均有重要的应用[141],可作为食品抗氧化剂、婴幼儿食品添加剂及糖尿病患者的甜味剂。在日本,N-乙酰-D-氨基葡萄糖已被广泛应用于各种酸奶、果汁、口香糖、茶叶等日常食品中。在美国,被作为第四大膳食补充剂,有超过 500 万人食用；在欧洲，被作为治疗骨关节炎一线 OTC 药物和预防骨关节炎的功能保健食品；在其他多数国家，均被作为非处方营养补品[142]。

1.4 小结

阿尔茨海默病（AD）是一种进行性神经退行性大脑疾病，会导致记忆和认知功能丧失。该病患者不断增多，严重威胁着社会的健康发展。胆碱能系统在人们的认知和记忆中起着重要作用。胆碱酯酶抑制剂（ChEIs）是治疗 AD 最早也是目前最成熟的药物，可使轻、中度 AD 患者认知功能及其他症状得到改善，但是并不能阻止中枢胆碱能神经元的进行性退化死亡。随着病情的发展，中枢胆碱能神经元发生进行性退化死亡，AChE 抑制剂的药效也会逐渐降低。并且现有的 AChE 抑制剂普遍存在着药物选择性差、生物利用度低、胃肠道刺激性大等副作用以及严重的肝细胞毒性等缺点。因此，寻找并开发不良反应小且能够阻止胆碱能神经元进行性退化的新型 AChE 抑制剂已成为当前药物科学工作者们的研究热点。

糖类化合物是构成生命的基本物质之一，在生物体生命活动中起至关重要的作用。氨基葡萄糖是自然界中含量最丰富的单糖之一，是人体不可缺少的物质。氨基葡萄糖具有广泛的生物活性，受到广泛关注，近年来，报道出在其氨基或羟基位点多种不同化学修饰方法，成功合成诸多氨基糖衍生物，并应用于医药、农药以及食品等领域。

近年来，许多研究采用基于分子杂交的方法来寻找具有潜在生物活性的新化合物。将同一结构内的多个活性分子结合起来是合成新物质的重要手段，也是寻找具有新的生物和生理活性的化合物的主要途径。通过在特定结构单元中引入氨基葡萄糖分子来合成具有新颖结构的杂环化合物也成为生物活性研究的热点。鉴于此，本课题组对氨基葡萄糖衍生物的合成方法及其生物活性进行研究，通过杂环与氨基葡萄糖连接，合成了多个系列氨基葡萄糖与杂环键合的化合物，具有一定程度胆碱酯酶抑制活性，可为治疗老年痴呆的新药研发提供新思路。

参考文献

[1] Chen X L. Research on denoising of brain MRI of Alzheimer's disease based on BM3D algorithm[J]. International Journal of Health Systems and Translational Medicine (IJHSTM), 2021, 1(2): 33-43.

[2] Blasko I, Defrancesco M, Oberacher H, et al. Plasma phosphatidylcholines and vitamin B12/folate levels are possible prognostic biomarkers for progression of Alzheimer's disease[J]. Experimental Gerontology, 2021, 147: 111264.

[3] O'Shaughnessy N J, Chan J E, Bhome R, et al. Awareness in severe Alzheimer's disease: a systematic review[J]. Aging & Mental Health, 2021, 25(4): 602-612.

[4] World Health Organization. The global dementia observatory reference guide[R]. World Health Organization, 2018.

[5] 马晓玮, 李金泽, 张天泰, 等. 非甾体抗炎药抗阿尔茨海默病神经炎症的研究进展[J]. 药学学报, 2014, 49(09): 1211-1217.

[6] Liu P P, Xie Y, Meng X Y, et al. History and progress of hypotheses and clinical trials for Alzheimer's disease[J]. Signal transduction and targeted therapy, 2019, 4(1): 1-22.

[7] Singh M, Kaur M, Kukreja H, et al. Acetylcholinesterase inhibitors as Alzheimer therapy: from nerve toxins to neuroprotection[J]. European Journal of Medicinal Chemistry, 2013, 70: 165-188.

[8] Bortolami M, Rocco D, Messore A, et al. Acetylcholinesterase inhibitors for the treatment of Alzheimer's disease–a patent review (2016–present)[J]. Expert opinion on therapeutic patents, 2021, 31(5): 399-420.

[9] Marucci G, Buccioni M, Dal Ben D, et al. Efficacy of acetylcholinesterase inhibitors in Alzheimer's disease[J]. Neuropharmacology, 2021, 190: 108352.

[10] Shi D H, Huang W, Li C, et al. Synthesis, biological evaluation and molecular modeling of aloe-emodin derivatives as new acetylcholinesterase inhibitors[J]. Bioorganic & Medicinal Chemistry, 2013, 21(5): 1064-1073.

[11] Wiercigroch E, Szafraniec E, Czamara K, et al. Raman and infrared spectroscopy of carbohydrates: A review[J]. Spectrochim Acta A Mol Biomol Spectrosc. 2017, 185(0): 317-335.

[12] 尹健, 叶新山. 糖化学: 糖类药物研发的重要驱动力[J]. 药学进展, 2020, 44(07): 481-483.

[13] Goldman G H, Delneste Y, Papon N. Fungal polysaccharides promote protective immunity[J]. Trends in Microbiology, 2021, 29(5): 379-381.

[14] Kulkarni S S, Wang C C, Sabbavarapu N M, et al. "One-pot" protection, glycosylation, and protection glycosylation strategies of carbohydrates[J]. Chemical reviews, 2018, 118(17): 8025-8104.

[15] Cramer D L, Bera S, Studer A. Exploring cooperative effects in oxidative NHC catalysis: regioselective acylation of carbohydrates[J]. Chemistry-A European Journal, 2016, 22(22): 7403-7407.

[16] Li X, Xu Z, Hong X, et al. Databases and bioinformatic tools for glycobiology and glycoproteomics[J]. International Journal of Molecular Sciences, 2020, 21(18): 6727.

[17] Wei X, Ding S, Liu S, et al. Polysaccharides-modified chitosan as improved and rapid hemostasis foam sponges[J]. Carbohydrate Polymers, 2021, 264: 118028.

[18] Zhang K, Zhou X, Wang J, et al. Dendrobium officinale polysaccharide triggers mitochondrial disorder to induce colon cancer cell death via ROS-AMPK-autophagy pathway[J]. Carbohydrate Polymers, 2021, 264: 118018.

[19] Pan L, Cai C, Liu C, et al. Recent progress and advanced technology in carbohydrate-based drug development[J]. Current Opinion in Biotechnology, 2021, 69: 191-198.

[20] Ma Q, Gao X. Categories and biomanufacturing methods of glucosamine[J]. Applied microbiology and biotechnology, 2019, 103(19): 7883-7889.

[21] Ushkalova E A, Zyryanov S K, Zatolochina K E. Symptomatic slow-acting drugs in the treatment of osteoarthritis: focus on glucosamine preparations[J]. Khirurgiia, 2020 (10): 104-111.

[22] Nagaoka I, Tsuruta A, Yoshimura M. Chondroprotective action of glucosamine, a chitosan monomer, on the joint health of athletes[J]. International journal of biological macromolecules, 2019, 132: 795-800.

[23] Luo M, Xu F, Wang Q, et al. The inhibiting effect of glucosamine sulfate combined with loxoprofen sodium on chondrocyte apoptosis in rats with knee osteoarthritis[J]. Journal of Musculoskeletal & Neuronal Interactions, 2021, 21(1): 113.

[24] Lambertini E, Penolazzi L, Pandolfi A, et al. Human osteoclasts/osteoblasts 3D dynamic co-culture system to study the beneficial effects of glucosamine on bone microenvironment[J]. International journal of molecular medicine, 2021, 47(4): 1-9.

[25] Dhole N P, Dar M A, Pandit R S. Recent advances in the bioprospection and applications of chitinolytic bacteria for valorization of waste chitin[J]. Archives of Microbiology, 2021, 203(5): 1953-1969.

[26] Valachová K, Šoltés L. Versatile use of chitosan and hyaluronan in medicine[J]. Molecules. 2021, 26(4): 1195.

[27] Liu W, Li Q, Shi D. Synthesis, characterization, and biological evaluation of some novel glycosyl 1, 3, 4-thiadiazole derivatives as acetylcholinesterase inhibitors[J]. Heterocycles: an international journal for reviews and communications in heterocyclic chemistry, 2015, 91(2): 275-286.

[28] Cao Z, Qu Y, Zhou J, et al. Stereoselective synthesis of quercetin 3-*O*-glycosides of 2-amino-2-deoxy-d-glucose under phase transfer catalytic conditions[J]. Journal of Carbohydrate Chemistry, 2015, 34(1): 28-40.

[29] Liu W, Zhang Q, Gong F, et al. A convenient and efficient synthesis of 2-thioxoquinazolinone derivatives via microwave irradiation[J]. Journal of Heterocyclic Chemistry, 2015, 52(2): 317-321.

[30] Liu W, Li Q, Cheng F, et al. Synthesis of novel glycosyl 1, 3, 4-oxadiazole derivatives[J]. Heterocyclic Communications, 2014, 20(6): 333-338.

[31] Li C, Jiang S, Du C, et al. High-level extracellular expression of a new *β-N*-acetylglucosaminidase in *Escherichia coli* for producing GlcNAc[J]. Frontiers in microbiology, 2021, 12: 478.

[32] Araújo A R, Castro V I B, Reis R L, et al. Glucosamine and its analogues as modulators of amyloid-*β* toxicity[J]. ACS Medicinal Chemistry Letters, 2021, 12(4): 548-554.

[33] Sivanesan I, Muthu M, Gopal J, et al. Nanochitosan: Commemorating the metamorphosis of an exoskeletal waste to a versatile nutraceutical[J]. Nanomaterials, 2021, 11(3): 821.

[34] Jurkiewicz K, Glajcar W, Kamiński K, et al. Structure of 1, 6-anhydro-*β*-d-glucopyranose in plastic crystal, orientational glass, liquid and ordinary glass forms: molecular modeling and X-ray diffraction studies[J]. Acta Crystallographica Section B: Structural Science, Crystal Engineering and Materials, 2021, 77(1): 138-149.

[35] 田亚琴. 脂肪酰化、羟烷化氨基葡萄糖表面活性剂的制备及其性能研究[D]. 青岛: 青岛科技大学, 2010.

[36] 刘玮炜, 吴杨全, 龚峰, 等. *N*-硝基苯甲酰基-1,3,4,6-四-*O*-乙酰基-2-脱氧-*β*-D-氨基葡萄糖的合成与表征[J]. 华侨大学学报(自然科学版), 2013, 34(01): 56-58.

[37] Vendrell M, Samanta A, Yun S W, et al. Synthesis and characterization of a cell-permeable near-infrared fluorescent deoxyglucose analogue for cancer cell imaging[J]. Organic & biomolecular chemistry, 2011, 9(13): 4760-4762.

[38] 任素梅, 江涛, 刘福龙. *N*-氮芥苯甲酰基-D-葡萄糖胺的合成[J]. 化学试剂, 2005(04): 239-240.

[39] Mir J M, Malik B A, Khan M W, et al. A novel oxovanadium (Ⅳ) complex containing pyranone appended glucosamine Schiff base: synthesis, characterization and DFT evaluation[J]. Journal of Coordination Chemistry, 2020, 73(20-22): 2906-2918.

[40] Khalf-Alla P A, Hassan S S, Shoukry M M. Complex formation equilibria, DFT, docking, antioxidant and antimicrobial studies of iron (Ⅲ) complexes involving Schiff bases derived from glucosamine or ethanolamine[J]. Inorganica Chimica Acta, 2019, 492: 192-197.

[41] Karanth S N, Badiadka N, Balladka Kunhanna S, et al. Synthesis of novel Schiff base benzamides via ring opening of thienylidene azlactones for potential antimicrobial activities[J]. Research on Chemical Intermediates, 2018, 44(7): 4179-4194.

[42] Shandil Y, Dautoo U K, Chauhan G S. New glucosamine Schiff base grafted poly (acrylic acid) as efficient Cu^{2+} ions adsorbent and antimicrobial agent[J]. Journal of environmental chemical engineering, 2018, 6(5): 5970-5979.

[43] Shen J, Ye Y, Hu J, et al. Surface-enhanced Raman spectra study of metal complexes of Nd-glucosamine β-naphthaldehyde and glycine and their interaction with DNA[J]. Spectrochimica Acta Part A: Molecular and Biomolecular Spectroscopy, 2001, 57(3): 551-559.

[44] Levitskiy O A, Grishin Y K, Magdesieva T V. [1, 2]-Shift in chiral Ni (II) Schiff-Base derivatives: conversion of α-thiobenzylated amino acid into the cysteine derivative[J]. ChemistrySelect, 2021, 6(14): 3313-3317.

[45] Luzina E L, Popov A V. Synthesis of 3, 3, 3-trifluoroethyl isocyanate, carbamate and ureas. Anticancer activity evaluation of N-(3, 3, 3-trifluoroethyl)-N'-substituted ureas[J]. Journal of fluorine chemistry, 2015, 176: 82-88.

[46] Özgeriş B, Akbaba Y, Özdemir Ö, et al. Synthesis and anticancer activity of novel ureas and sulfamides incorporating 1-aminotetralins[J]. Archives of Medical Research, 2017, 48(6): 513-519.

[47] Takkis K, Sild S. QSAR Modeling of HIV-1 protease inhibition on six-and seven-membered cyclic ureas[J]. QSAR & Combinatorial Science, 2009, 28(1): 52-58.

[48] López Ó, Maza S, Maya I, et al. New synthetic approaches to sugar ureas. Access to ureido-β-cyclodextrins[J]. Tetrahedron, 2005, 61(38): 9058-9069.

[49] López Ó, Zafra E, Maya I, et al. cis-Fused bicyclic sugar thiocarbamates. Reactivity towards amines[J]. Tetrahedron, 2008, 64(51): 11789-11796.

[50] 曹丹. 葡萄糖基脲类衍生物的合成及除草活性研究[D]. 武汉: 华中农业大学, 2010.

[51] 刘俊朋, 洪碧红, 陈宇,等. 氨基葡萄糖脲氨基酸类衍生物的合成[J]. 中国海洋药物, 2013, 32(02): 59-62.

[52] Hong H, Kim Y J, Kim E H, et al. Su1742 NSAID-sparing effect of glucosamine hydrochloride through preventing COX-2 N-glycosylation secures lesser GI toxicity under the warranty of NSAID action[J]. Gastroenterology, 2012, 5(142): S-493.

[53] Dawgul M A, Grzywacz D, Liberek B, et al. Activity of diosgenyl 2-amino-2-deoxy-β-D-glucopyranoside, its hydrochloride, and N, N-dialkyl derivatives against non-albicans candida isolates[J]. Medicinal Chemistry, 2018, 14(5): 460-467.

[54] Jha A K, Shahni R K, Jain N. D-glucosamine as a green ligand for palladium-catalyzed cross-coupling of aryl and heteroaryl halides[J]. Synlett, 2015, 26(02): 259-264.

[55] Jung M E, Dong T A, Cai X. Improved synthesis of 4-amino-7-nitrobenz-2, 1, 3-oxadiazoles using NBD fluoride (NBD-F)[J]. Tetrahedron letters, 2011, 52(20): 2533-2535.

[56] Tao C, Liu F, Liu W, et al. Synthesis of N-aryl-d-glucosamines through copper-catalyzed C–N coupling[J]. Tetrahedron Letters, 2012, 53(52): 7093-7096.

[57] Yang W, Ramadan S, Orwenyo J, et al. Chemoenzymatic synthesis of glycopeptides bearing rare N-glycan sequences with or without bisecting GlcNAc[J]. Chemical science, 2018, 9(43): 8194-8206.

[58] Chen J S, Pantawane A R, Huang P H, et al. One-Pot protection strategy of glucosamine to assemble building blocks of chitosan and lipid A[J]. European Journal of Organic Chemistry, 2020, 2020(34): 5580-5595.

[59] Vega-Pérez J M, Candela J I, Blanco E, et al. Stereoselective synthesis of epoxyalkyl glycoside precursors of glycosyl glycerol analogues from alkenyl glycosides of N-acetyl-d-glucosamine derivatives[J]. Tetrahedron: Asymmetry, 2002, 13(22): 2471-2483.

[60] Schoeberl C, Jaeger V. 3-and 4-uloses derived from *N*-acetyl-d-glucosamine: a unique pair of complementary organocatalysts for asymmetric epoxidation of alkenes[J]. Advanced Synthesis & Catalysis, 2012, 354(5): 790-796.

[61] Sarkar S, Sucheck S J. Comparing the use of 2-methylenenapthyl, 4-methoxybenzyl, 3, 4-dimethoxybenzyl and 2, 4, 6-trimethoxybenzyl as N–H protecting groups for p-tolyl 2-acetamido-3, 4, 6-tri-*O*-acetyl-2-deoxy-1-thio-*β*-d-glucosides[J]. Carbohydrate research, 2011, 346(3): 393-400.

[62] Agarwal J, Peddinti R K. Glucosamine-based primary amines as organocatalysts for the asymmetric aldol reaction[J]. The Journal of Organic Chemistry, 2011, 76(9): 3502-3505.

[63] Ninfali P, Antonini E, Frati A, et al. C-glycosyl flavonoids from Beta vulgaris cicla and betalains from Beta vulgaris rubra: antioxidant, anticancer and antiinflammatory activities-A review[J]. Phytotherapy Research, 2017, 31(6): 871-884.

[64] 刘峰, 陶传洲, 曹志凌, 等. 1,3,4,6-四-*O*-烯丙基-*β*-D-氨基葡萄糖盐酸盐的合成与表征[J]. 化学通报, 2013, 76(05): 455-458.

[65] Zhang Y, Zhang H, Zhao Y, et al. Efficient strategy for α-selective glycosidation of D-glucosamine and its application to the synthesis of a bacterial capsular polysaccharide repeating unit containing multiple α-linked GlcNAc residues[J]. Organic Letters, 2020, 22(4): 1520-1524.

[66] Gu G, Adabala P J P, Szczepina M G, et al. Synthesis and immunological characterization of modified hyaluronic acid hexasaccharide conjugates[J]. The Journal of Organic Chemistry, 2013, 78(16): 8004-8019.

[67] Griffiths S L, Madsen R, Fraser-Reid B. Studies toward lipid A: synthesis of differentially protected disaccharide fragments[J]. The Journal of Organic Chemistry, 1997, 62(11): 3654-3658.

[68] van Hattum H, Branderhorst H M, Moret E E, et al. Tuning the preference of thiodigalactoside-and lactosamine-based ligands to galectin-3 over galectin-1[J]. Journal of medicinal chemistry, 2013, 56(3): 1350-1354.

[69] Debenham J S, Rodebaugh R, Fraser-Reid B. TCP-and phthalimide-protected n-pentenyl glucosaminide precursors for the synthesis of nodulation factors as illustrated by the total synthesis of NodRf-Ⅲ (C18: 1, MeFuc)[J]. The Journal of Organic Chemistry, 1997, 62(14): 4591-4600.

[70] Jung M E, Koch P. An efficient synthesis of the protected carbohydrate moiety of Brasilicardin A[J]. Organic Letters, 2011, 13(14): 3710-3713.

[71] Mensah E A, Yu F, Nguyen H M. Nickel-catalyzed stereoselective glycosylation with C (2)-*N*-substituted benzylidene D-glucosamine and galactosamine trichloroacetimidates for the formation of 1, 2-cis-2-amino glycosides. applications to the synthesis of heparin disaccharides, GPI anchor pseudodisaccharides, and α-GalNAc[J]. Journal of the American Chemical Society, 2010, 132(40): 14288-14302.

[72] Tsvetkov Y E, Burg-Roderfeld M, Loers G, et al. Synthesis and molecular recognition studies of the HNK-1 trisaccharide and related oligosaccharides. The specificity of monoclonal anti-HNK-1 antibodies as assessed by surface plasmon resonance and STD NMR[J]. Journal of the American Chemical Society, 2012, 134(1): 426-435.

[73] Walvoort M T C, Volbeda A G, Reintjens N R M, et al. Automated solid-phase synthesis of hyaluronan oligosaccharides[J]. Organic letters, 2012, 14(14): 3776-3779.

[74] Sedaghat B, Stephenson R, Toth I. Targeting the mannose receptor with mannosylated subunit vaccines[J]. Current Medicinal Chemistry, 2014, 21(30): 3405-3418.

[75] Nishida S, Shibano M, Kamitakahara H, et al. Basic study for acyl chitosan isothiocyanates synthesis by model experiments using glucosamine derivatives[J]. International journal of biological macromolecules, 2019, 132: 17-23.

[76] Fekete A, Eszenyi D, Herczeg M, et al. Preparation of synthetic oligosaccharide-conjugates of poly-β-(1→ 6)-*N*-acetyl glucosamine[J]. Carbohydrate research, 2014, 386: 33-40.

[77] Qian Y, Yuan W E, Cheng Y, et al. Concentrically integrative bioassembly of a three-dimensional black phosphorus nanoscaffold for restoring neurogenesis, angiogenesis, and immune homeostasis[J]. Nano Letters, 2019, 19(12): 8990-9001.

[78] Tollar M R, Edwards T D, Nguyen N, et al. Design and construction of a structural model of the bifunctional GlmU protein in complex with *N*-acetyl-D-glucosamine-1-phosphate and uridine-diphosphate-*N*-acetylglucosamine[J]. The FASEB Journal, 2018, 32: 663.28-663.28.

[79] Nikolaev A V, Ivanova I A, Shibaev V N. The stepwise synthesis of oligo (glycosyl phosphates) via glycosyl hydrogenphosphonates. The chemical synthesis of oligomeric fragments from Hansenula capsulata Y-1842 exophosphomannan and from *Escherichia coli* K51 capsular antigen[J]. Carbohydrate research, 1993, 242: 91-107.

[80] Busca P, Martin O R. A convenient synthesis of *α*-and *β*-D-glucosamine-1-phosphate and derivatives[J]. Tetrahedron Letters, 1998, 39(44): 8101-8104.

[81] Abernathy O, Dougherty M, Kostner D, et al. Link between food intake and the expression of *O*-linked *N*-acetylglucosamine Transferase (OGT) in channel catfish[J]. The FASEB Journal, 2018, 32: 670.8.

[82] Tedaldi L M, Pierce M, Wagner G K. Optimised chemical synthesis of 5-substituted UDP-sugars and their evaluation as glycosyltransferase inhibitors[J]. Carbohydrate research, 2012, 364: 22-27.

[83] Hartman M C T, Coward J K. Synthesis of 5-fluoro *N*-acetylglucosamine glycosides and pyrophosphates via epoxide fluoridolysis: versatile reagents for the study of glycoconjugate biochemistry[J]. Journal of the American Chemical Society, 2002, 124(34): 10036-10053.

[84] Li L, Liu Y, Wan Y, et al. Efficient enzymatic synthesis of guanosine 5′-diphosphate-sugars and derivatives[J]. Organic letters, 2013, 15(21): 5528-5530.

[85] Gorbach V I, Luk'yanov P A, Solov'eva T F, et al. Synthesis of some 2-acylamino-2-deoxy-1, 3, 4-tri-*O*-dodecanoyl-*β*-d-glucopyranose 6-phosphates[J]. Carbohydrate Research, 1982, 101(2): 335-338.

[86] Liu M, Kong J Q. The enzymatic biosynthesis of acylated steroidal glycosides and their cytotoxic activity[J]. Acta pharmaceutica sinica B, 2018, 8(6): 981-994.

[87] Lamers A P, Keithly M E, Kim K, et al. Synthesis of bacillithiol and the catalytic selectivity of FosB-type fosfomycin resistance proteins[J]. Organic letters, 2012, 14(20): 5207-5209.

[88] Chibba A, Dasgupta S, Yakandawala N, et al. Chromogenic carbamate and acetal substrates for glycosaminidases[J]. Journal of Carbohydrate Chemistry, 2011, 30(7-9): 549-558.

[89] Vasiliadis H S, Tsikopoulos K. Glucosamine and chondroitin for the treatment of osteoarthritis[J]. World journal of orthopedics, 2017, 8(1): 1-11.

[90] Moyer R F, Ratneswaran A, Beier F, et al. Osteoarthritis year in review 2014: mechanics basic and clinical studies in osteoarthritis[J]. Osteoarthritis and cartilage, 2014, 22(12): 1989-2002.

[91] Gilzad Kohan H, Kaur K, Jamali F. Synthesis and characterization of a new peptide prodrug of glucosamine with enhanced gut permeability[J]. PLoS One, 2015, 10(5): e0126786.

[92] 李崇阳, 李艳, 牟德华. 氨基葡萄糖硫酸软骨素促进骨骼健康作用研究进展[J]. 食品科学, 2015, 36(23): 382-385.

[93] Agarwal J, Peddinti R K. Glucosamine-based primary amines as organocatalysts for the asymmetric aldol reaction[J]. The Journal of Organic Chemistry, 2011, 76(9): 3502-3505.

[94] Goyal N, Cheuk S, Wang G. Synthesis and characterization of d-glucosamine-derived low molecular weight gelators[J]. Tetrahedron, 2010, 66(32): 5962-5971.

[95] Quastel J H, Cantero A. Inhibition of tumour growth by D-glucosamine[J]. Nature, 1953, 171(4345): 252-254.

[96] Wang L, Chen S, Zhang J, et al. Anti-proliferative potential of Glucosamine in renal cancer cells via inducing cell cycle arrest at G0/G1 phase[J]. BMC urology, 2017, 17(1): 1-8.

[97] Sani F V, Palizban A, Mosaffa F, et al. Glucosamine reverses drug resistance in MRP2 overexpressing ovarian cancer cells[J]. European Journal of Pharmacology, 2020, 868: 172883.

[98] Hosea R, Hardiany N S, Ohneda O, et al. Glucosamine decreases the stemness of human ALDH+ breast cancer stem cells by inactivating STAT3[J]. Oncology Letters, 2018, 16(4): 4737-4744.

[99] Wang Z, Liang R, Huang G S, et al. Glucosamine sulfate induced apoptosis in chronic myelogenous leukemia K562 cells is associated with translocation of cathepsin D and downregulation of Bcl-xL[J]. Apoptosis, 2006, 11(10): 1851-1860.

[100] Liang Y, Xu W, Liu S, et al. *N*-acetyl-glucosamine sensitizes non-small cell lung cancer cells to TRAIL-induced apoptosis by activating death receptor 5[J]. Cellular Physiology and Biochemistry, 2018, 45(5): 2054-2070.

[101] Cocchiola R, Lopreiato M, Guazzo R, et al. The induction of Maspin expression by a glucosamine-derivative has an antiproliferative activity in prostate cancer cell lines[J]. Chemico-Biological Interactions, 2019, 300: 63-72.

[102] Park M H, Hong J T. Roles of NF-κB in cancer and inflammatory diseases and their therapeutic approaches[J]. Cells, 2016, 5(2): 15.

[103] Sun C, Chesnokov V, Larson G, et al. Glucosamine enhances TRAIL-induced apoptosis in the prostate Cancer cell line DU145[J]. Medicines, 2019, 6(4): 104.

[104] Valinezhad Sani F, Mosaffa F, Jamialahmadi K, et al. Glucosamine reverses P-glycoprotein-mediated multidrug resistance in the daunorubicin-resistant human gastric cancer cells[J]. Nutrition and cancer, 2020, 72(3): 522-527.

[105] Al-Saadi H M, Pang K L, Ima-Nirwana S, et al. Multifaceted protective role of glucosamine against osteoarthritis: review of its molecular mechanisms[J]. Scientia Pharmaceutica, 2019, 87(4): 34.

[106] Rozendaal R M, Uitterlinden E J, Van Osch G, et al. Effect of glucosamine sulphate on joint space narrowing, pain and function in patients with hip osteoarthritis; subgroup analyses of a randomized controlled trial[J]. Osteoarthritis and cartilage, 2009, 17(4): 427-432.

[107] Zhang W, Doherty M, Leeb B F, et al. EULAR evidence based recommendations for the management of hand osteoarthritis: report of a Task Force of the EULAR Standing Committee for International Clinical Studies Including Therapeutics (ESCISIT)[J]. Annals of the rheumatic diseases, 2007, 66(3): 377-388.

[108] Zhang W, Moskowitz R W, Nuki G, et al. OARSI recommendations for the management of hip and knee osteoarthritis, Part Ⅱ: OARSI evidence-based, expert consensus guidelines[J]. Osteoarthritis and cartilage, 2008, 16(2): 137-162.

[109] Nagaoka I, Igarashi M, Hua J, et al. Recent aspects of the anti-inflammatory actions of glucosamine[J]. Carbohydrate polymers, 2011, 84(2): 825-830.

[110] Park J H, Kim J N, Jang B C, et al. Glucosamine suppresses platelet-activating factor-induced activation of microglia through inhibition of store-operated calcium influx[J]. Environmental toxicology and pharmacology, 2016, 42: 1-8.

[111] Fogliano V, Birlouez-Aragon I. Maillard Reaction: an ever green hot topic in food and biological science[J]. Food & Function, 2013, 4(7): 1000-1000.

[112] Zeng L, Qin C, Chi W, et al. Browning of chitooligomers and their optimum preservation[J]. Carbohydrate polymers, 2007, 67(4): 551-558.

[113] 步芬, 李博, 徐光富, 等. 壳寡糖/氨基葡萄糖非酶褐变研究进展[J]. 食品工业, 2013, 34(05): 181-185.

[114] Jamialahmadi K, Arasteh O, Riahi M M, et al. Protective effects of glucosamine hydrochloride against free radical-induced erythrocytes damage[J]. Environmental Toxicology and Pharmacology, 2014, 38(1): 212-219.

[115] 陈琬雯. 基于硒活性的壳聚糖复合物的制备研究[D]. 无锡: 江南大学, 2020.

[116] Bao L L, Liu Z Q. Hybrid of resveratrol and glucosamine: an approach to enhance antioxidant effect against DNA oxidation[J]. Chemical Research in Toxicology, 2018, 31(9): 936-944.

[117] Alotaibi S H, Amer H H. Synthesis, spectroscopic and molecular docking studies on new Schiff bases, nucleosides and α-aminophosphonate derivatives as antibacterial agents[J]. Saudi Journal of Biological Sciences, 2020, 27(12): 3481-3488.

[118] Çalışkan N, Usta A, Beriş F Ş, et al. Synthesis, antibacterial and antioxidant activities of some new nsubstituted azachalcone, schiff base and pyrazole derivatives[J]. Letters in Organic Chemistry, 2020, 17(8): 631-638.

[119] Mel'nikova N B, Sidorova M V, Sorokina A R, et al. Complexes of glucosamine hydrochloride and phytic acid in aqueous medium and their antioxidant properties in human blood plasma[J]. Pharmaceutical Chemistry Journal, 2016, 49(10): 667-671.

[120] Wu S, Dai X, Shilong F, et al. Antimicrobial and antioxidant capacity of glucosamine-zinc (Ⅱ) complex via non-enzymatic browning reaction[J]. Food science and biotechnology, 2018, 27(1): 1-7.

[121] Kumari B, Chauhan K, Trivedi J, et al. Benzothiazole-based-bioconjugates with improved antimicrobial, anticancer and antioxidant potential[J]. ChemistrySelect, 2018, 3(40): 11326-11332.

[122] Geng W, Li Z, Hassan M J, et al. Chitosan regulates metabolic balance, polyamine accumulation, and Na^+ transport contributing to salt tolerance in creeping bentgrass[J]. BMC plant biology, 2020, 20(1): 1-15.

[123] Lan R, Chang Q, Wei L, et al. The Protect effects of chitosan oligosaccharides on intestinal integrity by regulating oxidative status and inflammation under oxidative stress[J]. Marine Drugs, 2021, 19(2): 57.

[124] Liaqat F, Eltem R. Chitooligosaccharides and their biological activities: A comprehensive review[J]. Carbohydrate polymers, 2018, 184: 243-259.

[125] 尹雅洁, 张宗杰, 夏险, 等. 壳寡糖对水稻幼苗生长及抗逆性影响[J]. 生物学杂志, 2021, 38(01): 77-80.

[126] Maksimov I V, Yusupova Z R, Cherepanova E A, et al. Inhibition of IAA oxidase activity of wheat anionic peroxidase by chitooligosaccharides[J]. Applied Biochemistry and Microbiology, 2016, 52(5): 547-552.

[127] Zhou J, Chen Q, Zhang Y, et al. Chitooligosaccharides enhance cold tolerance by repairing photodamaged PS Ⅱ in rice[J]. The Journal of Agricultural Science, 2018, 156(7): 888-899.

[128] Molloy C, Cheah L H, Koolaard J P. Induced resistance against Sclerotinia sclerotiorum in carrots treated with enzymatically hydrolysed chitosan[J]. Postharvest Biology and Technology, 2004, 33(1): 61-65.

[129] Sun G, Yang Q, Zhang A, et al. Synergistic effect of the combined bio-fungicides ε-poly-l-lysine and chitooligosaccharide in controlling grey mould (Botrytis cinerea) in tomatoes[J]. International journal of food microbiology, 2018, 276: 46-53.

[130] 朱琳, 付晓丹, 李丽, 等.利用虾壳清洁化生产不同脱乙酰度壳寡糖及其抗 TMV 效果研究[J]. 渔业科学进展, 2019, 40(02): 148-154.

[131] Zhang H, Wang W, Yin H, et al. Oligochitosan induces programmed cell death in tobacco suspension cells[J]. Carbohydrate Polymers, 2012, 87(3): 2270-2278.

[132] Kaku H, Shibuya N, Minami E. High-affinity binding proteins for N-acetylchitooligosaccharide elicitor from rice and use in controlling disease resistance[P] .WO 2005085444, 2005-09-15.

[133] 张洋. 壳寡糖提高水稻幼苗抗寒性的机理研究[D]. 上海: 华东理工大学, 2018.

[134] Zong H, Li K, Liu S, et al. Improvement in cadmium tolerance of edible rape (Brassica rapa L.) with exogenous application of chitooligosaccharide[J]. Chemosphere, 2017, 181: 92-100.

[135] 何艳秋. 壳寡糖对草莓保鲜作用及机制研究[D]. 大连海洋大学, 2017.

[136] 孙翠红, 徐翠莲, 赵铭钦, 等. 壳寡糖及其衍生物抗烟草花叶病毒机理的初步研究[J].中国烟草科学, 2015, 36(02): 87-92.

[137] Soladoye O P, Pietrasik Z, Hrynets Y, et al. The effect of glucosamine and glucosamine caramel on quality and consumer acceptability of regular and reduced salt breakfast sausages[J]. Meat Science, 2021, 172: 108310.

[138] Aghazadeh-Habashi A, Duke J, Jamali F. The impact of implementation of the Canadian regulatory requirements on the quality of natural health products: the glucosamine case[J]. Journal of Pharmacy & Pharmaceutical Sciences, 2014, 17(1): 20-24.

[139] Yamagishi Y, Someya A, Imai K, et al. Evaluation of the anti-inflammatory actions of various functional food materials including glucosamine on synovial cells[J]. Molecular Medicine Reports, 2017, 16(2): 1353-1359.

[140] 汤世钦, 陈仲刚. 氨基葡萄糖在保健食品和医药方面的应用[C]. 中国化学会第三届甲壳素化学与应用研讨会, 2001: 42-43.

[141] Li J, JewellMotz E, Kaczvinsky J, et al. Improved appearance of facial hyperpigmentation with use of a cosmetic moisturizer containing N-acetyl glucosamine and niacinamide[J]. Journal of the American Academy of Dermatology, 2014, 70(5): AB25.

[142] Runhaar J, Deroisy R, van Middelkoop M, et al. The role of diet and exercise and of glucosamine sulfate in the prevention of knee osteoarthritis: Further results from the PRevention of knee Osteoarthritis in Overweight Females (PROOF) study[J]. Seminars in Arthritis and Rheumatism, 2016, 45(4): S42-S48.

第 2 章

氨基葡萄糖衍生物中间体的合成

    D-氨基葡萄糖本身是重要的医疗药品，同时也作为医药原料和医药中间体存在，其衍生物具有重要的生理功能，如可用来合成药物治疗癌症、消炎止痛、杀菌等等。在其衍生物合成过程中，由于 D-氨基葡萄糖的稳定性较差，通常会对氨糖进行选择性保护。

（1）羟基的选择性保护

    D-氨基葡萄糖分子中有多个反应中心（—OH，—NH$_2$），将羟基加以保护更有利于氨基的选择性反应。

    常见保护有乙酰基保护，用此法保护具有空间位阻较小合成简便，乙酰基比较容易被脱除的特点。早期是用乙酰基将氨糖上羟基与氨基一同保护，再使用选择性脱保护脱除氨基保护基[1]，该方法条件苛刻，产率也不高。对此，王晓焕[2]等人进行了改进，即在浓硫酸存在条件下，加入酸酐进行乙酰基保护，可以使氨基生成硫酸盐而避免乙酰基的保护，方法简便，条件温和（图 2-1）。

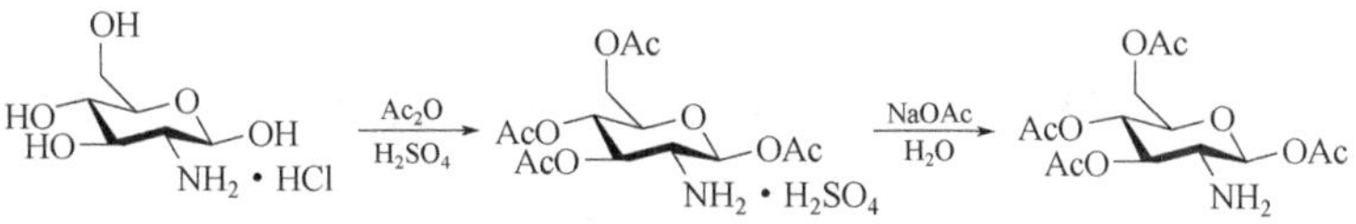

图 2-1　羟基的乙酰基保护

    此外，可以先将氨基保护起来，然后再用乙酰基保护氨糖上羟基，而后脱除氨基保护[3]，常见试剂有邻苯二甲酸酐[4]、乙氧基亚甲基丙二酸二乙酯[5]、对甲氧基苯甲醛[6]、苯甲醛[7, 8]（图 2-2）。前两者通常用来制备 α-构型，后两者制备 β-构型氨糖。

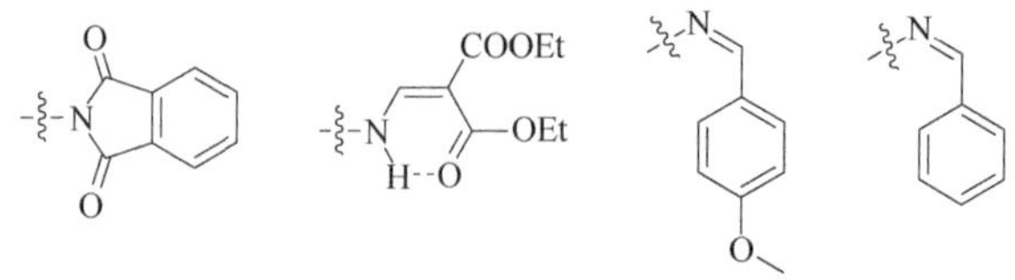

图 2-2　氨糖羟基保护基团的结构

　　另一种较常见的为苄基保护，相较于乙酰基，苄基保护羟基所形成的醚键结构，一方面保护基团对酸碱稳定，另一方面对后续反应影响较小。C.Tao 团队[9]使用苄基保护的氨糖经过一系列的尝试，发现在铜催化下，含吸电子基和给电子基的芳香卤化物均能与氨基葡萄糖进行交叉偶联反应，实现 D-氨基葡萄糖的 N-芳基化修饰（图 2-3），并且反应条件温和，操作简单。

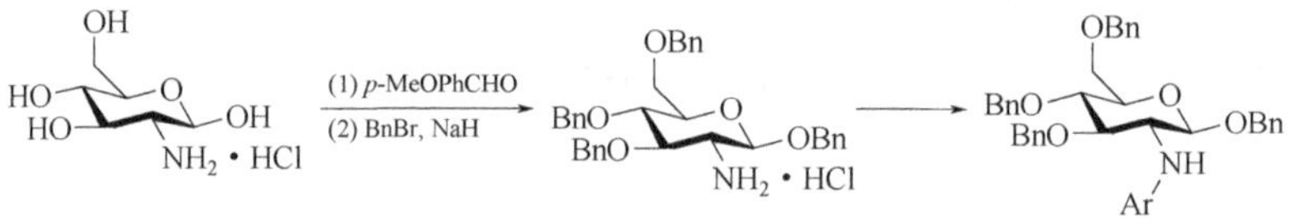

图 2-3　D-氨基葡萄糖的 N-芳基化的合成

　　其他羟基保护方法还有，TMSCl（三甲基氯硅烷）保护[10]、三氯乙腈保护[11]、烯丙基保护[12]等等。

　　（2）对氨基选择性保护

　　对于氨基与羟基竞争性反应，为了对羟基进行修饰，有时必须将氨基加以保护。文献报道的氨基保护方法常用的有：将氨基转化成叠氮化[13]、氨基酰化[14]和亚胺类保护[15]，其他的氨基保护方法还有氨基甲酸酯类保护、磺酰胺类保护[16]和 N-烷基胺类保护[17]等。

　　叠氮官能团具有多种用途，如保护氨基，进行 1,3 加成反应、重排反应。将氨基叠氮化可以选择性得到 α（通过非邻基参与效应）和 β（通过腈类溶剂效应）构型的化合物[18,19]。Titz 课题组[20]改进了氨基葡萄糖叠氮化反应（图 2-4），采用新溶剂，避免了易爆物的生成。

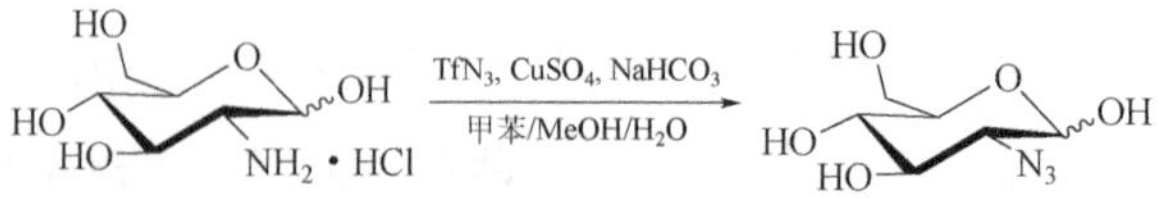

图 2-4　氨基葡萄糖叠氮化反应

亚胺保护基对多糖化合物的 α 构型有较高的选择性。Mensah 等[15, 21]采用亚胺保护氨基，以镍为催化剂，合成了一系列端羟基糖苷化物（图 2-5），产物的 α 构型比例非常高，某些化合物为专一的 α 构型。

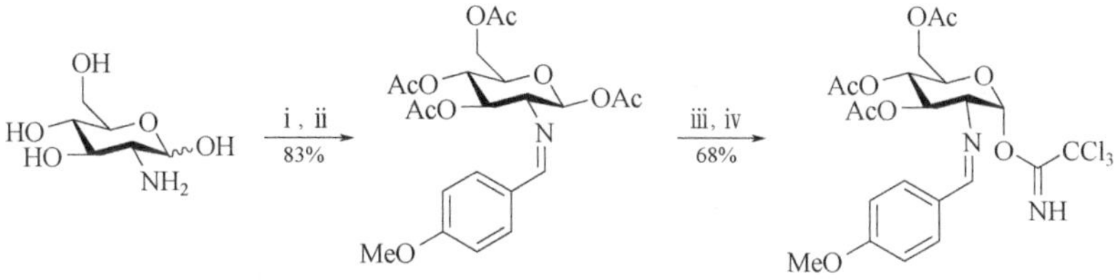

图 2-5　端羟基糖苷化物的合成

ⅰ: p-Anisaldehyde (p-茴香醛)，NaOH; ⅱ: Ac₂O, DMAP, 吡啶; ⅲ: NH₃ in MeOH, THF; ⅳ: Cl₃C—CN, DBU, CH₂Cl₂

乙酰氨基葡萄糖是最常见的酰化产物，主要采用乙酸酐法合成并以有机碱催化。何新益等[22]以氨基葡萄糖盐酸盐为原料，吡啶作为碱性催化剂，乙酸酐为酰化剂制备了 N-乙酰基-D-氨基葡萄糖。丁邦东等[23]对此方法做出了改进，以氢氧化钠作为碱性催化剂，制备出高产率、高纯度的 N-乙酰基氨基葡萄糖（图 2-6）。酰化还可以通过羧酸、酰氯和氨基亲核取代进行，酰氯活性高于羧酸，通常将羧酸转化为酰氯或者在催化剂下与氨基作用，实现氨基的酰化。

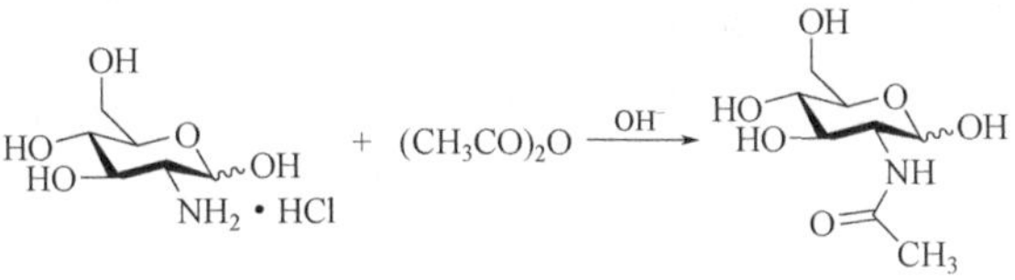

图 2-6　N-乙酰基氨基葡萄糖的合成

本章采用乙酰基和苄基方法保护氨糖，得到相应氨糖衍生物，用于后续章节化合物合成。

2.1　2-脱氧-2-氨基-1,3,4,6-四-O-乙酰基-β-D-吡喃葡萄糖盐酸盐（Ⅰ）的合成

以市售 D-氨基葡萄糖盐酸盐为原料，首先采用氢氧化钠脱除盐酸，游离出—NH₂，再利用对甲氧基苯甲醛保护氨基。经氨基保护的氨基葡萄糖与醋酸酐通过酰化反应实现—OH 全部保护。随后，在丙酮溶液中利用盐酸实现氨基脱保护，得到羟基全部保护的氨基葡萄糖盐酸盐。

2.1.1　合成路线

化合物（I）合成路线图见图2-7。

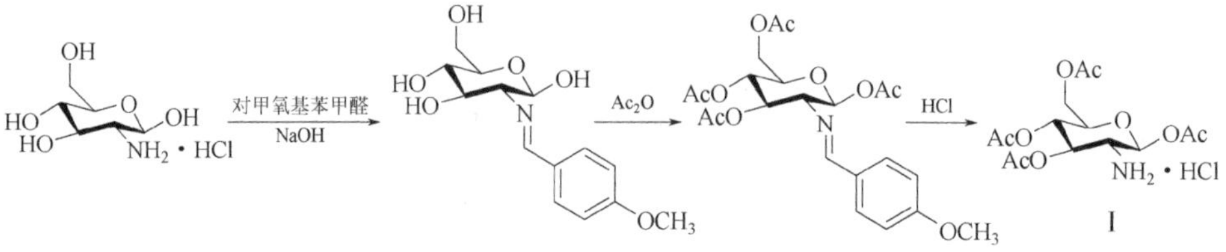

图2-7　2-脱氧-2-氨基-1,3,4,6-四-*O*-乙酰基-*β*-D-吡喃葡萄糖盐酸盐中间体的合成

2.1.2　实验步骤

对甲氧基苯甲醛缩-*β*-D-氨基葡萄糖席夫碱的合成：氨基葡萄糖盐酸盐（50 g，0.232 mol）溶解于240 mL氢氧化钠溶液（1 mol/L）中，机械搅拌至溶液变澄清。28.5 mL（0.235 mol）的大茴香醛滴加到（30 min）氨基葡萄糖的水溶液中，剧烈搅拌，几分钟后出现白色固体，继续搅拌2 h，然后将反应液放入冰箱冷藏12 h。固体抽滤，用水洗涤（2×200 mL），再用乙醚（2×200 mL）洗涤得到对甲氧基苯甲醛缩-*β*-D-氨基葡萄糖席夫碱，产率（60 g，85%）。

N-(4-甲氧基苯亚胺基)-1,3,4,6-四-*O*-乙酰基-2-脱氧-2-氨基-*β*-D-吡喃葡萄糖的合成：对甲氧基苯甲醛缩-*β*-D-氨基葡萄糖席夫碱（50 g，0.168 mol），乙酸酐（150 mL，1.59 mol），吡啶（270 mL，3.34 mol）和对二甲氨基吡啶（0.5 g）在冰水浴条件下反应，待固体缓慢溶解后，反应液在室温条件下搅拌12 h。将反应液倒入1.5 L的冰中，10 min后出现白色固体，待冰融化后抽滤，得到的白色固体用水洗涤（2×100 mL），再用乙醚洗涤（2×100 mL），干燥得到目标化合物（58 g，75%）。

2-脱氧-2-氨基-1,3,4,6-四-*O*-乙酰基-*β*-D-吡喃葡萄糖盐酸盐的合成：取上步产物（50 g，0.108 mol）溶于250 mL的丙酮中，然后加热回流，向其中滴加5 mol/L的浓盐酸25 mL，5 min后，出现大量白色固体，冷却至室温，抽滤得到白色固体，丙酮洗涤（100 mL），乙醚洗涤（2×250 mL），干燥得到 I（40 g，95%）。

2.2 2-脱氧-2-氨基-1,3,4,6-四-*O*-苄基-β-D-吡喃葡萄糖盐酸盐（Ⅱ）的合成

以市售 D-氨基葡萄糖盐酸盐为原料，首先采用氢氧化钠脱除盐酸，游离出—NH₂，再利用对甲氧基苯甲醛保护氨基。在 DMF 非质子性溶液中，经氨基保护的氨基葡萄糖与溴化苄通过 Williamson 反应实现—OH 全部保护。随后，在丙酮溶液中利用盐酸实现氨基脱保护，得到羟基全部保护的氨基葡萄糖盐酸盐。

2.2.1 合成路线

化合物（Ⅱ）合成路线图见图 2-8。

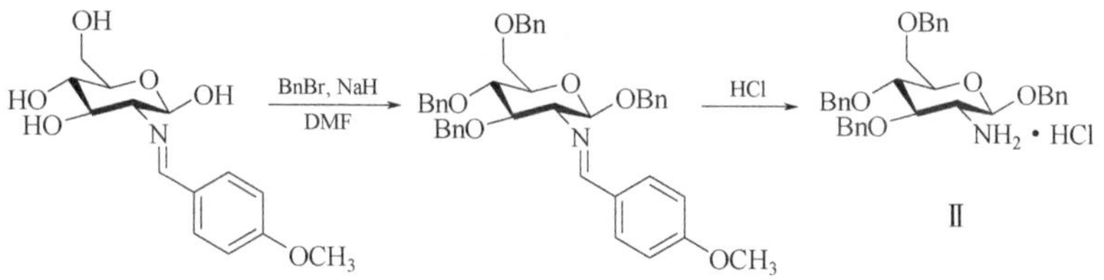

图 2-8   2-脱氧-2-氨基-1,3,4,6-四-*O*-苄基-β-D-吡喃葡萄糖盐酸盐中间体的合成

2.2.2 实验步骤

N-(4-甲氧基苯亚胺基)-1,3,4,6-四-*O*-苄基-2-脱氧-2-氨基-β-D-吡喃葡萄糖的合成：称取（8.8 g，0.03 mol）化合物对甲氧基苯甲醛缩-β-D-氨基葡萄糖席夫碱，将其加入盛有 80 mL DMF 的三口烧瓶中，将三口烧瓶置于冰水浴中，量取溴化苄（14 mL，0.12 mol），倒入恒压漏斗中，缓慢滴入三口烧瓶中，机械均匀搅拌。称取氢化钠（5 g），在冰水浴中，将氢化钠分多次加入，持续机械搅拌，反应 12 h，反应结束后将反应液倒入 1000 mL 烧杯中，加入 500 mL 水，再加入 100 mL 二氯甲烷，机械搅拌 30 min，采用分液漏斗分液，取有机相，减压蒸馏除去溶剂，得到粗品。

2-脱氧-2-氨基-1,3,4,6-四-*O*-苄基-β-D-吡喃葡萄糖盐酸盐的合成：将上步所得粗品（黄色黏稠液体）倒入三口烧瓶中，再向该烧瓶中加入 50 mL 丙酮，加热回流后，再量取 5 mol/L 的盐酸溶液 5 mL，使用恒压漏斗将盐酸溶液缓慢滴入三口烧瓶中，并不断机械搅拌，15 min 后，有白色固体析出。反应液冷却至

室温，用布式漏斗抽滤，并用丙酮反复洗涤，得白色固体粗品 2-脱氧-2-氨基-1,3,4,6-四-O-苄基-β-D-吡喃葡萄糖盐酸盐，产率 80%。

2.3　2-脱氧-2-异硫氰酸酯-1,3,4,6-四-O-苄基-β-D-吡喃葡萄糖（Ⅲ）的合成

2.3.1　合成路线

化合物（Ⅲ）合成路线图见图 2-9。

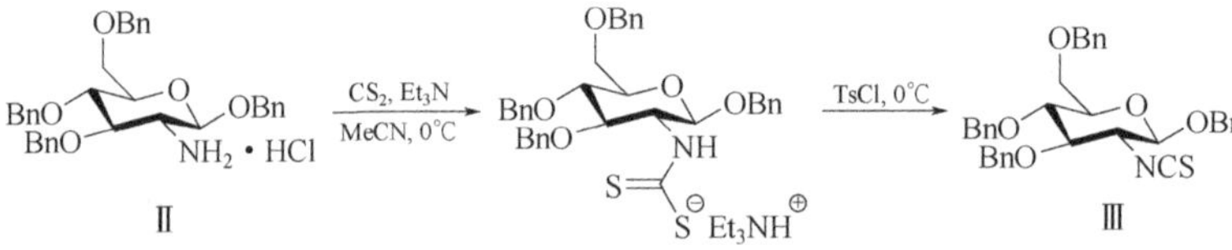

图 2-9　2-脱氧-2-异硫氰酸酯-1,3,4,6-四-O-苄基-β-D-吡喃葡萄糖中间体的合成

2.3.2　实验步骤

2-脱氧-2-异硫氰酸酯-1,3,4,6-四-O-苄基-β-D-吡喃葡萄糖的合成：将化合物 2-脱氧-2-氨基-1,3,4,6-四-O-苄基-β-D-吡喃葡萄糖盐酸盐（5 g，8.7 mmol）加入盛有 30 mL 乙腈的单口烧瓶中，加入少量三乙胺至溶液澄清，随后将反应液置于冰水浴中，10 min 后，加入三乙胺 1.3 mL 和二硫化碳 0.7 mL，持续搅拌，薄层色谱检测反应，反应完全后，加入对甲苯磺酰氯（1.8g，9.5 mmol），温度设置为 60 ℃，反应结束后，减压蒸馏蒸出溶剂。将粗品在乙醇条件下重结晶，固体抽滤，干燥得 4 g 白色固体，即得化合物Ⅲ，产率 80%。

2.4　2-乙酰氨基-3,4,6-三-O-乙酰基-2-脱氧-β-D-吡喃糖异硫氰酸酯（Ⅳ）的合成

为了避免氨基参与反应，采用乙酰基保护氨基，氨基乙酰化消除了氨基被质子化的可能，加强了分子的亲脂性，同时酰基也容易脱除。

2.4.1 合成路线

化合物（Ⅳ）合成路线图见图2-10。

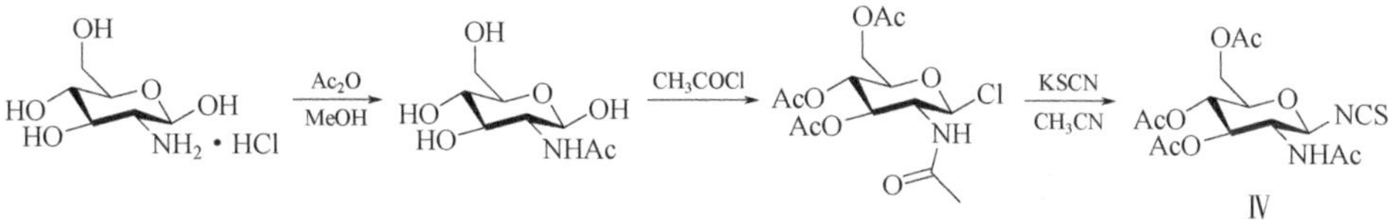

图2-10 2-乙酰氨基-3,4,6-三-*O*-乙酰基-2-脱氧-*β*-D-吡喃糖异硫氰酸酯中间体合成

2.4.2 实验步骤

N-乙酰氨基葡萄糖的合成：在250 mL圆底烧瓶中依次加入氨基葡萄糖盐酸盐（10 g，46.4 mmol）、三乙胺（6.5 mL，46.4 mmol），再加入50 mL甲醇使其溶解，然后在冰水浴条件下缓慢滴加乙酸酐（5.3 mL，55.6 mmol），滴毕，将反应液转移至室温下磁力搅拌4 h，反应毕，固体抽滤得粗品。粗品先用甲醇洗涤2～3次，再用丙酮洗涤（3×20 mL），干燥得白色固体，产率（9.6 g，94%）。

1-氯-2-乙酰氨基-3,4,6-三-*O*-乙酰基-2-脱氧-D-吡喃葡萄糖的合成：取*N*-乙酰氨基葡萄糖（5 g，22.6 mmol）置于100 mL的圆底烧瓶中，加入15 mL干燥处理的乙酰氯，瓶塞接口处严格密封，在20 ℃下搅拌16 h，反应液由初始的浑浊逐渐变为澄清，颜色由白色逐渐变为琥珀色，反应完毕后，向反应液中加入40 mL氯仿使其溶解，再将溶液倒入装有100 g碎冰的100 mL的烧杯中，然后分液，取有机层，将有机层用饱和碳酸氢钠溶液中和，再分液取有机层，经无水硫酸镁干燥，减压蒸馏得黄色糖浆，然后用乙醚重结晶得白色晶体，产率（6.2 g，85%）。

2-乙酰氨基-3,4,6-三-*O*-乙酰基-2-脱氧-*β*-D-吡喃糖异硫氰酸酯的合成：在125 mL的三口烧瓶中依次加入硫氰化钾（0.52 g，5.4 mmol）、正四丁基硫酸氢铵（0.5 g，1.5 mmol）、分子筛（4 Å，3 g）（1 Å=10^{-10} m），再加入50 mL乙腈使其充分混合，在室温下机械搅拌2.5 h，然后将上步所得白色晶体（1 g，2.7 mmol）加入反应液中，加热回流1.5 h，TLC监测反应进程，反应毕，反应液冷却至室温，抽滤，滤液减压蒸馏得粗品，然后用硅胶柱色谱纯化（洗脱剂：PE∶EtOAc = 1∶2）得白色固体Ⅳ，产率（0.76 g，75%）。

2.5 2-脱氧-2-异氰酸酯-1,3,4,6-四-*O*-乙酰基-*β*-D-吡喃葡萄糖（Ⅴ）的合成

以乙酰基保护氨糖盐酸盐为原料合成异氰酸酯，过程使用固体光气代替三光气的使用，更加安全。

2.5.1 合成路线

化合物（Ⅴ）合成路线图见图 2-11。

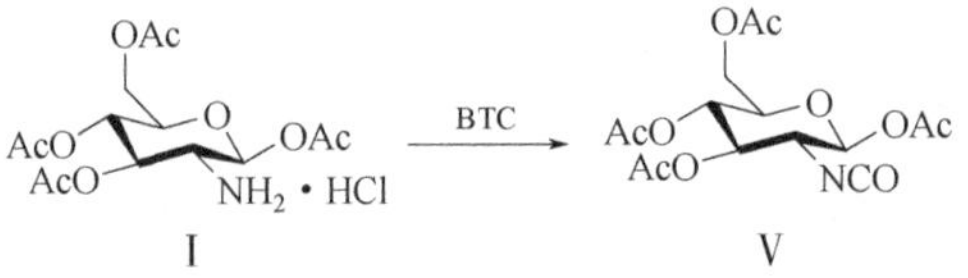

图 2-11　2-脱氧-2-异氰酸酯-1,3,4,6-四-*O*-乙酰基-*β*-D-吡喃葡萄糖中间体合成

2.5.2 实验步骤

2-脱氧-2-异氰酸酯-1,3,4,6-四-*O*-乙酰基-*β*-D-吡喃葡萄糖的合成：将 Ⅰ（0.6894 g，1.8 mmol）加入单口烧瓶，再分别加入二氯甲烷和饱和碳酸氢钠溶液各 18 mL。室温下搅拌，待固体全部溶解后，转移至冰水浴，加入 BTC（0.2 g，0.66 mmol）。在 0 ℃条件下剧烈搅拌 20 min 后，转移至分液漏斗，静置分层取有机层，先用水洗涤（2×5 mL），然后用饱和食盐水洗涤，最后用无水硫酸镁干燥，直接用于下一步反应。

2.6 本章重要化合物性状及结构表征

4 种重要化合物的理化参数、IR、^{1}H NMR 数据见表 2-1、表 2-2 及表 2-3。

表 2-1　本章重要化合物的理化性质

化合物	化合物名称	外观	产率/%	熔点/℃
Ⅰ	2-脱氧-2-氨基-1,3,4,6-四-*O*-乙酰基-*β*-D-吡喃葡萄糖盐酸盐	白色固体	75	209～210
Ⅱ	2-脱氧-2-氨基-1,3,4,6-四-*O*-苄基-*β*-D-吡喃葡萄糖盐酸盐	白色固体	60	144～146
Ⅲ	2-脱氧-2-异硫氰酸酯-1,3,4,6-四-*O*-苄基-*β*-D-吡喃葡萄糖	白色固体	90	55～56
Ⅳ	2-乙酰氨基-3,4,6-三-*O*-乙酰基-2-脱氧-*β*-D-吡喃糖异硫氰酸酯	白色固体	75	156～157

表 2-2　本章重要化合物的 ^{1}H NMR 数据

化合物	^{1}H NMR，δ
I	8.69 (s, 3H, NH$_2$HCl), 5.88 (d, J = 8.6 Hz, 1H, H^{Glu}), 5.33 (t, J = 9.8 Hz, 1H, H^{Glu}), 4.91 (t, J = 9.6 Hz, 1H, H^{Glu}), 4.17 (dd, J = 12.4、4.3 Hz, 1H, H^{Glu}), 4.08～3.86 (m, 2H, H^{Glu}), 3.56 (t, J = 9.5 Hz, 1H, H^{Glu}), 2.15 (s, 3H, CH$_3$COO), 2.06～1.87 (4s, 9H, CH$_3$COO)
II	8.38 (s, 3H, NH$_2$HCl), 7.50～7.23 (m, 18H, Ar—H), 7.15 (dd, J = 6.6、2.9 Hz, 2H, Ar—H), 4.81 (dd, J = 16.7、9.8 Hz, 4H, Ph—CH$_2$—、H^{Glu}), 4.73～4.62 (m, 2H, Ph—CH$_2$—), 4.61～4.48 (m, 3H, Ph—CH$_2$—), 3.85 (dd, J = 10.0、8.6 Hz, 1H, H^{Glu}), 3.76～3.56 (m, 4H, H^{Glu}), 3.06 (dd, J = 9.8、8.8 Hz, 1H, H^{Glu})
III	8.25 (d, J = 9.4 Hz, 1H, NH), 5.36 (d, J = 9.2 Hz, 1H, H$_1$), 5.11 (t, J = 9.3 Hz, 1H, H$_3$), 4.90 (t, J = 9.7 Hz, 1H, H$_4$), 4.12～4.05 (m, 4H, H$_2$, H$_5$, H$_6$, H$_{6'}$), 2.03～1.82 (4s, 12H, 4CH$_3$)
IV	7.45～7.25 (m, 18H), 7.24～7.17 (dd, J = 7.3、1.9 Hz, 2H), 4.81 (dd, J = 16.7、9.8 Hz, 4H), 4.73～4.62 (m, 2H), 4.61～4.48 (m, 3H), 3.95～3.87 (m, 2H), 3.67 (ddd, J = 14.3、11.7、6.9 Hz, 3H), 3.54 (dd, J = 11.7、6.9 Hz, 1H)

表 2-3　本章重要化合物的 IR 数据

化合物	IR(KBr)，ν/cm^{-1}
I	3434, 2853, 1760, 1368, 1211, 1087
II	3438, 3027, 2925, 1502, 1455, 1066, 738, 696
III	3433, 3030, 2873, 2078, 1454, 1359, 1313, 1068
IV	3436, 2928, 2074, 1749, 1661, 1232, 1082, 910

2.7　结果讨论

氨糖分子中存在四个羟基和一个氨基，由于这些活性位点的位置不同其反应活性也不相同，需要对氨糖分子中的活性基团进行选择保护，以实现葡糖胺羟基的高选择性化学修饰。本章采用乙酰基和苄基方法保护氨糖，成功合成 5 种重要的含保护基的氨糖中间体，可用于后续反应。

中间体Ⅰ、Ⅳ和Ⅴ选取乙酰基作为保护基，主要原因有二：一方面是空间位阻较小合成简便，另一方面是比较容易被脱除。对关键中间体Ⅳ进行工艺条件优化：向反应体系中加入粉末状的 4 Å（1 Å = 10^{-10} m）分子筛，在室温下先机械搅拌 2.5 h，再加入氯代糖，加热回流反应，选择常用的乙酸乙酯/石油醚体系作为洗脱剂进行硅胶柱色谱，收率提升到 75%。

考虑到苄基保护基团对酸碱稳定，对后续反应影响较小，化合物Ⅱ和Ⅲ采用苄基保护。在合成氨糖异硫氰酸酯中间体Ⅲ时，实验起始，设想将氨糖盐酸盐脱盐后，在没有保护羟基的情况下，2-位氨基直接转化为异硫氰酸酯，但实验过程中发现氨糖上的羟基极易发生反应，甚至导致糖环的破坏，副产物太多。为此，选择性对羟基进行保护，有利于氨糖 2-位上氨基的反应。实验在讨论对羟基的保护时，鉴于对羟基选择性的保护，优先考虑了易脱除的乙酰基，但在实现 2-位氨基向异硫氰酸酯转化的过程中，发现酰化的氨基葡萄糖在碱性条件下（三乙胺、氢氧化钠），易脱去保护的乙酰基，生成未知物质，不利于后续修饰。考虑实验可操作性和后续试验，采用苄基作为保护基团对羟基进行全保护，苄基保护的氨糖在碱性条件下（三乙胺、氢氧化钠），有效生成糖基异硫氰酸酯。

参考文献

[1] Haskelberg L. The halogenation of aryloxyacetic acids and their homologs [J]. The Journal of organic chemistry, 1947, 12(3): 426-433.

[2] 王晓焕，赵永德，王文新. 1, 3, 4, 6-四-O-乙酰基-β-D-氨基葡萄糖合成方法的改进 [J]. 河南科学, 2007, 25(4): 561-562.

[3] Bednarczyk D, Walczewska A, Grzywacz D, et al. Differently *N*-protected 3, 4, 6-tri-*O*-acetyl-2-amino-2-deoxy-*d*-glucopyranosyl chlorides and their application in the synthesis of diosgenyl 2-amino-2-deoxy-*β*-*d*-glucopyranoside [J]. Carbohydrate research, 2013, 367(1): 10-17.

[4] Myska J. Vysoka skola chem-technol prague sb vysoke skoly chem-technol praze [J]. Org Technol, 1961: 5219-5233.

[5] Avalos M, Babiano R, Cintas P, et al. Synthesis of acylated thioureylenedisaccharides [J]. Journal of the Chemical Society, Perkin Transactions 1, 1990, (3): 495-501.

[6] Chao J C C, Sah P P, Oneto J F. Derivatives of 2, 4-dichlorophenoxyacetic hydrazide [J]. Recueil des Travaux Chimiques des Pays-Bas, 1949, 68(6): 506-508.

[7] 许金峰，方志杰，巨长丽. 1, 3, 4, 6-四-*O*-乙酰基-*β*-D-氨基葡萄糖的合成 [J]. 合成化学, 2003, 5: 379-380, 433.

[8] 王晓焕，赵永德. 苯甲醛缩-*β*-D-氨基葡萄糖四乙酸酯的合成 [J]. 化学研究, 2006, 17(3): 44-45.

[9] Tao C, Liu F, Liu W, et al. Synthesis of *N*-aryl-d-glucosamines through copper-catalyzed C-N coupling [J]. Tetrahedron Letters, 2012, 53(52): 7093-7096.

[10] 杨琴，张志荣. 5-氟尿嘧啶-D-氨基葡萄糖衍生物的设计与合成 [J]. 华西药学杂志, 2014, 4: 359-361.

[11] Yang Y, Yu B. *N*-dimethylphosphoryl-protected glucosamine trichloroacetimidate as an effective glycosylation donor [J]. Tetrahedron letters, 2007, 48(26): 4557-4560.

[12] Zhang Z, Ren S, Wan S, et al. Synthesis of *d*-glucosamine-modified benzo [d][1, 2] selenazol-3-(2*H*)-one derivatives [J]. Synthetic Communications®, 2010, 40(23): 3438-3446.

[13] Seeberger P H, Roehrig S, Schell P, et al. Selective formation of *C*-2 azidodeoxy-D-glucose derivatives from D-glucal precursors using the azidonitration reaction [J]. Carbohydrate research, 2000, 328(1): 61-69.

[14] Kolodziuk R, Penciu A, Tollabi M, et al. Palladium-catalyzed Suzuki cross-coupling of aryl halides with aryl boronic acids in the presence of glucosamine-based phosphines [J]. Journal of organometallic chemistry, 2003, 687(2): 384-391.

[15] Mensah E A, Nguyen H M. Nickel-catalyzed stereoselective formation of *α*-2-deoxy-2-amino glycosides [J]. Journal of the American Chemical Society, 2009, 131(25): 8778-8780.

[16] Chen J, Yu B. Effective protection of the *N*-sulfate of glucosamine derivatives with the 2, 2, 2-trichloroethyl group [J]. Tetrahedron Letters, 2008, 49(10): 1682-1685.

[17] Frontana-Uribe B A, Esc Rcega-Bobadilla M V, Ju Rez-Lagunas J, et al. Synthesis of new optically active D-Glucosamine-pyrrole derivatives [J]. Synthesis, 2009, 2009(06): 980-984.

[18] Lee J C, Chang S W, Liao C C, et al. From D-glucose to biologically potent L-hexose derivatives: synthesis of α-L-iduronidase fluorogenic detector and the disaccharide moieties of bleomycin A2 and heparan sulfate [J]. Chemistry-A European Journal, 2004, 10(2): 399-415.

[19] Schmidt R R, Behrendt M, Toepfer A. Nitriles as solvents in glycosylation reactions: highly selective β-glycoside synthesis1 [J]. Synlett, 1990, 1990(11): 694-696.

[20] Titz A, Radic Z, Schwardt O, et al. A safe and convenient method for the preparation of triflyl azide, and its use in diazo transfer reactions to primary amines [J]. Tetrahedron letters, 2006, 47(14): 2383-2385.

[21] Mensah E A, Yu F, Nguyen H M. Nickel-catalyzed stereoselective glycosylation with C (2)-N-substituted benzylidene D-glucosamine and galactosamine trichloroacetimidates for the formation of 1, 2-cis-2-amino glycosides. applications to the synthesis of heparin disaccharides, GPI anchor pseudodisaccharides, and α-GalNAc [J]. Journal of the American Chemical Society, 2010, 132(40): 14288-14302.

[22] 何新益, 殷七荣, 杨国金. N-乙酰-D-氨基葡萄糖的研制 [J]. 常德师范学院学报: 自然科学版, 2001, 13(4): 63-65.

[23] 丁邦东. N-乙酰氨基-D-葡萄糖合成方法的改进 [J]. 宝鸡文理学院学报: 自然科学版, 2004, 24(1): 36-37.

第3章

氨基葡萄糖噻唑类衍生物的合成及生物活性研究

噻唑环是含 N 和 S 原子的五元杂环，其独特的结构使噻唑类衍生物在生物体中易与组织器官中的不同靶点通过多种作用力而紧密结合，从而表现出广泛的生物活性，如抗炎、抗高血压、抗病毒、抗肿瘤、抗菌、抗疟疾、抗增殖等[1-5]。噻唑类衍生物是药物研发的重要领域之一，并已取得许多成效。如，临床上用于合成抗溃疡的药物法莫替丁，抗炎药物舒多昔康，抗生素氨曲南、磺胺噻唑和头孢地尼等[6-9]。噻唑化合物对人体低毒、疗效高等优点使其分子设计、合成与生物活性研究仍为当今医药创新的研究热点之一。

(1) 抗肿瘤活性

噻唑类化合物对肝癌细胞 (Hepg-2) 有抑制作用，其中有的化合物对 Hepg-2 有很好的细胞毒活性，IC_{50} 值为 0.5 μmol/L[10]。吡啶噻唑化合物 3-[2-(4-乙酰基-5-甲基噻唑-2-基)肼基]-5,6-二 (2-氯苯氨基) 吡啶-2 (1H) -酮对结肠癌 (HCT-116) 细胞和胃癌 (MGC803) 细胞具有很好的抑制活性 (图 3-1)，IC_{50} 值分别为 8.17 μmol/L 和 3.15 μmol/L，是阳性对照 5-氟尿嘧啶的 1.4～8.1 倍 (IC_{50} 分别为 11.29 μmol/L 和 25.54 μmol/L)，表明该化合物有可能成为设计新型抗癌小分子药物的潜在先导化合物[11]。

(2) 抑菌活性

香豆素噻唑类化合物具有一定的抑菌活性。含 2-溴苯氨基噻唑的最终产物具有广谱抑菌性 (图 3-2)，且其对所测菌种 (大肠杆菌、产气菌、金黄色葡萄球菌) 的最小抑菌浓度均为 73 mg/L，抑菌效果优于卡那霉素，与链霉素抑菌效果相当[12]。

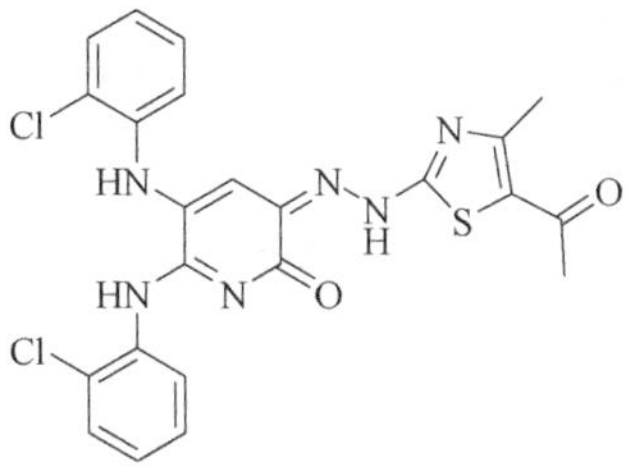

图 3-1 吡啶噻唑类化合物的结构

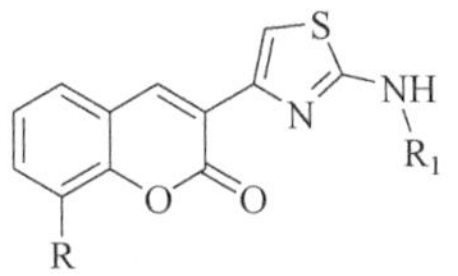

图 3-2 香豆素噻唑类化合物的结构

肼基噻唑香豆素类化合物对结核分枝杆菌有很好的抑制效果。香豆素母环上含有羟基的肼基噻唑香豆素对结核分枝杆菌的最小抑菌浓度为 31.25～62.5 μg/mL，抑菌活性优于阳性对照药链霉素[13]（图 3-3）。

（3）抗乙酰胆碱酯酶活性

噻唑-2-胺类化合物具有一定的体外乙酰胆碱酯酶抑制活性，4-吡啶噻唑-2-胺类化合物的 IC_{50} 可达到 5.72 μmol/L（图 3-4），优于对照药利斯的明，同时它对丁酰胆碱酯酶几乎没有抑制活性，专一性较好[14]。

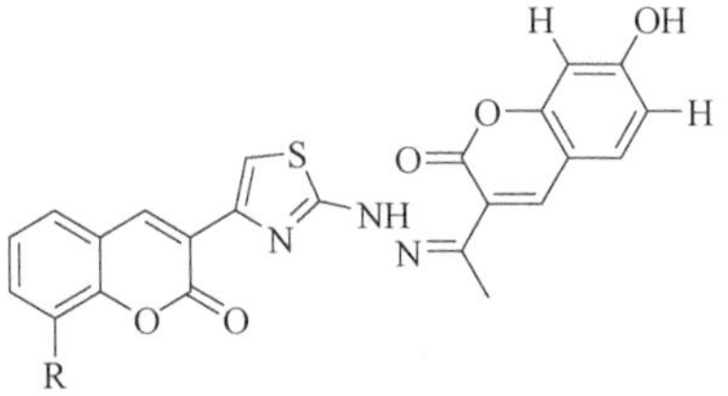

图 3-3 肼基噻唑香豆素类化合物

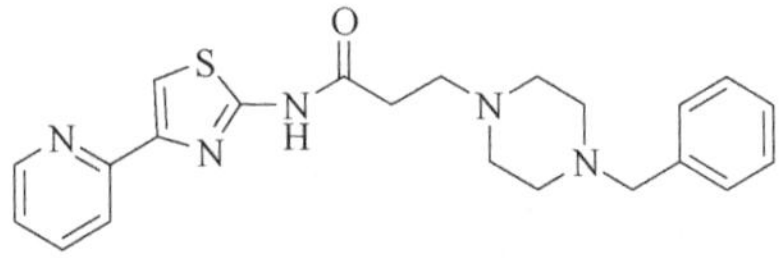

图 3-4 4-吡啶噻唑-2-胺类化合物

在 2-氨基噻唑苯酚的氨基上引入苯乙酰基以及在酚羟基上引入烷基。当引入结构为 3,4-二甲氧基苯基乙酰基和吡咯烷时（图 3-5），其对乙酰胆碱酯酶的抑制活性最高，IC_{50} 可达到 0.66 μmol/L，高于对照药物利斯的明（IC_{50} =9.35 μmol/L）和石杉碱甲（IC_{50} = 5.17 μmol/L），且显示出很好的类药性，表明该化合物具有进一步的研究价值[15]。

综上所述，氨基葡萄糖和噻唑均具有一定的抗乙酰胆碱酯酶、抗菌、抗肿瘤等生物活性。基于此，根据药物分子骈合原理，设计并合成了系列噻唑并氨基葡萄糖衍生物，并对其进行乙酰胆碱酯酶活性研究，结构通式如图3-6所示。

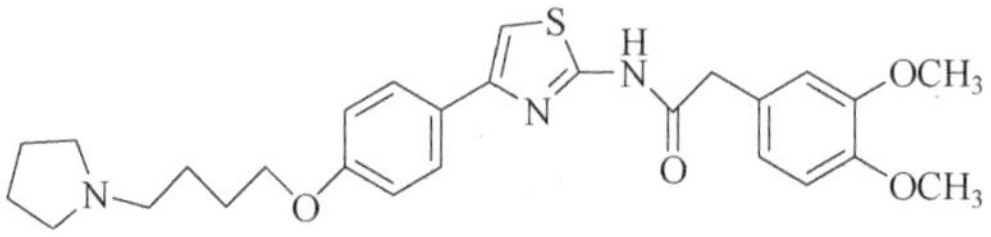

图 3-5　2-氨基噻唑苯酚类化合物

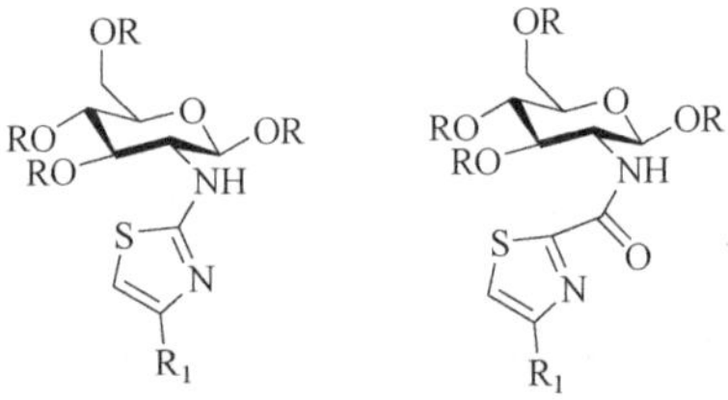

图 3-6　噻唑并氨基葡萄糖衍生物的结构通式

3.1　氨基葡萄糖 N-位修饰的香豆素噻唑类衍生物的合成

3.1.1　合成路线

目标化合物合成路线见图3-7。

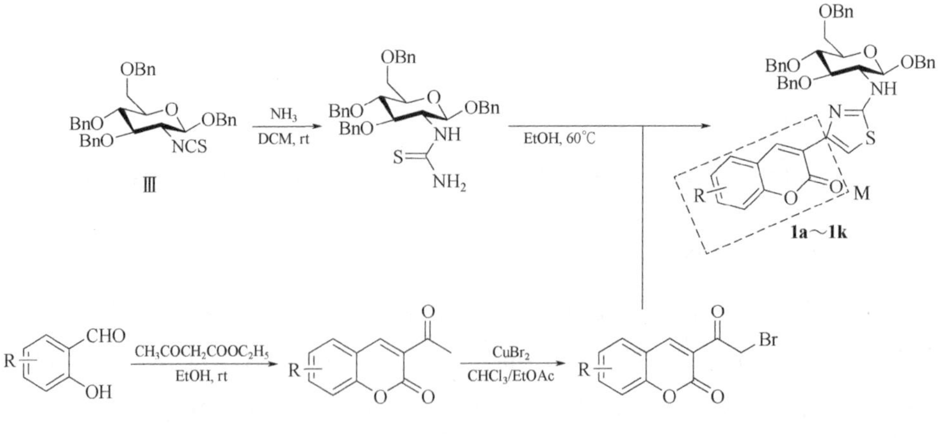

化合物	$\frac{1}{5}$-M	化合物	$\frac{1}{5}$-M	化合物	$\frac{1}{5}$-M
1a	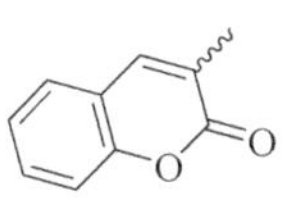	**1e**	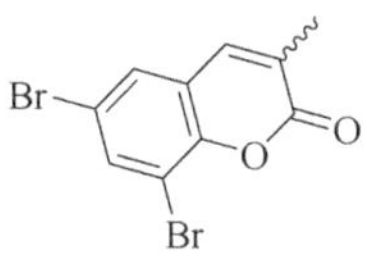	**1i**	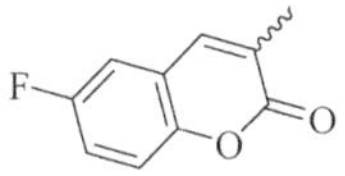
1b	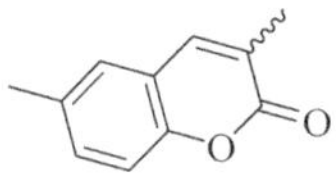	**1f**	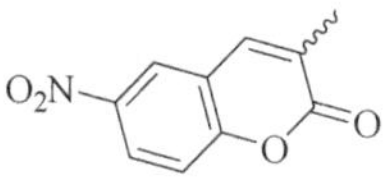	**1j**	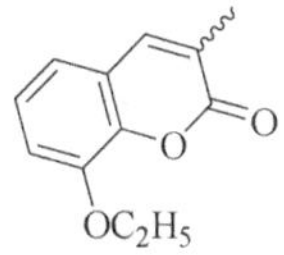
1c	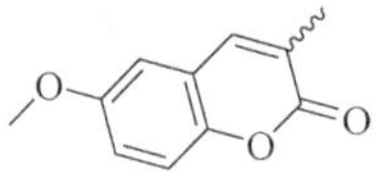	**1g**	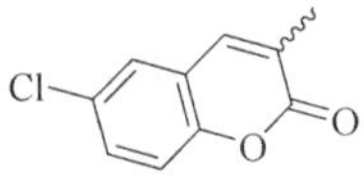	**1k**	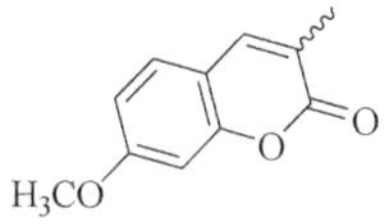
1d	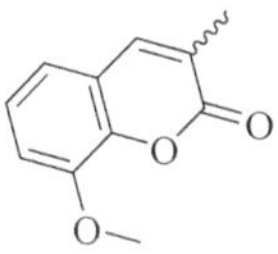	**1h**	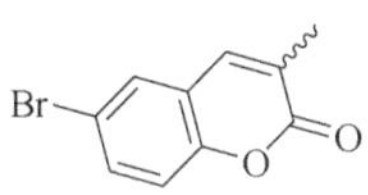		

图 3-7　目标化合物 1a～1k 的合成路线

3.1.2　实验步骤

N-(1,3,4,6-四-*O*-苄基-2-脱氧-*β*-D-吡喃糖-2-基)硫脲的合成：称取 2-脱氧-2-异硫氰酸酯-1,3,4,6-四-*O*-苄基-*β*-D-吡喃糖Ⅲ（2 g，1.7 mmol）置于三口烧瓶中，量取 60 mL 二氯甲烷倒入反应烧瓶，通入氨气，室温下反应 20 min，反应毕，蒸馏水洗涤，重复 3～4 次，无水硫酸镁干燥，蒸除溶剂，得化合物，产率为 94%。

3-(乙酰基)香豆素类化合物的合成：称取水杨醛（10 mmol），置于 50 mL 单口烧瓶中，加入 20 mL 的乙醇，向单口烧瓶加入乙酰乙酸乙酯（12 mmol），室温下搅拌 5 min，加入 10 μL 哌啶，室温下反应，慢慢有固体析出，TLC 监测反应，反应毕，抽滤取固体，乙醇重结晶，得化合物。

3-(溴乙酰基)香豆素类化合物的合成：称取溴化铜（10 mmol），溶于盛有 15 mL 乙酸乙酯的单口烧瓶中，置于油浴中，温度设定在 50 ℃，磁力搅拌 0.5 h，称取化合物 3-(乙酰基)香豆素类化合物（5 mmol），溶于 15 mL 氯仿中，用恒压滴液漏斗将其滴入单口烧瓶中，TLC 监测反应，反应结束，抽滤，蒸除溶剂，加入 20 mL 二氯甲烷将其溶解，蒸馏水洗涤，重复 3～4 次，无水硫酸镁干燥，蒸除溶剂，得粗品。

3-(2-((1,3,4,6-四-*O*-苄基-2-脱氧-*β*-D-吡喃糖-2-基)氨基)噻唑-4-基)-2*H*-色烯-2-酮的合成：依次称取化合物 *N*-(1,3,4,6-四-*O*-苄基-2-脱氧-*β*-D-吡喃糖-2-基)硫脲（0.5 mmol）、3-(溴乙酰基)香豆素类化合物（0.6 mmol），将其置于单口烧瓶中，加入 30 mL 乙醇，温度设定为 60 ℃，磁力搅拌，TLC 跟踪反应，反应毕，冷却，溶液由澄清变为浑浊，蒸除溶剂，重结晶得化合物 **1a～1k**。

3.1.3 结果分析

3.1.3.1 氨基葡萄糖 *N*-位修饰的香豆素噻唑类衍生物的性状及结构表征

共合成 11 种目标化合物，合成化合物的理化参数、IR、^{1}H NMR、ESI-HRMS 数据见表 3-1、表 3-2 及表 3-3。

表 3-1 目标化物 1a～1k 的理化性质

化合物	外观	产率/%	熔点/℃	MS（*m/z*）
1a	淡黄色固体	86	184～185	767.2784[M+H]$^+$
1b	淡黄色固体	88	138～139	781.2942[M+H]$^+$
1c	黄色固体	83	117～118	797.2890[M+H]$^+$
1d	黄色固体	84	169～170	797.2890[M+H]$^+$
1e	淡黄色固体	79	188～189	923.0989[M+H]$^+$
1f	黄色固体	76	179～180	812.2638[M+H]$^+$
1g	淡黄色固体	87	183～184	812.2638[M+H]$^+$
1h	淡黄色固体	83	184～185	845.1888[M+H]$^+$
1i	淡黄色固体	90	155～156	785.2697[M+H]$^+$
1j	淡黄色固体	83	173～175	785.2697[M+H]$^+$
1k	黄色固体	82	192～193	819.2712[M+H]$^+$

表 3-2 目标化合物 1a～1k 的 ^{1}H NMR

化合物	^{1}H NMR(500 MHz, DMSO-d$_6$)，δ
1a	8.53 (s, 1H, Ar—H), 8.07 (d, *J* = 9.0 Hz, 1H, N—H), 7.88 (dd, *J* = 6.5、1.5 Hz, 1H, Ar—H), 7.64～7.57 (m, 2H, Ar—H), 7.45 (d, *J* = 8.5 Hz, 1H, Ar—H), 7.40～7.30 (m, 9H, Ar—H), 7.27～7.11 (m, 12H, Ar—H), 4.86 (d, *J* = 13.0 Hz, 1H, H^{Glu}), 4.74～4.63 (m, 4H, —CH$_2$Ph), 4.65～4.53 (m, 4H, —CH$_2$Ph), 3.87～3.70 (m, 4H, H^{Glu}), 3.65～3.58 (m, 2H, H^{Glu})

化合物	^{1}H NMR(500 MHz, DMSO-d$_6$)，δ
1b	8.46 (s, 1H, Ar—H), 8.12 (d, J = 9.0 Hz, 1H, N—H), 7.65 (d, J = 1.0 Hz, 1H, Ar—H), 7.57(s, 1H, Ar—H), 7.45~7.28 (m, 10H, Ar—H), 7.27~7.15 (m, 12H, Ar—H), 4.85 (d, J = 12.5 Hz, 1H, H^{Glu}), 4.77~4.70 (m, 4H, —CH$_2$Ph), 4.65~4.54 (m, 4H, —CH$_2$Ph), 3.88~3.70 (m, 6H, H^{Glu}), 2.37 (s, 3H, —CH$_3$)
1c	8.53 (s, 1H, Ar—H), 8.07 (d, J = 9.0 Hz, 1H, N—H), 7.60 (s, 1H, Ar—H), 7.45 (d, J = 2.5 Hz, 1H, Ar—H), 7.41~7.35 (m, 5H, Ar—H), 7.34~7.28 (m, 4H, Ar—H), 7.27~7.12 (m, 13H, Ar—H), 4.85 (d, J = 12.5 Hz, 1H, H^{Glu}), 4.77~4.72 (m, 3H, —CH$_2$Ph), 4.65~4.54 (m, 5H, —CH$_2$Ph), 3.81 (s, 3H, —OCH$_3$), 3.79~3.71 (m, 3H, H^{Glu}), 3.66~3.56 (m, 3H, H^{Glu})
1d	8.49 (s, 1H, Ar—H), 8.07 (d, J = 8.5 Hz, 1H, N—H), 7.59 (s, 1H, Ar—H), 7.45~7.36 (m, 6H, Ar—H), 7.35~7.27 (m, 6H, Ar—H), 7.25~7.16 (m, 11H, Ar—H), 4.85 (d, J = 12.5 Hz, 1H, H^{Glu}), 4.76~4.71 (m, 3H, —CH$_2$Ph), 4.65~4.53 (m, 5H, —CH$_2$Ph), 3.94 (s, 3H, —OCH$_3$), 3.82~3.71 (m, 3H, H^{Glu}), 3.65~3.57 (m, 3H, H^{Glu})
1e	8.47 (s, 1H, Ar—H), 8.22 (d, J = 2.0 Hz, 1H, N—H), 8.15~8.09 (m, 2H, Ar—H), 7.63(s, 1H, Ar—H), 7.43~7.26 (m, 9H, Ar—H), 7.25~7.14 (m, 11H, Ar—H), 4.84 (d, J = 12.5 Hz, 1H, H^{Glu}), 4.77~4.69 (m, 4H, —CH$_2$Ph), 4.65~4.53 (m, 4H, —CH$_2$Ph), 3.87~3.71 (m, 6H, H^{Glu})
1f	8.93 (d, J = 2.5 Hz, 1H, Ar—H), 8.70 (s, 1H, Ar—H), 8.38 (dd, J = 9.0、2.5 Hz, 1H, Ar—H), 8.11(d, J = 8.5 Hz, 1H, N—H), 7.67~7.62 (m, 2H, Ar—H), 7.42~7.36 (m, 4H, Ar—H), 7.35~7.29 (m, 4H, Ar—H), 7.26~7.15 (m, 12H, Ar—H), 4.86 (d, J = 12.5 Hz, 1H, H^{Glu}), 4.77~4.71 (m, 3H, —CH$_2$Ph), 4.66~4.55 (m, 5H, —CH$_2$Ph), 3.81~3.72 (m, 3H, H^{Glu}), 3.67~3.60 (m, 3H, H^{Glu})
1g	8.50 (s, 1H, Ar—H), 8.09 (d, J = 9.5 Hz, 1H, N—H), 8.06 (d, J = 2.5 Hz, 1H, Ar—H), 7.65~7.61 (m, 2H, Ar—H), 7.47 (d, J = 17.5 Hz, 1H, Ar—H), 7.42~7.28 (m, 10H, Ar—H), 7.26~7.14 (m, 10H, Ar—H), 4.85 (d, J = 12.5 Hz, 1H, H^{Glu}), 4.77~4.73 (m, 3H, —CH$_2$Ph), 4.62~4.55 (m, 5H, —CH$_2$Ph), 3.85~3.76 (m, 3H, H^{Glu}), 3.75~3.69 (m, 3H, H^{Glu})
1h	8.49 (s, 1H, Ar—H), 8.18 (d, J = 2.5 Hz, 1H, Ar—H), 8.09 (d, J = 8.5 Hz, 1H, N—H), 7.74 (dd, J = 8.5、2.5 Hz, 1H, Ar—H), 7.61 (s, 1H, Ar—H), 7.43~7.35 (m, 6H, Ar—H), 7.35~7.28 (m, 4H, Ar—H), 7.27~7.21 (m, 5H, Ar—H), 7.20~7.15 (m, 6H, Ar—H), 4.85 (d, J = 13.0 Hz, 1H, H^{Glu}), 4.77~4.71 (m, 3H, —CH$_2$Ph), 4.65~4.54 (m, 5H, —CH$_2$Ph), 3.83~3.71 (m, 4H, H^{Glu}), 3.64~3.60 (m, 2H, H^{Glu})
1i	8.51 (s, 1H, Ar—H), 8.10 (d, J = 8.5 Hz, 1H, N—H), 7.82 (dd, J = 8.75、2.5 Hz, 1H, Ar—H), 7.63 (s, 1H, Ar—H), 7.52~7.44 (m, 3H, Ar—H), 7.41~7.35 (m, 4H, Ar—H), 7.34~7.28 (m, 4H, Ar—H), 7.26~7.15 (m, 11H, Ar—H), 4.85 (d, J = 13.0 Hz, 1H, H^{Glu}), 4.76~4.72 (m, 3H, —CH$_2$Ph), 4.65~4.54 (m, 5H, —CH$_2$Ph), 3.79~3.71 (m, 3H, H^{Glu}), 3.65~3.57 (m, 3H, H^{Glu})
1j	8.49 (s, 1H, Ar—H), 8.08 (d, J = 9.5 Hz, 1H, N—H), 7.59 (s, 1H, Ar—H), 7.41~7.35 (m, 5H, Ar—H), 7.34~7.26 (m, 7H, Ar—H), 7.25~7.16 (m, 11H, Ar—H), 4.85 (d, J = 12.5 Hz, 1H, H^{Glu}), 4.76~4.72 (m, 3H, —CH$_2$Ph), 4.65~4.54 (m, 5H, —CH$_2$Ph), 4.20 (q, J = 14.0, 7.0Hz, 2H, CH$_2$CH$_3$), 3.76~3.71 (m, 3H, H^{Glu}), 3.64~3.58 (m, 3H, H^{Glu}), 1.44 (t, J = 11.5 Hz, 3H, —CH$_2$CH$_3$)
1k	8.49 (s, 1H, Ar—H), 8.02 (d, J = 8.5 Hz, 1H, N—H), 7.79 (d, J = 9.0 Hz, 1H, Ar—H), 7.48 (s, 1H, Ar—H), 7.41~7.36 (m, 4H, Ar—H), 7.34~7.28 (m, 4H, Ar—H), 7.25~7.16 (m, 12H, Ar—H), 7.06 (d, J = 2.5 Hz, 1H, Ar—H), 6.97 (dd, J = 9.0、2.5 Hz, 1H, Ar—H), 4.84 (d, J = 12.5 Hz, 1H, H^{Glu}), 4.77~4.72 (m, 3H, —CH$_2$Ph), 4.65~4.54 (m, 5H, —CH$_2$Ph), 3.87 (s, 3H, —OCH$_3$), 3.79~3.70 (m, 3H, H^{Glu}), 3.65~3.56 (m, 3H, H^{Glu})

表 3-3　目标化合物 1a~1k 的 IR 数据

化合物	IR(KBr)，ν/cm^{-1}
1a	3433, 3025, 2921, 1733, 1621, 1540, 1061, 928
1b	3440, 3025, 2923, 1737, 1611, 1553, 1071, 932
1c	3429, 3025, 2924, 1720, 1613, 1553, 1085, 928
1d	3436, 3028, 2861, 1729, 1577, 1541, 1084, 915
1e	3433, 3025, 2921, 1733, 1621, 1540, 1061, 928
1f	3441, 3028, 2925, 1727, 1617, 1533, 1058, 929
1g	3435, 3028, 2870, 1726, 1621, 1547, 1082, 931
1h	3439, 3027, 2922, 1722, 1620, 1611, 1085, 928
1i	3433, 3025, 2921, 1733, 1621, 1540, 1061, 928
1j	3437, 3158, 2926, 1725, 1624, 1615, 1083, 928
1k	3430, 3029, 2866, 1722, 1621, 1544, 1067, 926

3.1.3.2　氨基葡萄糖 *N*-位修饰的香豆素噻唑类衍生物的波谱数据解析

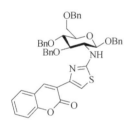

图 3-8　1a 的结构式

以 **1a** 为例进行分析，其结构如图 3-8 所示。

化合物 **1a** 的 IR 数据中，在 3433 cm^{-1} 为氨糖上 N—H 的特征吸收；1733 cm^{-1} 为香豆素环上羰基的伸缩振动吸收峰；在 3025 cm^{-1} 和 2921 cm^{-1} 处为 PhCH$_2$—的 C—H 吸收峰；在 1621~1530 cm^{-1} 为芳环上的特征吸收峰；在 1061 cm^{-1} 为氨糖上吡喃醚—C—O—C—伸缩振动产生；在 907cm^{-1} 左右所出现的吸收峰，则可说明糖环为 β-构型。

化合物 **1a** 的 ^{1}H NMR 数据中，在 δ 7.42~7.26 的多重峰为苄基上芳环的质子峰；在 δ 8.53 的单峰为香豆素环 4 位上的—C=C—H 质子峰；由于氨糖的 N—H 受到噻唑环一定的去屏蔽作用，向低场移动，在 δ 8.07 出现双重峰；此外，由于氨基葡萄糖的 C1 与两氧原子相连，C1 氢的化学位移值相对于糖环上其他位氢的化学位移值处于低场最大值，在 δ 4.86 出现一个双重峰，且偶合常数值证明了苄基保护的糖环是 β-构型。

化合物 **1a**，ESI-HRMS 测得[M+H]$^+$ 为 767.2784，相应理论值为 767.2785，测定值与计算值基本一致。

3.1.4 结果讨论

氨基葡萄糖 *N*-位修饰的香豆素噻唑类衍生物的合成探索如下。

在设计合成糖基噻唑香豆素衍生物的过程中，采用最经典的 Hantzsch 法合成噻唑环，主要是 α-卤代羰基化合物和硫脲类物质反应，以水杨醛为原料，通过 Knoevenagel 法合成香豆素衍生物。

条件优化发现：反应的最佳条件为糖基硫脲与 3-溴乙酰香豆素摩尔比为 1∶1.2，乙醇为溶剂，反应温度为 60 ℃，反应 30 min。

水杨醛上取代基的个数及其电子和空间效应对乙酰基香豆素和目标产物合成有影响，发现多取代的水杨醛不易合成香豆素类化合物，吸电子基取代的香豆素所生成目标产物产率较低。

3.2 氨基葡萄糖 *N*-位修饰的香豆酮噻唑类衍生物的合成

3.2.1 合成路线

目标化合物合成路线见图 3-9。

3.2.2 实验步骤

N-(1,3,4,6-四-*O*-苄基-2-脱氧-β-D-吡喃糖-2-基)硫脲的合成：称取 2-脱氧-2-异硫氰酸酯-1,3,4,6-四-*O*-苄基-β-D-吡喃糖Ⅲ（2 g, 1.7 mmol）置于三口烧瓶中，量取 60 mL 二氯甲烷倒入反应烧瓶，通入氨气，室温下反应 20 min，反应毕，

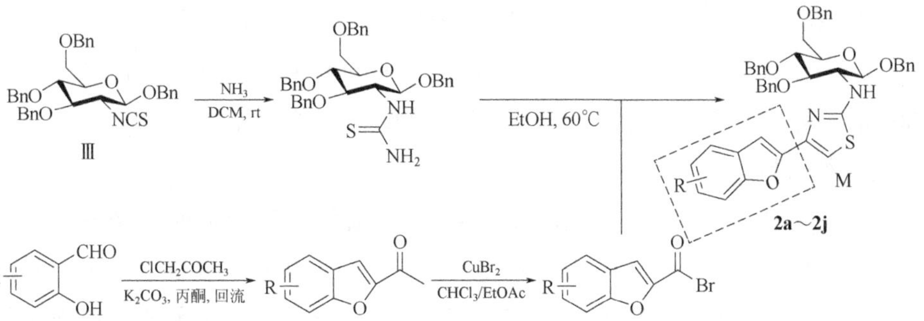

图 3-9

化合物	⅄M	化合物	⅄M	化合物	⅄M
2a	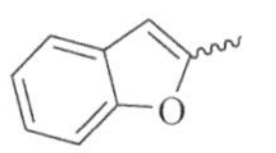	**2e**	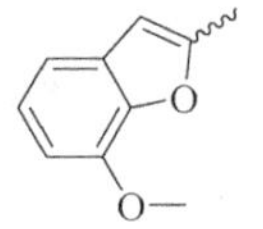	**2i**	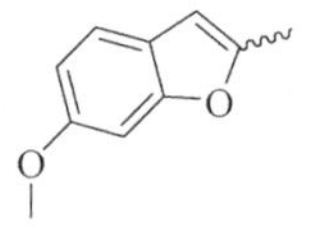
2b	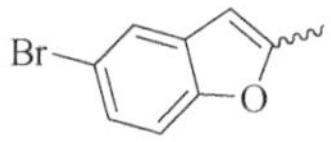	**2f**	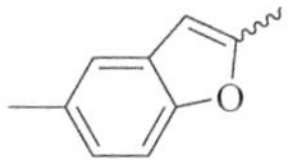	**2j**	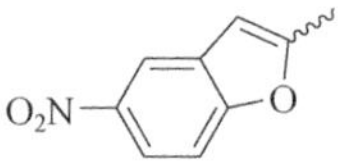
2c	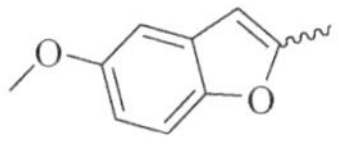	**2g**	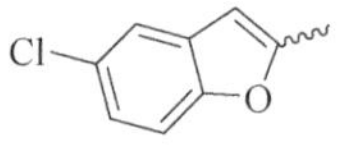		
2d	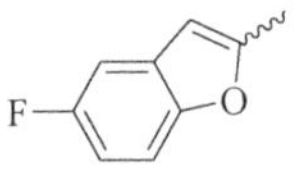	**2h**	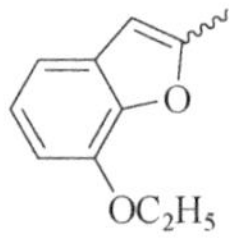		

图 3-9　目标化合物 **2a**～**2j** 合成路线

蒸馏水洗涤，重复 3～4 次，无水硫酸镁干燥，蒸除溶剂，得化合物，产率为 94%。

2-乙酰基香豆酮类化合物的合成：分别称取水杨醛（10 mmol）、碳酸钾 1.65 g，置于 100 mL 单口烧瓶中，加入 60 mL 的丙酮，加热回流 0.5 h，移置冰水浴，向单口烧瓶加入氯丙酮 0.96 mL，冰水浴下搅拌 20 min，移至油浴锅，回流下反应，TLC 监测反应，反应毕，抽滤取液体，蒸除溶剂，加入 30 mL 二氯甲烷溶解，蒸馏水洗涤 2～3 次，干燥，蒸除溶剂，乙醇重结晶，得化合物。

2-溴乙酰基香豆酮类化合物的合成：称取溴化铜（10 mmol），溶于盛有 15 mL 乙酸乙酯的单口烧瓶中，置于油浴中，温度设定在 50 ℃，磁力搅拌 0.5 h，称取化合物 2-乙酰基香豆酮类化合物（5 mmol），溶于 15 mL 氯仿中，用恒压滴液漏斗将其滴入单口烧瓶中，TLC 监测反应，反应结束，抽滤，蒸除溶剂，加入 30 mL 二氯甲烷将其溶解，蒸馏水洗涤，重复 3～4 次，无水硫酸镁干燥，蒸除溶剂，得粗品。

4-(苯并呋喃-2-基)-*N*-(1,3,4,6-四-*O*-苄基-2-脱氧-*β*-D-吡喃糖-2-基)噻唑-2-胺 (**2**) 的合成：分别称取化合物 *N*-(1,3,4,6-四-*O*-苄基-2-脱氧-*β*-D-吡喃糖-2-基)硫脲（0.5 mmol）、2-溴乙酰基香豆酮类化合物（0.6 mmol），将其置于单口烧瓶中，加入 30 mL 乙醇，室温下反应，磁力搅拌，溶液由澄清变为浑浊，TLC 跟踪反应，反应毕，抽滤，得粗品，乙醇重结晶，得化合物 **2**。

3.2.3　结果分析

3.2.3.1　氨基葡萄糖 *N*-位修饰的香豆酮噻唑类衍生物的性状及结构表征

共合成 10 种目标化合物，合成化合物的理化参数、IR、^{1}H NMR、ESI-HRMS 数据见表 3-4、表 3-5 及表 3-6。

表 3-4　目标化物 2a～2j 的理化性质

化合物	外观	产率/%	熔点/℃	MS（*m/z*）
2a	白色固体	87	100～101	739.2843[M+H]$^+$
2b	浅黄色固体	83	102～108	817.1940[M+H]$^+$
2c	浅灰色固体	81	98～100	769.2946[M+H]$^+$
2d	白色固体	96	110～111	757.2743[M+H]$^+$
2e	浅黄色固体	84	115～120	769.2945[M+H]$^+$
2f	白色固体	83	105～106	753.2992[M+H]$^+$
2g	浅灰色固体	86	103～104	773.2450[M+H]$^+$
2h	灰色固体	79	129～130	805.2912[M+H]$^+$
2i	黄色固体	83	118～120	791.2759[M+H]$^+$
2j	黄色固体	72	118～120	784.2689[M+H]$^+$

表 3-5　目标化合物 2a～2j 的 ^{1}H NMR

化合物	^{1}H NMR(500 MHz, DMSO-d$_6$)，δ
2a	8.18 (d, *J* = 9.0 Hz, 1H, N—H), 7.65～7.62 (m, 1H, Ar—H), 7.59 (d, *J* = 8.0 Hz, 1H, Ar—H), 7.40～7.35 (m, 4H, Ar—H), 7.34～7.28 (m, 5H, Ar—H), 7.27～7.17 (m, 13H, Ar—H), 7.13 (s, 1H, Ar—H), 7.06 (s, 1H, Ar—H), 4.84 (d, *J* = 12.5 Hz, 1H, H^{Glu}), 4.76～4.62 (m, 3H, —CH$_2$Ph), 4.65～4.54 (m, 5H, —CH$_2$Ph), 3.79～3.70 (m, 3H, H^{Glu}), 3.64～3.58 (m, 3H, H^{Glu})
2b	8.22 (d, *J* = 8.5 Hz, 1H, N—H), 7.84 (d, *J* = 2.0 Hz, 1H, Ar—H), 7.58 (d, *J* = 8.5 Hz, 1H, Ar—H), 7.46～7.42 (m, 1H, Ar—H), 7.40～7.35 (m, 5H, Ar—H), 7.34～7.28 (m, 4H, Ar—H), 7.25～7.17 (m, 12H, Ar—H), 7.06 (s, 1H, Ar—H), 4.84 (d, *J* = 12.5 Hz, 1H, H^{Glu}), 4.77～4.70 (m, 4H, —CH$_2$Ph), 4.63～4.53 (m, 4H, —CH$_2$Ph), 3.80～3.70 (m, 3H, H^{Glu}), 3.64～3.55 (m, 3H, H^{Glu})
2c	8.22 (d, *J* = 9.0 Hz, 1H, N—H), 7.49 (d, *J* = 9.0 Hz, 1H, Ar—H), 7.41～7.37 (m, 4H, Ar—H), 7.34～7.29 (m, 4H, Ar—H), 7.27～7.17 (m, 12H, Ar—H), 7.15 (d, *J* = 2.5 Hz, 1H, Ar—H), 7.10 (s, 1H, Ar—H), 6.99 (s, 1H, Ar—H), 6.88 (dd, *J* = 9.0、3.0 Hz, 1H, Ar—H), 4.85 (d, *J* = 12.5 Hz, 1H, H^{Glu}), 4.77～4.71 (m, 3H, —CH$_2$Ph), 4.65～4.55 (m, 5H, —CH$_2$Ph), 3.79 (s, 3H, —OCH$_3$), 3.77～3.65 (m, 3H, H^{Glu}), 3.64～3.55 (m, 3H, H^{Glu})

化合物	¹H NMR(500 MHz, DMSO-d₆)，δ
2d	8.20 (d, $J = 9.0$ Hz, 1H, N—H), 7.62 (dd, $J = 9.0$、4.0 Hz, 1H, Ar—H), 7.45~7.41 (m, 1H, Ar—H), 7.40~7.35 (m, 4H, Ar—H), 7.34~7.27 (m, 5H, Ar—H), 7.27~7.15 (m, 12H, Ar—H), 7.14~7.11 (m, 1H, Ar—H), 7.06 (s, 1H, Ar—H), 4.84 (d, $J = 13.0$ Hz, 1H, H^{Glu}), 4.76~4.70 (m, 4H, —CH₂Ph), 4.64~4.54 (m, 4H, —CH₂Ph), 3.78~3.70 (m, 3H, H^{Glu}), 3.63~3.58 (m, 3H, H^{Glu})
2e	8.19 (d, $J = 9.5$ Hz, 1H, N—H), 7.41~7.34 (m, 4H, Ar—H), 7.33~7.28 (m, 4H, Ar—H), 7.26~7.14 (m, 14H, Ar—H), 7.11 (s, 1H, Ar—H), 7.03 (s, 1H, Ar—H), 6.96~6.92 (m, 1H, Ar—H), 4.84 (d, $J = 12.5$ Hz, 1H, H^{Glu}), 4.76~4.70 (m, 4H, —CH₂Ph), 4.64~4.54 (m, 4H, —CH₂Ph), 3.97 (s, 3H, —OCH₃), 3.78~3.70 (m, 3H, H^{Glu}), 3.64~3.58 (m, 3H, H^{Glu})
2f	8.24 (s, 1H, N—H), 7.46 (d, $J = 8.0$ Hz, 1H, Ar—H), 7.42 (s, 1H, Ar—H), 7.40~7.35 (m, 4H, Ar—H), 7.34~7.28 (m, 4H, Ar—H), 7.27~7.16 (m, 12H, Ar—H), 7.14~7.09 (m, 2H, Ar—H), 7.00 (s, 1H, Ar—H), 4.84 (d, $J = 12.5$ Hz, 1H, H^{Glu}), 4.76~4.68 (m, 4H, —CH₂Ph), 4.64~4.54 (m, 4H, —CH₂Ph), 3.88~3.69 (m, 4H, H^{Glu}), 3.62~3.57 (m, 2H, H^{Glu}), 2.39 (s, 3H, —CH₃)
2g	8.23 (d, $J = 9.0$ Hz, 1H, N—H), 7.70 (d, $J = 2.0$ Hz, 1H, Ar—H), 7.63 (d, $J = 8.5$ Hz, 1H, Ar—H), 7.41~7.35 (m, 4H, Ar—H), 7.34~7.29 (m, 5H, Ar—H), 7.27~7.17 (m, 13H, Ar—H), 7.06 (s, 1H, Ar—H), 4.84 (d, $J = 13.0$ Hz, 1H, H^{Glu}), 4.77~4.71 (m, 4H, —CH₂Ph), 4.64~4.54 (m, 4H, —CH₂Ph), 3.81~3.69 (m, 3H, H^{Glu}), 3.65~3.56 (m, 3H, H^{Glu})
2h	8.26 (d, $J = 8.0$ Hz, 1H, N—H), 7.40~7.35 (m, 5H, Ar—H), 7.34~7.28 (m, 4H, Ar—H), 7.26~7.10 (m, 14H, Ar—H), 7.05 (s, 1H, Ar—H), 6.95~6.91 (m, 1H, Ar—H), 4.85 (d, $J = 12.5$ Hz, 1H, H^{Glu}), 4.76~4.69 (m, 4H, —CH₂Ph), 4.65~4.54 (m, 4H, —CH₂Ph), 4.26 (q, $J = 14.0$, 7.0Hz, 2H, —C̲H₂CH₃), 3.81~3.70 (m, 3H, H^{Glu}), 3.65~3.56 (m, 3H, H^{Glu}), 1.43 (t, $J = 7.0$ Hz, 3H, —CH₂C̲H₃)
2i	8.13 (d, $J = 9.0$ Hz, 1H, N—H), 7.50 (d, $J = 8.5$ Hz, 1H, Ar—H), 7.40~7.35 (m, 4H, Ar—H), 7.34~7.28 (m, 4H, Ar—H), 7.27~7.15 (m, 13H, Ar—H), 6.99 (s, 1H, Ar—H), 6.96 (s, 1H, Ar—H), 6.90~6.86 (m, 1H, Ar—H), 4.84 (d, $J = 12.5$ Hz, 1H, H^{Glu}), 4.77~4.69 (m, 4H, —CH₂Ph), 4.64~4.53 (m, 4H, —CH₂Ph), 3.82 (s, 3H, —OCH₃), 3.79~3.69 (m, 3H, H^{Glu}), 3.64~3.57 (m, 3H, H^{Glu})
2j	8.60 (d, $J = 2.5$ Hz, 1H, 1H, Ar—H), 8.24 (d, $J = 9.0$ Hz, 1H, Ar—H), 8.21 (dd, $J = 9.0$、2.0 Hz, 1H, Ar—H), 7.85 (d, $J = 9.0$ Hz, 1H, Ar—H), 7.75~7.71 (m, 1H, Ar—H), 7.70~7.66 (m, 1H, Ar—H), 7.40~7.35 (m, 6H, Ar—H), 7.34~7.25 (m, 6H, Ar—H), 7.25~7.20 (m, 8H, Ar—H), 4.84 (d, $J = 14.0$ Hz, 1H, H^{Glu}), 4.76~4.71 (m, 4H, —CH₂Ph), 4.61~4.56 (m, 4H, —CH₂Ph), 3.79~3.72 (m, 3H, H^{Glu}), 3.64~3.58 (m, 3H, H^{Glu})

表 3-6　目标化合物 2a~2j 的 IR 数据

化合物	IR(KBr)，ν/cm⁻¹
2a	3430, 3028, 2870, 1619, 1516, 1491, 1044, 1059, 907
2b	3432, 3028, 2868, 1616, 1496, 1453, 1065, 905
2c	3432, 3028, 2868, 1615, 1496, 1469, 1070, 909
2d	3432, 3031, 2855, 1736, 1604, 1535, 1068, 925
2e	3433, 3028, 2868, 1616, 1532, 1484, 1061, 909

化合物	IR(KBr)，ν/cm^{-1}
2f	3431, 3027, 2868, 1614, 1496, 1453, 1061, 909
2g	3431, 3087, 2900, 1615, 1496, 1453, 1065, 913
2h	3431, 3027, 2866, 1615, 1531, 1484, 1062, 961
2i	3432, 3029, 2863, 1622, 1549, 1491, 1070, 907
2j	3432, 3029, 2863, 1622, 1549, 1491, 1070, 907

3.2.3.2 氨基葡萄糖 N-位修饰的香豆酮噻唑类衍生物的波谱数据解析

以 **2a** 为例进行分析，结构如图 3-10。

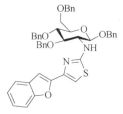

化合物 **2a** 的 IR 数据中，在 3430 cm^{-1} 为氨糖上 N—H 的特征吸收峰；3028 cm^{-1} 和 2870 cm^{-1} 为 PhCH$_2$— 的 C—H 吸收峰；在 1628～1491 cm^{-1} 为芳环上的特征吸收峰；在 1044 cm^{-1} 为氨糖上吡喃醚（—C—O—C—）伸缩振动产生；在 907cm^{-1} 左右出现吸收峰，则说明糖环为 β-构型。

图 3-10　2a 的结构式

化合物 **2a** 的 ^{1}H NMR 数据中，在 δ 7.42～7.26 的多重峰为苄基上芳环的质子峰；在 δ 8.18 为氨基葡萄糖 NH 的质子峰，是由于氨基葡萄糖的 NH 受到噻唑环一定的去屏蔽作用，向低场移动，又受到氨糖 C2 上氢的偶合，裂分成双重峰；此外，由于氨基葡萄糖的 C1 与两氧原子相连，C1 氢的化学位移值相对于糖环上其他位氢的化学位移值处于低场最大值，在和 δ 4.84 出现一个双重峰，且偶合常数值证明了苄基保护的糖环是 β-构型。

化合物 **2a**，ESI-HRMS 测得[M+H]$^+$为 739.2843，相应理论值为 739.2836，测定值与计算值一致。

3.2.4　结果讨论

氨基葡萄糖 N-位修饰的香豆酮噻唑类衍生物的合成探索如下。

香豆酮类化合物的构建通常采用传统法和金属催化法，传统合成法主要以邻羟基苯甲醛（氰）、邻乙酰苯氧乙酸及其酯化物等为原料。其中，邻羟基苯甲醛是最易得原料，且反应条件温和。根据糖基 1,3-噻唑香豆素的合成经验，我们同样选择 Hantzsch 法构建香豆酮噻唑环。

经多次试验得到最佳反应条件：糖基硫脲与 2-(溴乙酰基)香豆酮物质的量之比为 1：1.2，乙醇作为溶剂，反应温度为 35 ℃，反应 35 min。

通过探究水杨醛上取代基个数和电子效应对香豆酮环的构建和最终产物的影响，发现多取代或含有强吸电子基的水杨醛不易生成香豆酮环和目标化合物。

3.3 氨基葡萄糖单元的 1,3-噻唑类衍生物的合成

3.3.1 合成路线

目标化合物合成路线见图 3-11。

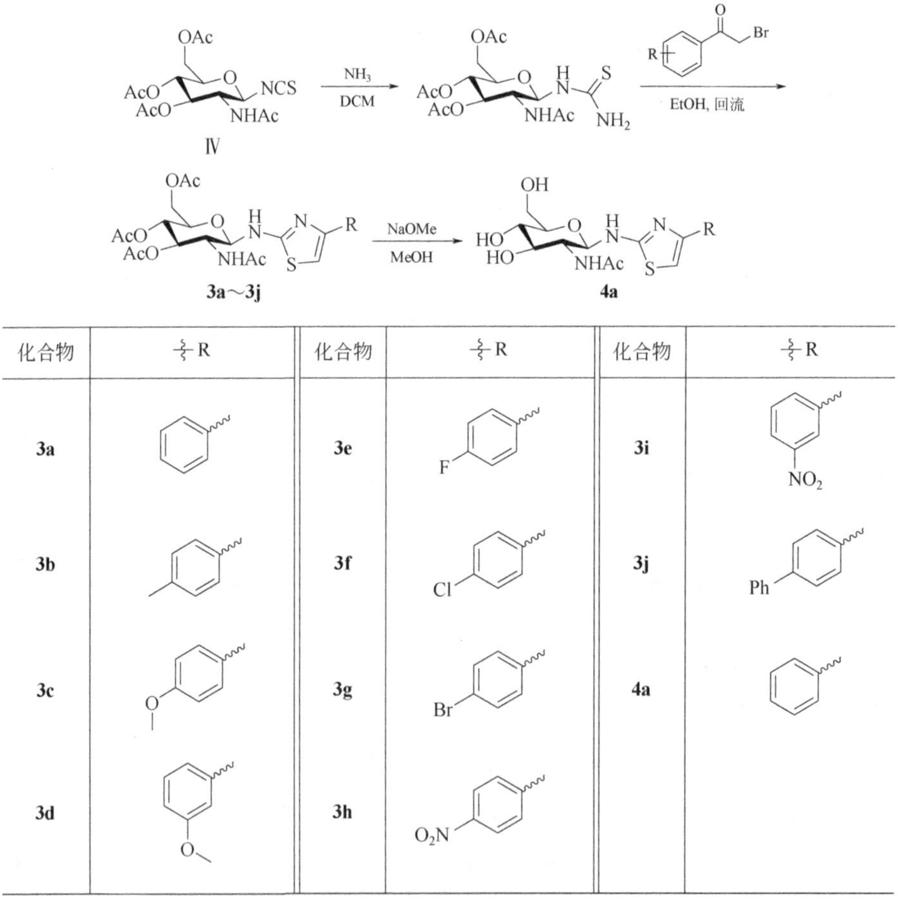

化合物	R	化合物	R	化合物	R
3a	苯基	3e	4-氟苯基	3i	3-硝基苯基
3b	4-甲基苯基	3f	4-氯苯基	3j	4-苯基苯基
3c	4-甲氧基苯基	3g	4-溴苯基	4a	苯基
3d	3-甲氧基苯基	3h	4-硝基苯基		

图 3-11　目标化合物的合成路线（3a～3j 和 4a）

3.3.2 实验步骤

2-乙酰氨基-3,4,6-三-*O*-乙酰基-2-脱氧-β-D-吡喃糖基硫脲的合成：称取 2-乙酰氨基-3,4,6-三-*O*-乙酰基-2-脱氧-β-D-吡喃糖异硫氰酸酯Ⅳ（10 mmol, 3.88 g），置于 125 mL 的三口烧瓶中，加入 50 mL 二氯甲烷使其溶解，在冰水浴条件下通入氨气，磁力搅拌反应，TLC 监测反应至完全。然后向反应液中加入蒸馏水（50 mL）进行萃取，重复 2~3 次，除去水层，有机相经无水硫酸镁干燥，减压蒸馏，烘干，得白色固体，产率（3.93 g，97%）。

α-溴代芳基乙酮的合成：称取苯乙酮（1.1 mmol）、溴化铜（2.42 mmol, 0.54 g），置于 100 mL 的单口烧瓶中，加入 7 mL 三氯甲烷和 7 mL 乙酸乙酯，在回流条件下反应 5 h，TLC 监测反应，反应完毕后，向反应体系中加入饱和碳酸氢钠溶液，进行洗涤萃取，有机相经无水硫酸镁干燥，减压蒸馏得黄色油状液体，待用。

N-(2-乙酰氨基-3,4,6-三-*O*-乙酰基-2-脱氧-β-D-吡喃糖)-4-取代-1,3-噻唑-2-胺（**3**）的合成：取化合物 2-乙酰氨基-3,4,6-三-*O*-乙酰基-2-脱氧-β-D-吡喃糖基硫脲（1 mmol, 0.405 g）置于装有 10 mL 化合物 *α*-溴代芳基乙酮的乙醇溶液的单口烧瓶中，加热回流反应，TLC 监测反应，反应完毕后，减压蒸馏除去溶剂，然后用无水乙醚多次洗涤，得粗品，经乙醇水溶液重结晶得纯品 **3**。

N-(2-乙酰氨基-2-脱氧-β-D-吡喃糖)-4-取代-1,3-噻唑-2-胺（**4**）的合成：向配有恒压漏斗的 50 mL 的三口烧瓶中加入化合物 **3**（1 mmol）和 10 mL 甲醇，磁力搅拌 5 min 使其溶解，再向反应液中缓慢滴加含有甲醇钠（0.17 g, 3.2 mmol）的甲醇（5 mL）溶液，于室温下反应 2.5 h 后，用 Amberlite IR-120 阳离子交换树脂中和，过滤，滤液减压蒸馏得化合物 **4**。

3.3.3 结果分析

3.3.3.1 氨基葡萄糖单元的 1,3-噻唑类衍生物的性状及结构表征

共合成 11 个目标化合物，合成化合物的理化参数、IR、¹H NMR、ESI-HRMS 数据见表 3-7、表 3-8 及表 3-9。

表3-7　目标化物 3a～3j 和 4a 的理化性质

化合物	外观	产率/%	熔点/℃	MS（m/z）
3a	淡黄色固体	82	98～100	528.1423[M+Na]+
3b	黄色固体	86	95～96	542.1574[M+Na]+
3c	黄色固体	88	100～101	558.1530[M+Na]+
3d	黄色固体	83	82～83	558.1526[M+Na]+
3e	白色固体	87	137～138	546.1327[M+Na]+
3f	淡黄色固体	78	96～97	562.1032[M+Na]+
3g	黄色固体	85	127～128	606.0514[M+Na]+
3h	黄色固体	74	225～226	589.1000[M+K]+
3i	黄色固体	62	101～102	589.1003[M+K]+
3j	白色固体	84	215～216	604.1724[M+Na]+
4a	白色固体	90	115～116	402.1094[M+Na]+

表3-8　目标化合物 3a～3j 和 4a 的 ^{1}H NMR

化合物	^{1}H NMR(400 MHz, DMSO-d$_6$)，δ
3a	8.40 (d, J = 9.3 Hz, 1H, NH), 8.06 (d, J = 8.9 Hz, 1H, NH), 7.85 (m, 2H, Ar—H), 7.38 (t, J = 7.6 Hz, 2H, Ar—H), 7.28 (t, J = 7.3 Hz, 1H, Ar—H), 7.22 (s, 1H, thiazole), 5.30(t, J = 9.5 Hz, 1H, H$_1$), 5.22 (t, J = 9.8 Hz, 1H, H$_3$), 4.86 (t, J = 9.7 Hz, 1H, H$_4$), 4.19 (dd, J = 12.3、4.9 Hz, 1H, H$_6$), 4.01～3.89 (m, 3H, H$_2$, H$_5$, H$_{6'}$), 1.99～1.75 (4s, 12H, 4CH$_3$)
3b	8.35 (d, J = 9.3 Hz, 1H, NH), 8.05 (d, J = 8.9 Hz, 1H, NH), 7.72 (d, J = 6.4 Hz, 2H, Ar—H), 7.19 (d, J = 8.1 Hz, 2H, Ar—H), 7.13 (s, 1H, thiazole), 5.29 (t, J = 9.5 Hz, 1H, H$_1$), 5.21 (t, J = 9.9 Hz, 1H, H$_3$), 4.85 (t, J = 9.8 Hz, 1H, H$_4$), 4.19 (dd, J = 12.3、4.9 Hz, 1H, H$_6$), 4.00～3.90 (m, 3H, H$_2$, H$_5$, H$_{6'}$), 2.33 (s, 3H, CH$_3$),1.99～1.75 (4s, 12H, 4CH$_3$)
3c	8.55 (d, J = 7.5 Hz, 1H, NH), 7.80 (d, J = 8.8 Hz, 1H, NH), 7.76 (d, J = 8.7Hz, 2H, Ar—H), 7.10 (s, 1H, thiazole), 6.94 (d, J = 8.8 Hz, 2H, Ar—H), 5.47 (m, 1H, H$_1$), 5.41 (d, J = 11.4 Hz, 1H, H$_3$), 4.91 (t, J = 9.6 Hz, 1H, H$_4$), 4.32 (m, 1H, H$_6$), 4.05～3.93 (m, 3H, H$_2$, H$_5$, H$_{6'}$), 3.77 (s, 3H, CH$_3$),1.98～1.81 (4s, 12H, 4CH$_3$)
3d	8.58 (d, J = 7.2 Hz, 1H, NH), 7.79 (d, J = 8.8 Hz, 1H, NH), 7.40 (dd, J = 10.4、5.1 Hz, 2H, Ar—H), 7.29 (dd, J = 9.1、6.8 Hz, 1H, Ar—H), 7.24 (s, 1H, thiazole), 6.86 (dd, J = 9.1、7.9、2.2 Hz, 1H, Ar—H), 5.45 (t, J = 9.2 Hz, 1H, H$_1$), 5.42 (t, J = 9.8 Hz, 1H, H$_3$), 4.92 (t, J = 9.6 Hz, 1H, H$_4$), 4.31 (m, 1H, H$_6$), 4.05～3.92 (m, 3H, H$_2$, H$_5$, H$_{6'}$), 3.79 (s, 3H, CH$_3$), 1.99～1.75 (4s, 12H, 4CH$_3$)
3e	8.40 (d, J = 9.2 Hz, 1H, NH), 8.05 (d, J = 8.8 Hz, 1H, NH), 7.87 (m, 2H, Ar—H), 7.23 (m, 2H, Ar—H), 7.19 (s, 1H, thiazole), 5.30 (t, J = 9.5 Hz, 1H, H$_1$), 5.22 (t, J = 9.4 Hz, 1H, H$_3$), 4.86 (t, J = 9.8 Hz, 1H, H$_4$), 4.21 (dd, J = 12.5、4.6 Hz, 1H, H$_6$), 4.04～3.92 (m, 3H, H$_2$, H$_5$, H$_{6'}$), 1.99～1.76 (4s, 12H, 4CH$_3$)
3f	8.43 (d, J = 9.2 Hz, 1H, NH), 8.05 (d, J = 8.9 Hz, 1H, NH), 7.86 (d, J = 8.7 Hz, 2H, Ar—H), 7.44 (d, J = 8.6 Hz, 2H, Ar—H), 7.28 (s, 1H, thiazole), 5.30 (t, J = 9.5 Hz, 1H, H$_1$), 5.21 (t, J = 9.8 Hz, 1H, H$_3$), 4.86 (t, J = 9.8 Hz, 1H, H$_4$), 4.19 (dd, J = 12.4、4.8 Hz, 1H, H$_6$), 4.01～3.89 (m, 3H, H$_2$, H$_5$, H$_{6'}$), 1.99～1.76 (4s, 12H, 4CH$_3$)
3g	8.43 (d, J = 9.2 Hz, 1H, NH), 8.05 (d, J = 8.9 Hz, 1H, NH), 7.79 (d, J = 8.5 Hz, 2H, Ar—H), 7.58 (d, J = 8.6 Hz, 2H, Ar—H), 7.29 (s, 1H, thiazole), 5.30 (t, J = 9.4 Hz, 1H, H$_1$), 5.21 (t, J = 9.8 Hz, 1H, H$_3$), 4.84 (t, J = 9.7 Hz, 1H, H$_4$), 4.19 (dd, J = 12.4、4.8 Hz, 1H, H$_6$), 4.00～3.89 (m, 3H, H$_2$, H$_5$, H$_{6'}$), 1.99～1.75 (4s, 12H, 4CH$_3$)

化合物	^{1}H NMR(400 MHz, DMSO-d$_6$), δ
3h	8.74 (d, J = 7.5 Hz, 1H, NH) 8.26 (d, J = 8.8 Hz, 2H, Ar—H) 8.10 (d, J = 8.8 Hz, 2H, Ar—H), 7.83 (d, J = 8.9 Hz, 1H, NH) 7.67 (s, 1H, thiazole) 5.56 (t, J = 9.7 Hz, 1H, H$_1$) 5.43 (t, J = 9.5 Hz, 1H, H$_3$), 4.93 (t, J = 9.8 Hz, 1H, H$_4$) 4.31 (dd, J = 17.1, 8.3 Hz, 1H, H$_6$) 4.20~3.94 (m, 3H, H$_2$, H$_5$, H$_{6'}$), 1.98~1.81 (4s, 12H, 4CH$_3$)
3i	8.64 (m, 1H, Ar—H), 8.57 (d, J = 9.3 Hz, 1H, NH), 8.30 (d, J = 7.7 Hz, 1H, Ar—H), 8.14 (d, J = 8.2、2.3 Hz, 1H, Ar—H), 8.06 (d, J = 9.0 Hz, 1H, NH), 7.69 (d, J = 8.8 Hz, 1H, Ar—H), 7.56 (s, 1H, thiazole), 5.32 (t, J = 9.4 Hz, 1H, H$_1$), 5.23 (t, J = 9.8 Hz, 1H, H$_3$), 4.87 (t, J = 9.8 Hz, 1H, H$_4$) 4.19 (dd, J = 12.4、4.7 Hz, 1H, H$_6$) 4.01—3.91 (m, 3H, H$_2$, H$_5$, H$_{6'}$), 1.99~1.75 (4s, 12H, 4CH$_3$)
3j	8.42 (d, J = 9.3 Hz, 1H, NH), 8.07 (d, J = 9.1 Hz, 1H, NH), 7.93 (dd, J = 8.4、4.6 Hz, 2H, Ar—H), 7.70 (m, 3H, Ar—H), 7.48 (t, J = 7.7 Hz, 2H, Ar—H), 7.36 (dd, J = 13.6、6.2 Hz, 2H, Ar—H), 7.28 (s, 1H, thiazole), 5.32 (t, J = 9.5 Hz, 1H, H$_1$), 5.23 (t, J = 9.7 Hz, 1H, H$_3$), 4.87 (t, J = 9.7 Hz, 1H, H$_4$) 4.21 (dd, J = 12.3、4.6 Hz, 1H, H$_6$) 4.02~3.91 (m, 3H, H$_2$, H$_5$, H$_{6'}$), 1.99~1.76 (4s, 12H, 4CH$_3$)
4a	8.00 (d, J = 8.3 Hz, 1H, NH), 7.93 (d, J = 7.3 Hz, 1H, NH), 7.82 (m, 2H, Ar—H), 7.4 (t, J = 7.6 Hz, 2H, Ar—H), 7.27 (t, J = 7.3 Hz, 1H, Ar—H), 7.17 (s, 1H, thiazole) 4.82 (t, J = 9.6 Hz, 1H, H$_1$), 3.66 (t, J = 10.5 Hz, 2H, OH, H$_3$), 3.58 (dd, J = 16.4、6.8 Hz, 2H, H$_4$, OH), 3.49~3.40 (m, 3H, OH, H$_2$, H$_6$), 3.16 (m, 2H, H$_5$, H$_{6'}$), 1.83 (s, 3H, CH$_3$)

表3-9 目标化合物 3a~3j 和 4a 的 IR 数据

化合物	IR(KBr)，ν/cm^{-1}
3a	3379, 2926, 1747, 1666, 1547, 1444, 1233, 1040, 917
3b	3370, 2930, 1748, 1668, 1549, 1437, 1234, 1039, 911
3c	3351, 2929, 1747, 1660, 1543, 1242, 1036, 907
3d	3374, 2932, 1748, 1658, 1539, 1235, 1040, 916
3e	3400, 2931, 1746, 1653, 1545, 1490, 1229, 1041, 906
3f	3371, 2936, 1748, 1661, 1545, 1475, 1233, 1040, 908
3g	3347, 2947, 1747, 1656, 1547, 1472, 1232, 1039, 907
3h	3421, 2929, 1744, 1656, 1601, 1529, 1232, 1038, 912
3i	3391, 2928, 1748, 1658, 1543, 1436, 1231, 1040, 907
3j	3406, 2926, 1745, 1658, 1549, 1479, 1227, 1043, 916
4a	3424, 2936, 1630, 1553, 1443, 1384, 1082, 906

3.3.3.2 氨基葡萄糖单元的 1,3-噻唑类衍生物的波谱数据解析

以 3a 为例进行分析，结构如图 3-12 所示。

化合物 3a 的 IR 数据中，在 3379 cm^{-1} 为 2 种亚氨基（N—H）的特征吸收峰；在 2926~2853 cm^{-1} 范围内为糖环上甲基和亚甲基的特征吸收；在 1747 cm^{-1} 为乙酰基上羰基（C═O）的伸缩振动特征吸收峰，而酰胺键上的羰基（C═O）伸缩振动吸收峰则在 1666 cm^{-1} 处出

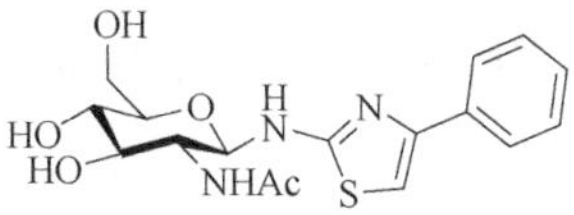

图3-12 3a 的结构式

现中等强度的特征吸收；在 1547 cm^{-1} 和 1444 cm^{-1} 分别为噻唑环上 C=N 与 C=C 的特征吸收峰；在 1233 cm^{-1} 为酯键上 C—O 的特征吸收峰；在 1040 cm^{-1} 为糖环上吡喃醚 C—O—C 键的伸缩振动吸收峰；在 917 cm^{-1} 左右出现特征吸收，则说明糖环为 β-构型。而在脱保护化合物 **4a** 中，在 3424 cm^{-1} 处出现宽而强的羟基特征吸收峰，从而掩蔽了亚胺 N—H 的特征吸收，其中在 1747 cm^{-1} 附近乙酰基上羰基特征吸收峰的消失，证实了羟基保护基脱除，其他特征吸收峰依然存在。

化合物 **3a** 的 ^{1}H NMR 数据中，在 δ 1.99～1.75 范围内出现四个单峰（12H），为乙酰基中 4 个甲基氢的特征吸收；在 δ 5.30～3.89 范围内出现多重峰，为糖环上氢的特征吸收峰，其中糖环上 C1—H 由于受到 N 和 O 的去屏蔽作用，化学位移向低场移动达到最大值，并且受到 C2—H 和 N—H 的偶合，裂分为三重峰，其耦合常数 J = 9.5 Hz，说明糖环为 β-构型；糖环上乙酰氨基中 N—H 的特征吸收在 δ 8.06 处出现，并且裂分为双重峰，偶合常数 J = 8.9 Hz；而与糖环和噻唑环相连的 N—H 共振吸收峰则在 δ 8.40 出现，也裂分为双重峰，偶合常数 J = 9.3 Hz，由于其受到糖环和噻唑环的影响，化学位移移向低场；在 δ 7.85～7.28 范围内出现多重峰，为苯环上 5 个 H 的特征吸收峰；在 δ 7.22 处出现一个明显的单峰，为噻唑环上典型的 C—H 特征吸收。

化合物 **3a**，ESI-HRMS 测得 [M+Na]$^+$ 为 528.1423，相应的理论值为 528.1411，测定值与计算值基本一致。

3.3.4　结果讨论

氨基葡萄糖单元的 1,3-噻唑类衍生物的合成探索如下。

以糖基异硫氰酸酯为出发点，通过搭建氨气发生装置，在加压作用下将氨气通入糖基异硫氰酸酯的二氯甲烷溶液中，以此得到糖基硫脲关键中间体，然后采用经典的 Hantzsch 合成法，将糖基硫脲与 α-溴代苯乙酮类化合物在乙醇溶液中于加热回流条件下反应，得到了一系列糖基 1,3-噻唑类衍生物。

经典的 Hantzsch 合成法分三步完成。首先，α-溴代酮的溴原子被糖基硫脲中的硫羰基亲核取代，形成烷基硫亚胺盐（**2**），然后发生质子转移（**2→3**），环化后生成 4-羟基-4,5-二氢噻唑盐（**3**），最后在极性溶剂中酸催化脱水得到 4-取代-2-氨基-1,3-噻唑（**4**）。可能的机理如图 3-13 所示。

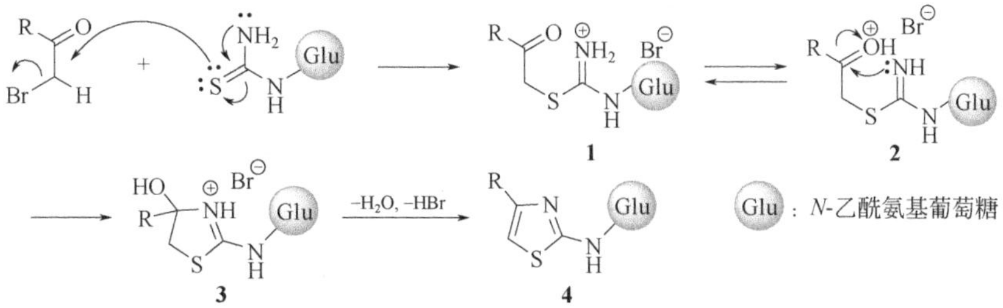

图3-13　经典的 Hantzsch 法合成噻唑的机理

经多次实验探索得到最佳反应条件：以糖基硫脲与 α-溴代苯乙酮的摩尔比为 1∶1.1，并以乙醇为反应介质，于 78 ℃下反应 30 min。

研究发现，苯环上带有吸电子基的反应物比带有给电子基的产率相对偏低，如带有间硝基的反应物，产率仅为 62%，且副产物较多，而其他取代基底物较顺利地转化为了目标化合物，且产率相对较高。

3.4　氨基葡萄糖单元的香豆素噻唑类衍生物的合成

3.4.1　合成路线

目标化合物合成路线见图3-14。

3.4.2　实验步骤

2-乙酰氨基-3,4,6-三-O-乙酰基-2-脱氧-β-D-吡喃糖基硫脲的合成：称取 2-乙酰氨基-3,4,6-三-O-乙酰基-2-脱氧-β-D-吡喃糖异硫氰酸酯Ⅳ（3.88 g，10 mmol），

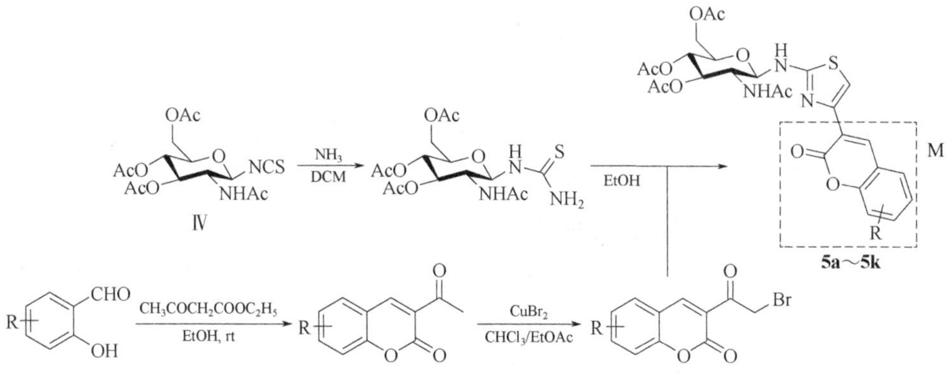

图3-14

化合物	结构M	化合物	结构M	化合物	结构M
5a	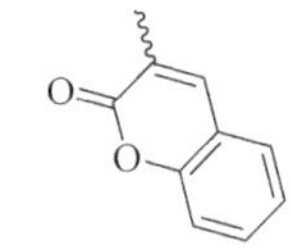 (香豆素)	5e	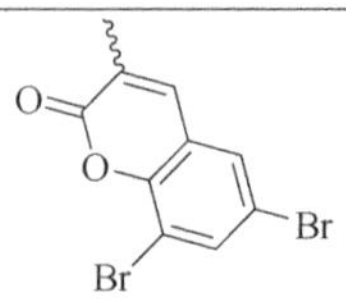 6,8-Br	5i	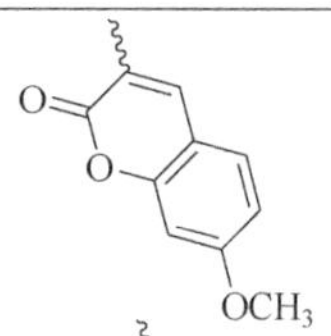 7-OCH$_3$
5b	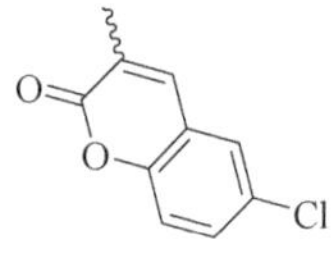 6-Cl	5f	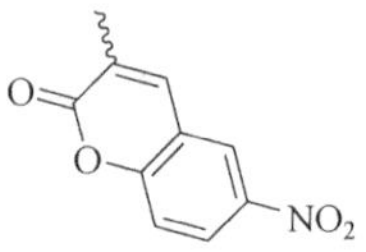 6-NO$_2$	5j	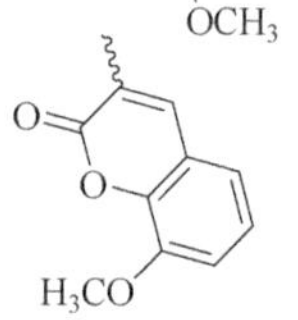 8-OCH$_3$
5c	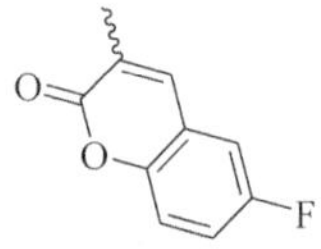 6-F	5g	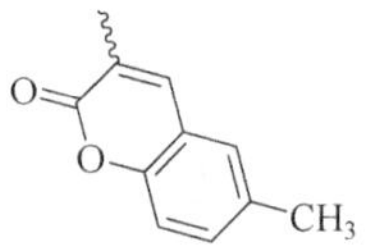 6-CH$_3$	5k	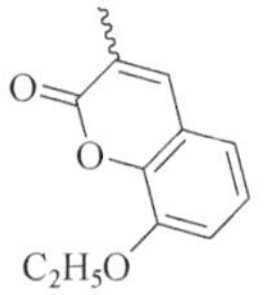 8-OC$_2$H$_5$
5d	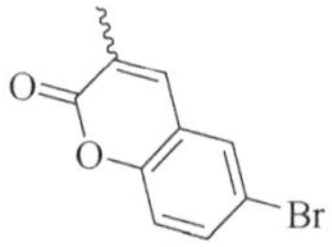 6-Br	5h	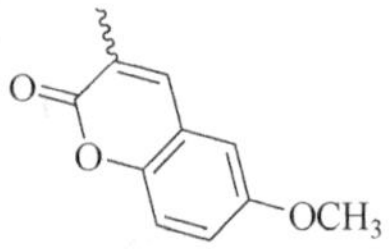 6-OCH$_3$		

图 3-14　目标化合物 5a～5k 的合成路线

用 25 mL 二氯甲烷溶于 50 mL 三口烧瓶中，通入氨气，室温下反应，TLC 监测至反应完全，用蒸馏水洗涤（3×25 mL），无水硫酸镁干燥，抽滤并减压蒸馏得产物，收率为 94%。

3-乙酰基香豆素类化合物的合成：称取水杨醛类化合物（5 mmol），用 20 mL 乙醇溶于 50 mL 单口烧瓶中，加乙酰乙酸乙酯（6 mmol）于室温下搅拌 5 min，加 5 μL 哌啶反应生成固体，TLC 监测反应至完全，抽滤得固体化合物。

3-溴乙酰基香豆素类化合物的合成：称取溴化铜（5 mmol）溶于 15 mL 乙酸乙酯，50 ℃下搅拌 0.5 h，称取 3-乙酰基香豆素类化合物（4 mmol）用 15 mL 氯仿溶解，用恒压滴液漏斗缓慢滴加至反应液中，TLC 监测至反应结束，抽滤并将溶剂蒸除，用二氯甲烷和水（3×20 mL）分液萃取，有机相经无水硫酸镁干燥，抽滤并减压蒸除溶剂，得粗品。

N-(2-乙酰氨基-3,4,6-三-*O*-乙酰基-2-脱氧-*β*-D-吡喃糖)-4-(香豆素-3-基)-1,3-噻唑-2-胺（**5**）的合成：依次称取化合物 2-乙酰氨基-3,4,6-三-*O*-乙酰基-2-脱氧-*β*-D-吡喃糖基硫脲（0.5 mmol）、3-溴乙酰基香豆素类化合物（0.6 mmol），用 30 mL 乙醇溶于 50 mL 单口烧瓶中，60 ℃下油浴搅拌，TLC 监测至反应结束，减

压蒸除溶剂，经柱色谱纯化（洗脱剂：MeOH∶DCM = 1∶100）得化合物 **5**。

3.4.3 结果分析

3.4.3.1 氨基葡萄糖单元的香豆素噻唑类衍生物的性状及结构表征

共合成 11 种目标化合物，合成化合物的理化参数、IR、^{1}H NMR、ESI-HRMS
数据见表 3-10、表 3-11 及表 3-12。

表 3-10 目标化物 5a~5k 的理化性质

化合物	外观	产率/%	熔点/℃	MS（m/z）
5a	白色固体	86	237~238	596.1313[M+Na]$^+$
5b	黄色固体	80	148~150	630.0923[M+Na]$^+$
5c	黄色固体	88	95~96	614.1212[M+Na]$^+$
5d	黄色固体	81	239~240	674.0418[M+Na]$^+$
5e	黄色固体	86	250~251	751.9517[M+Na]$^+$
5f	黄色固体	80	152~154	641.1156[M+Na]$^+$
5g	淡黄色固体	81	238~239	610.1469[M+Na]$^+$
5h	淡黄色固体	94	226~227	626.1415[M+Na]$^+$
5i	淡黄色固体	88	236~237	626.1409[M+Na]$^+$
5j	白色固体	95	200~201	626.1415[M+Na]$^+$
5k	淡黄色固体	90	231~232	640.1571[M+Na]$^+$

表 3-11 目标化合物 5a~5k 的 ^{1}H NMR

化合物	^{1}H NMR(500 MHz, DMSO-d$_6$)，δ
5a	8.10 (d, J = 9.0 Hz, 1H, NH), 7.87~7.84 (m, 1H, Ar—H), 7.68 (s, 1H, thiazole),7.67~7.62 (m, 1H, Ar—H), 7.47 (d, J = 8.0 Hz, 1H, Ar—H), 7.44~7.39 (m, 1H, Ar—H), 5.34 (t, J = 9.5 Hz, 1H, H-1^{Glu}), 5.24 (t, J = 10.0 Hz, 1H, H-3^{Glu}), 4.90 (t, J = 9.75 Hz, 1H, H-4^{Glu}), 4.21 (dd, J = 12.5、4.5 Hz, 1H, H-6a^{Glu}), 4.06~4.00 (m, 2H, H-2^{Glu}, H-5^{Glu}), 3.99~3.94 (m, 1H, H-6b^{Glu}), 2.01 (s, 3H, CH$_3$), 1.96 (d, J = 4.0, 6H, CH$_3$), 1.77 (s, 3H, CH$_3$)
5b	8.59 (s, 1H, Ar—H), 8.53 (d, J = 9.0 Hz, 1H, NH), 8.12 (d, J = 9.0 Hz, 1H, NH), 8.02 (d, J = 2.0 Hz, 1H, Ar—H), 7.71 (s, 1H, thiazole), 7.67 (dd, J = 9.0、2.5 Hz, 1H, Ar—H), 7.50 (d, J = 8.5 Hz, 1H, Ar—H), 5.34 (t, J = 9.5 Hz, 1H, H-1^{Glu}), 5.23 (t, J = 10.0 Hz, 1H, H-3^{Glu}), 4.91 (t, J = 10.0 Hz, 1H, H-4^{Glu}), 4.22 (dd, J = 12.5、5.0 Hz, 1H, H-6a^{Glu}), 4.07~3.93 (m, 3H, H-2^{Glu}, H-5^{Glu}, H-6b^{Glu}), 2.01 (s, 3H, CH$_3$), 1.97 (d, J = 5.5, 6H, CH$_3$), 1.77 (s, 3H, CH$_3$)
5c	8.59 (s, 1H, Ar—H), 8.52 (d, J = 9.0 Hz, 1H, NH), 8.11 (d, J = 9.0 Hz, 1H, NH), 7.77 (dd, J = 8.0、2.0 Hz, 1H, Ar—H), 7.72 (s, 1H, thiazole), 7.54~7.48 (m, 2H, Ar—H), 5.34 (t, J = 9.5 Hz, 1H, H-1^{Glu}), 5.23 (t, J = 10.0 Hz, 1H, H-3^{Glu}), 4.91 (t, J = 10.0 Hz, 1H, H-4^{Glu}), 4.22 (dd, J = 12.0, 4.5 Hz, 1H, H-6a^{Glu}), 4.07~3.95 (m, 3H, H-2^{Glu}, H-5^{Glu}, H-6b^{Glu}), 2.01 (s, 3H, CH$_3$), 1.96 (d, J = 5.5, 6H, CH$_3$), 1.77 (s, 3H, CH$_3$)

化合物	^{1}H NMR(500 MHz, DMSO-d_6)，δ
5d	8.59 (s, 1H, Ar—H), 8.53 (d, J = 9.0 Hz, 1H, NH), 8.14 (d, J = 2.0 Hz, 1H, Ar—H), 8.12 (d, J = 9.0 Hz, 1H, NH), 8.77 (dd, J = 9.0、2.5 Hz, 1H, Ar—H), 7.71 (s, 1H, thiazole), 7.44 (d, J = 9.0 Hz, 1H, Ar—H), 5.35 (t, J = 9.5 Hz, 1H, H-1^{Glu}), 5.22 (t, J = 10.0 Hz, 1H, H-3^{Glu}), 4.91 (t, J = 10.0 Hz, 1H, H-4^{Glu}), 4.22 (dd, J = 12.0、4.5 Hz, 1H, H-6a^{Glu}), 4.06～3.94 (m, 3H, H-2^{Glu}, H-5^{Glu}, H-6b^{Glu}), 2.01 (s, 3H, CH$_3$), 1.96 (d, J = 5.5, 6H, CH$_3$), 1.77 (s, 3H, CH$_3$)
5e	8.57～8.52 (m, 2H, NH Ar—H), 8.17 (d, J = 2.0 Hz, 1H, Ar—H), 8.14 (d, J = 2.5 Hz, 1H, Ar—H), 8.12 (d, J = 9.0 Hz, 1H, NH), 7.73 (s, 1H, thiazole), 5.35 (t, J = 9.5 Hz, 1H, H-1^{Glu}), 5.22 (t, J = 9.5 Hz, 1H, H-3^{Glu}), 4.91 (t, J = 10.0 Hz, 1H, H-4^{Glu}), 4.22 (dd, J = 12.5、5.0 Hz, 1H, H-6a^{Glu}), 4.06～3.99 (m, 2H, H-2^{Glu}, H-5^{Glu}), 3.99～3.95 (m, 1H, H-6b^{Glu}), 2.01 (s, 3H, CH$_3$), 1.97 (d, J = 7.0, 6H, CH$_3$), 1.77 (s, 3H, CH$_3$)
5f	8.87(d, J = 3.0 Hz, 1H, NH), 8.78 (s, 1H, Ar—H), 8.56 (d, J = 9.0 Hz, 1H, NH), 8.42 (dd, J = 9.0、2.5 Hz, 1H, Ar—H), 8.13 (d, J = 9.0 Hz, 1H, NH), 7.74 (s, 1H, thiazole), 7.69 (d, J = 9.0 Hz, 1H, Ar—H), 5.39 (t, J = 9.5 Hz, 1H, H-1^{Glu}), 5.23 (t, J = 9.5 Hz, 1H, H-3^{Glu}), 4.92 (t, J = 10.0 Hz, 1H, H-4^{Glu}), 4.23 (dd, J = 13.0、5.0 Hz, 1H, H-6a^{Glu}), 4.07～4.02 (m, 2H, H-2^{Glu}, H-5^{Glu}), 4.01～3.96 (m, 1H, H-6b^{Glu}), 2.02 (s, 3H, CH$_3$), 1.96 (d, J = 3.0, 6H, CH$_3$), 1.78 (s, 3H, CH$_3$)
5g	8.57 (s, 1H, Ar—H), 8.51 (d, J = 9.5 Hz, 1H, NH), 8.10 (d, J = 9.0 Hz, 1H, NH), 7.67 (s, 1H, thiazole), 7.64 (d, J = 1.0 Hz, 1H, Ar—H), 7.48～7.43 (m, 1H, Ar—H), 7.36 (d, J = 8.5 Hz, 1H, Ar—H), 5.36 (t, J = 9.0 Hz, 1H, H-1^{Glu}), 5.24 (t, J = 10.0 Hz, 1H, H-3^{Glu}), 4.90 (t, J = 9.5 Hz, 1H, H-4^{Glu}), 4.21 (dd, J = 12.5、5.0 Hz, 1H, H-6a^{Glu}), 4.06～4.01 (m, 2H, H-2^{Glu}, H-5^{Glu}), 3.98～3.93 (m, 1H, H-6b^{Glu}), 2.41 (s, 3H, CH$_3$), 2.01 (s, 3H, CH$_3$), 1.96 (d, J = 3.0, 6H, CH$_3$), 1.77 (s, 3H, CH$_3$)
5h	8.61 (s, 1H, Ar—H), 8.49 (d, J = 9.0 Hz, 1H, NH), 8.11 (d, J = 9.0 Hz, 1H, NH), 7.69 (s, 1H, thiazole), 7.43～7.38 (m, 2H, Ar—H), 7.23 (dd, J = 9.0、3.0 Hz, 1H, Ar—H), 5.38 (t, J = 9.5 Hz, 1H, H-1^{Glu}), 5.24 (t, J = 9.5 Hz, 1H, H-3^{Glu}), 4.91 (t, J = 10.0 Hz, 1H, H-4^{Glu}), 4.22 (dd, J = 13.0、5.0 Hz, 1H, H-6a^{Glu}), 4.07～4.00 (m, 2H, H-2^{Glu}, H-5^{Glu}), 3.99～3.94 (m, 1H, H-6b^{Glu}), 3.86 (s, 3H, —OCH$_3$), 2.01 (s, 3H, CH$_3$), 1.95 (d, J = 6.0, 6H, CH$_3$), 1.78 (s, 3H, CH$_3$)
5i	8.58 (s, 1H, Ar—H), 8.46 (d, J = 9.0 Hz, 1H, NH), 8.09 (d, J = 9.0 Hz, 1H, NH), 7.77 (d, J = 9.0 Hz, 1H, Ar—H), 7.57 (s, 1H, thiazole), 7.07 (d, J = 2.5 Hz, 1H, Ar—H), 7.02 (dd, J = 8.5、2.5 Hz, 1H, Ar—H), 5.34 (t, J = 9.5 Hz, 1H, H-1^{Glu}), 5.23 (t, J = 9.5 Hz, 1H, H-3^{Glu}), 4.89 (t, J = 9.5 Hz, 1H, H-4^{Glu}), 4.21 (dd, J = 13.0、5.0 Hz, 1H, H-6a^{Glu}), 4.04～3.99 (m, 2H, H-2^{Glu}, H-5^{Glu}), 3.98～3.93 (m, 1H, H-6b^{Glu}), 3.89 (s, 3H, —OCH$_3$), 2.01 (s, 3H, CH$_3$), 1.96 (d, J = 4.0, 6H, CH$_3$), 1.77 (s, 3H, CH$_3$)
5j	8.59 (s, 1H, Ar—H), 8.51 (d, J = 9.0 Hz, 1H, NH), 8.09 (d, J = 9.0 Hz, 1H, NH), 7.69 (s, 1H, thiazole), 7.41～7.38 (m, 1H, Ar—H), 7.37～7.30 (m, 2H, Ar—H), 5.36 (t, J = 9.5 Hz, 1H, H-1^{Glu}), 5.24 (t, J = 10.0 Hz, 1H, H-3^{Glu}), 4.89 (t, J = 10.0 Hz, 1H, H-4^{Glu}), 4.21 (dd, J = 12.5、4.5 Hz, 1H, H-6a^{Glu}), 4.05～4.00 (m, 3H, H-2^{Glu}, H-5^{Glu}, H-6b^{Glu}), 3.94 (s, 3H, —OCH$_3$), 2.01 (s, 3H, CH$_3$), 1.95 (d, J = 2.5, 6H, CH$_3$), 1.76 (s, 3H, CH$_3$)
5k	8.59 (s, 1H, Ar—H), 8.50 (d, J = 9.0 Hz, 1H, NH), 8.09 (d, J = 9.0 Hz, 1H, NH), 7.69 (s, 1H, thiazole), 7.40～7.36 (m, 1H, Ar—H), 7.34～7.30 (m, 2H, Ar—H), 5.36 (t, J = 9.5 Hz, 1H, H-1^{Glu}), 5.23 (t, J = 10.0 Hz, 1H, H-3^{Glu}), 4.89 (t, J = 10.0 Hz, 1H, H-4^{Glu}), 4.24～4.18 (m, 3H, —CH$_2$CH$_3$, H-6a^{Glu}), 4.05～4.01 (m, 2H, H-2^{Glu}, H-5^{Glu}), 3.99～3.93 (m, 1H, H-6b^{Glu}), 2.01 (s, 3H, CH$_3$), 1.95 (d, J = 3.0, 6H, CH$_3$), 1.77 (s, 3H, CH$_3$), 1.44 (t, J = 7.0 Hz, 3H, —CH$_2$CH$_3$)

表 3-12　目标化合物 5a～5k 的 IR 数据

化合物	IR(KBr)，ν/cm^{-1}
5a	3387, 2928, 1740, 1719, 1646, 1560, 1377, 1041, 926
5b	3367, 2931, 1747, 1733, 1607, 1557, 1481, 1043, 933
5c	3344, 2938, 1754, 1730, 1670, 1547, 1492, 1091, 912

化合物	IR(KBr)，ν/cm^{-1}
5d	3348, 2928, 1746, 1735, 1666, 1556, 1373, 1043, 903
5e	3445, 2985, 1742, 1637, 1565, 136, 1044, 903
5f	3358, 2937, 1742, 1667, 1535, 1375, 1093, 907
5g	3318, 2927, 1742, 1716, 1652, 1550, 1376, 1036, 904
5h	3317, 2958, 1746, 1711, 1649, 1557, 1377, 1038, 909
5i	3422, 2925, 1743, 1716, 1619, 1552, 1367, 1043, 913
5j	3434, 2945, 1748, 1730, 1669, 1580, 1371, 1089, 944
5k	3335, 2984, 1750, 1731, 1639, 1577, 1387, 1095, 917

3.4.3.2 氨基葡萄糖单元的香豆素噻唑类衍生物的波谱数据解析

以 **5a** 为例进行分析，其结构见图 3-15。

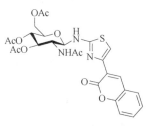

化合物 **5a** 的 IR 数据中，在 3387 cm^{-1} 为氨糖上 N—H 特征吸收峰；在 1740 cm^{-1} 和 1719 cm^{-1} 分别为乙酰基上羰基（C=O）和香豆素环上羰基（C=O）的伸缩振动吸收峰；在 1646 cm^{-1} 为酰胺键上的羰基（C=O）吸收峰；在 1560～1488 cm^{-1} 为芳环上的特征吸收峰；在 1041 cm^{-1} 为糖环上吡喃醚（C—O—C）

图 3-15 5a 的结构式

键的吸收峰；在 926 cm^{-1} 左右出现的特征吸收峰证明了糖环的构型为 β-构型。

化合物 **5a** 的 ^{1}H NMR 数据中，在 δ 2.01～1.77 的四个单峰（12H）为乙酰基上 4 个甲基氢的特征吸收峰；在 δ 5.34～3.94 的多重峰为糖环上氢的特征吸收峰，其中糖环 C1—H 由于受到 N 和 O 的去屏蔽作用，化学位移向低场移动到最大值，并且因 C2—H 和 N—H 的偶合作用裂分为一个三重峰，其偶合常数 $J=$ 9.5 Hz，说明其为 β-构型；在 δ 8.10 左右的双峰为糖环上乙酰氨基 N—H 的特征吸收峰；在 δ 8.50 左右的双峰为连接糖环和噻唑环的 N—H 特征吸收峰，由于受两者的影响导致其向低场移动；在 δ 8.62 左右的单峰为香豆素环 4 位上的—C=C—H 质子峰；在 δ 7.68 的单峰为噻唑环上 C—H 的特征吸收峰；香豆素环上其他氢皆可在谱图中找到对应吸收峰。

化合物 **5a**，ESI-HRMS 测得[M+Na]$^+$为 596.1313，相应理论值为 596.1309，测定值与计算值基本一致。

3.4.4 结果讨论

氨基葡萄糖单元的香豆素噻唑类衍生物的合成探索如下。

通过 Hantzsch 合成法直接构建糖基噻唑环，研究并确定反应的最佳条件：反应温度 60 ℃，乙醇为溶剂，糖基硫脲与 3-溴乙酰香豆素摩尔比为 1：1.1，反应 35 min 得目标产物。探究香豆素环的成功构建及目标化合物与水杨醛上取代基数量及电子空间效应之间的相关性，发现当水杨醛上的取代基较多时较难生成香豆素环，此外，当香豆素环上有强吸电子基时，目标产物的收率较低。

3.5 氨基葡萄糖单元的香豆酮噻唑类衍生物的合成

3.5.1 合成路线

目标化合物合成路线见图 3-16。

3.5.2 实验步骤

2-乙酰氨基-3,4,6-三-O-乙酰基-2-脱氧-β-D-吡喃糖基硫脲的合成：称取 2-乙酰氨基-3,4,6-三-O-乙酰基-2-脱氧-β-D-吡喃糖异硫氰酸酯Ⅳ（3.88 g，10 mmol）用 25 mL 二氯甲烷溶于 50 mL 三口烧瓶中，通入氨气，室温下反应，TLC 监测至反应完全，用蒸馏水洗涤（3×25 mL），无水硫酸镁干燥，抽滤并减压蒸馏得产物，收率为 94%。

2-乙酰基香豆酮类化合物的合成：称取碳酸钾 0.8 g 和水杨醛（5 mmol），溶于 20 mL 的丙酮，回流反应 0.5 h 后移置冰水浴中，滴加氯丙酮 0.5 mL，20 min 后进行回流反应，TLC 监测反应至完全，抽滤取液体，蒸除溶剂后，用二氯甲

化合物	ξ-M	化合物	ξ-M	化合物	ξ-M
6a	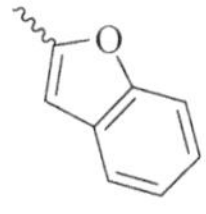 苯并呋喃-2-基	**6e**	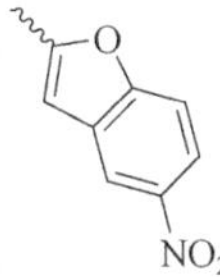 5-NO₂-苯并呋喃-2-基	**6i**	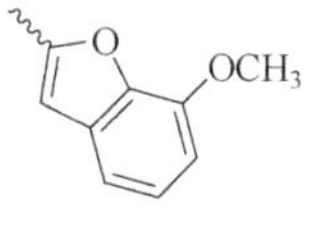 7-OCH₃-苯并呋喃-2-基
6b	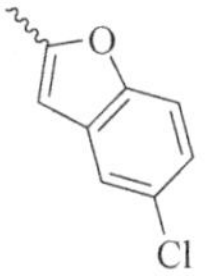 5-Cl-苯并呋喃-2-基	**6f**	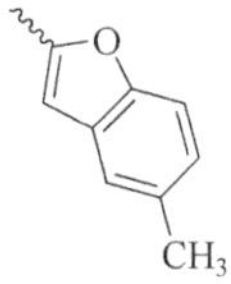 5-CH₃-苯并呋喃-2-基	**6j**	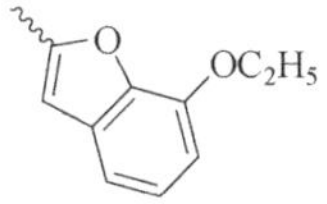 7-OC₂H₅-苯并呋喃-2-基
6c	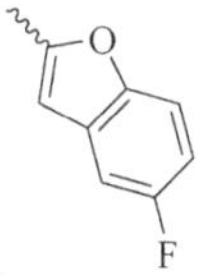 5-F-苯并呋喃-2-基	**6g**	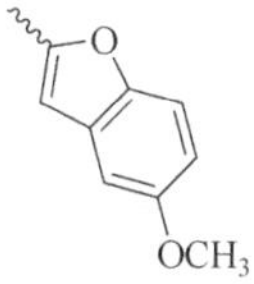 6-OCH₃-苯并呋喃-2-基		
6d	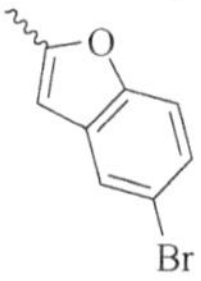 5-Br-苯并呋喃-2-基	**6h**	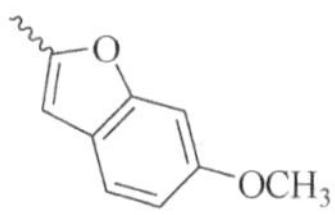 6-OCH₃-苯并呋喃-2-基		

图 3-16　目标化合物 **6a~6j** 的合成路线

烷和水（3×20 mL）分液萃取，有机相干燥处理，抽滤并减压蒸除溶剂得化合物。

2-溴乙酰基香豆酮类化合物的合成：称取溴化铜（5 mmol）溶于 15 mL 乙酸乙酯，50 ℃下搅拌 0.5 h，用恒压滴液漏斗缓慢滴加 2-乙酰基香豆酮类化合物（4 mmol）至反应液中，反应毕，蒸除溶剂，用二氯甲烷和水（3×20 mL）分液萃取，干燥，得粗品。

N-(2-乙酰氨基-3,4,6-三-*O*-乙酰基-2-脱氧-*β*-D-吡喃糖)-4-(苯并呋喃-2-基)-1,3-噻唑-2-胺（**6**）的合成：依次称取化合物 2-乙酰氨基-3,4,6-三-*O*-乙酰基-2-脱氧-*β*-D-吡喃糖基硫脲（0.5 mmol）和 2-溴乙酰基香豆酮类化合物（0.6 mmol）溶于 30 mL 乙醇，60 ℃下油浴搅拌，TLC 监测至反应结束，减压蒸除溶剂，经柱色谱纯化（洗脱剂：MeOH：DCM＝1：100）得化合物 **6**。

3.5.3　结果分析

3.5.3.1　氨基葡萄糖单元的香豆酮噻唑类衍生物的性状及结构表征

共合成 10 种目标化合物，合成化合物的理化参数、IR、¹H NMR、ESI-HRMS 数据见表 3-13、表 3-14 及表 3-15。

表 3-13　目标化物 6a ～ 6j 的理化性质

化合物	外观	产率/%	熔点/℃	MS（m/z）
6a	灰色固体	85	212～214	568.1363[M+Na]+
6b	浅灰色固体	80	225～226	580.1157[M+H]+
6c	白色固体	89	189～190	564.1451[M+H]+
6d	白色固体	93	216～217	646.0469[M+Na]+
6e	黄色固体	79	200～202	613.1211[M+Na]+
6f	白色固体	95	223～224	582.1513.[M+Na]+
6g	浅褐色固体	90	189～192	598.1472[M+Na]+
6h	黄色固体	82	183～185	598.1469[M+Na]+
6i	淡黄色固体	91	178～180	598.1473[M+Na]+
6j	淡黄色固体	88	124～127	612.1624[M+Na]+

表 3-14　目标化合物 6a ～ 6j 的 ^{1}H NMR

化合物	^{1}H NMR(500 MHz, DMSO-d$_6$)，δ
6a	8.60 (d, J = 9.0 Hz, 1H, NH), 8.09 (d, J = 9.0 Hz, 1H, NH), 7.69～7.64 (m, 1H, Ar—H), 7.61～7.57 (m, 1H, Ar—H), 7.35～7.30 (m, 1H, Ar—H), 7.29～7.25 (m, 2H, Ar—H), 7.07 (s, 1H, thiazole), 5.29 (t, J = 9.5 Hz, 1H, H-1^{Glu}), 5.23 (t, J = 9.5 Hz, 1H, H-3^{Glu}), 4.88 (t, J = 9.5 Hz, 1H, H-4^{Glu}), 4.24～4.19 (m, 1H, H-6a^{Glu}), 4.04～3.99 (m, 1H, H-2^{Glu}), 3.96～3.91 (m, 2H, H-5^{Glu}, H-6b^{Glu}), 2.02～2.00 (m, 3H, CH$_3$), 1.99～1.93 (m, 6H, CH$_3$), 1.77 (s, 3H, CH$_3$)
6b	8.63 (d, J = 9.0 Hz, 1H, NH), 8.09 (d, J = 9.0 Hz, 1H, NH), 7.75 (s, 1H, Ar—H), 7.63 (d, J = 8.5 Hz, 1H, Ar—H), 7.36～7.31 (m, 2H, Ar—H), 7.06 (s, 1H, thiazole), 5.29 (t, J = 9.5 Hz, 1H, H-1^{Glu}), 5.23 (t, J = 10.0 Hz, 1H, H-3^{Glu}), 4.88 (t, J = 9.5 Hz, 1H, H-4^{Glu}), 4.22 (dd, J = 12.5、5.0 Hz, 1H, H-6a^{Glu}), 4.03～3.98 (m, 1H, H-2^{Glu}), 3.96～3.90 (m, 2H, H-5^{Glu}, H-6b^{Glu}), 2.01 (s, 3H, CH$_3$), 1.96 (d, J = 14.0 Hz, 6H, CH$_3$), 1.77 (s, 3H, CH$_3$)
6c	8.62 (d, J = 9.5 Hz, 1H, NH), 8.09 (d, J = 9.0 Hz, 1H, NH), 7.62 (dd, J = 9.0、4.0 Hz, 1H, Ar—H), 7.47 (dd, J = 9.0、2.5 Hz, 1H, Ar—H), 7.31 (s, 1H, Ar—H), 7.18～7.13 (m, 1H, Ar—H), 7.07 (s, 1H, thiazole), 5.28 (t, J = 9.5 Hz, 1H, H-1^{Glu}), 5.23 (t, J = 9.5 Hz, 1H, H-3^{Glu}), 4.88 (t, J = 10.0 Hz, 1H, H-4^{Glu}), 4.22 (dd, J = 12.5、5.0 Hz, 1H, H-6a^{Glu}), 4.03～3.99 (m, 1H, H-2^{Glu}), 3.96～3.91 (m, 2H, H-5^{Glu}, H-6b^{Glu}), 2.03～2.00 (m, 3H, CH$_3$), 1.98～1.93 (m, 6H, CH$_3$), 1.77 (s, 3H, CH$_3$)
6d	8.63 (d, J = 9.0 Hz, 1H, NH), 8.08 (d, J = 9.0 Hz, 1H, NH), 7.89 (s, 1H, Ar—H), 7.58 (d, J = 9.0 Hz, 1H, Ar—H), 7.48～7.43 (m, 1H, Ar—H), 7.32 (s, 1H, Ar—H), 7.05 (s, 1H, thiazole), 5.29(t, J = 9.5 Hz, 1H, H-1^{Glu}), 5.23 (t, J = 10.0 Hz, 1H, H-3^{Glu}), 4.88 (t, J = 10.0 Hz, 1H, H-4^{Glu}), 4.22 (dd, J = 12.5、5.0 Hz, 1H, H-6a^{Glu}), 4.03～3.98 (m, 1H, H-2^{Glu}), 3.96～3.91 (m, 2H, H-5^{Glu}, H-6b^{Glu}), 2.01 (s, 3H, CH$_3$), 2.00～1.93 (m, 6H, CH$_3$), 1.77 (s, 3H, CH$_3$)
6e	8.68 (d, J = 9.0 Hz, 1H, NH), 8.65 (d, J = 2.5 Hz, 1H, NH), 8.22 (dd, J = 9.0、2.5 Hz, 1H, Ar—H), 8.09 (d, J = 8.5 Hz, 1H, NH), 7.85～7.84 (m, 1H, Ar—H), 7.43 (s, 1H, thiazole), 7.30～7.26(s, 1H, Ar—H), 5.30 (t, J = 9.5 Hz, 1H, H-1^{Glu}), 5.23 (t, J = 10.0 Hz, 1H, H-3^{Glu}), 4.88 (t, J = 10.0 Hz, 1H, H-4^{Glu}), 4.25～4.20 (m, 1H, H-6a^{Glu}), 4.03～3.99 (m, 1H, H-2^{Glu}), 3.96～3.92 (m, 2H, H-5^{Glu}, H-6b^{Glu}), 2.01～2.00 (m, 3H, CH$_3$), 1.99～1.94 (m, 6H, CH$_3$), 1.77 (s, 3H, CH$_3$)
6f	8.58 (d, J = 9.0 Hz, 1H, NH), 8.09 (d, J = 8.5 Hz, 1H, NH), 7.48～7.42 (m, 2H, Ar—H), 7.23 (s, 1H, Ar—H), 7.12 (d, J = 8.0 Hz, 1H, Ar—H), 6.99 (s, 1H, thiazole), 5.29 (t, J = 9.5 Hz, 1H, H-1^{Glu}), 5.23 (t, J = 10.0 Hz, 1H, H-3^{Glu}), 4.88 (t, J = 9.5 Hz, 1H, H-4^{Glu}), 4.21 (dd, J = 12.5、5.0 Hz, 1H, H-6a^{Glu}), 4.04～3.99 (m, 1H, H-2^{Glu}), 3.96～3.91 (m, 2H, H-5^{Glu}, H-6b^{Glu}), 2.40 (s, 3H, CH$_3$), 2.01 (s, 3H, CH$_3$), 2.00～1.93 (m, 6H, CH$_3$), 1.77 (s, 3H, CH$_3$)

化合物	^{1}H NMR(500 MHz, DMSO-d$_6$)，δ
6g	8.59 (d, J = 9.0 Hz, 1H, NH) 8.09 (d, J = 9.0 Hz, 1H, NH), 7.48 (d, J = 9.0 Hz, 1H, Ar—H), 7.24 (s, 1H, Ar—H), 7.18 (d, J = 2.5 Hz, 1H, Ar—H), 7.00 (s, 1H, thiazole), 6.90 (d, J = 9.0, 2.5 Hz, 1H, Ar—H), 5.31~5.20 (m, 2H, H-1^{Glu}, H-3^{Glu}), 4.88 (t, J = 10.0 Hz, 1H, H-4^{Glu}), 4.22 (dd, J = 12.5、5.0 Hz, 1H, H-6a^{Glu}), 4.04~3.98 (m, 1H, H-2^{Glu}), 3.96~3.90 (m, 2H, H-5^{Glu}, H-6b^{Glu}), 3.80 (s, 3H, —OCH$_3$), 2.01 (s, 3H, CH$_3$), 2.00~1.93 (m, 6H, CH$_3$), 1.77 (s, 3H, CH$_3$)
6h	8.56 (d, J = 9.5 Hz, 1H, NH) 8.08 (d, J = 9.0 Hz, 1H, NH), 7.56~7.51 (m, 1H, Ar—H), 7.23~7.19 (m, 1H, Ar—H), 7.13 (s, 1H, thiazole), 6.97 (s, 1H, Ar—H), 6.89 (dd, J = 8.5, 2.0 Hz, 1H, Ar—H), 5.27 (t, J = 9.5 Hz, 1H, H-1^{Glu}), 5.23 (t, J = 10.0 Hz, 1H, H-3^{Glu}), 4.88 (t, J = 10.0 Hz, 1H, H-4^{Glu}), 4.24~4.19 (m, 1H, H-6a^{Glu}), 4.03~3.98 (m, 1H, H-2^{Glu}), 3.96~3.90 (m, 2H, H-5^{Glu}, H-6b^{Glu}), 3.82 (s, 1H, —OCH$_3$), 2.02~2.00 (m, 3H, CH$_3$), 1.98~1.94 (m, 6H, CH$_3$), 1.76 (s, 3H, CH$_3$)
6i	8.59 (d, J = 9.0 Hz, 1H, NH) 8.09 (d, J = 9.0 Hz, 1H, NH), 7.26 (s, 1H, Ar—H), 7.24~7.21 (m, 1H, Ar—H), 7.19~7.16 (m, 1H, Ar—H), 7.04 (s, 1H, thiazole), 6.95 (d, J = 8.0 Hz, 1H, Ar—H), 5.28 (t, J = 9.0 Hz, 1H, H-1^{Glu}), 5.23 (t, J = 9.5 Hz, 1H, H-3^{Glu}), 4.88 (t, J = 9.5 Hz, 1H, H-4^{Glu}), 4.24~4.19 (m, 1H, H-6a^{Glu}), 4.04~3.99 (m, 1H, H-2^{Glu}), 3.96 (s, 1H, —OCH$_3$), 3.95~3.91 (m, 2H, H-5^{Glu}, H-6b^{Glu}), 2.02~2.00 (m, 3H, CH$_3$), 1.99~1.93 (m, 6H, CH$_3$), 1.77 (s, 3H, CH$_3$)
6j	8.59 (d, J = 9.0 Hz, 1H, NH) 8.09 (d, J = 9.0 Hz, 1H, NH), 7.26 (s, 1H, Ar—H), 7.23~7.19 (m, 1H, Ar—H), 7.18~7.13 (m, 1H, Ar—H), 7.04 (s, 1H, thiazole), 6.93 (d, J = 8.0 Hz, 1H, Ar—H), 5.27 (t, J = 9.5 Hz, 1H, H-1^{Glu}), 5.22 (t, J = 9.5 Hz, 1H, H-3^{Glu}), 4.88 (t, J = 10.0 Hz, 1H, H-4^{Glu}), 4.26 (q, J = 9.0, 7.0 Hz, 2H, —OCH$_2$CH$_3$), 4.22~4.19 (m, 1H, H-6a^{Glu}), 4.03~3.99 (m, 1H, H-2^{Glu}), 3.96~3.91 (m, 2H, H-5^{Glu}, H-6b^{Glu}), 2.02~1.99 (m, 3H, CH$_3$), 1.98~1.93 (m, 6H, CH$_3$), 1.77 (s, 3H, CH$_3$), 1.43 (t, J = 7.0 Hz, 3H, —OCH$_2$CH$_3$)

表 3-15　目标化合物 6a~6j 的 IR 数据

化合物	IR(KBr)，ν/cm^{-1}
6a	3392, 2928, 1749, 1652, 1558, 1371, 1037, 917
6b	3397, 2941, 1742, 1662, 1560, 1442, 1049, 923
6c	3398, 2940, 1745, 1660, 1560, 1447, 1048, 922
6d	3398, 2941, 1743, 1661, 1559, 1440, 1049, 923
6e	3394, 2924, 1748, 1659, 1521, 13772, 1037, 911
6f	3335, 2950, 1749, 1649, 1553, 1454, 1043, 924
6g	3298, 2937, 1745, 1656, 1556, 1456, 1034, 921
6h	3328, 2929, 1749, 1656, 1553, 1371, 1043, 918
6i	3396, 2927, 1736, 1659, 1554, 1369, 1045, 921
6j	3382, 2934, 1748, 1658, 1557, 1371, 1044, 917

3.5.3.2　氨基葡萄糖单元的香豆酮噻唑类衍生物的波谱数据解析

以 **6a** 为例进行分析，其结构见图 3-17。

化合物 **6a** 的 IR 数据中，在 3392 cm^{-1} 左右出现的宽吸收峰为氨糖上 N—H 特征吸收峰，在 1749 cm^{-1} 的吸收峰为乙酰基上羰基（C=O）的伸缩振动吸收峰；而酰胺键上的羰基（C=O）吸收峰则在 1558 cm^{-1} 左右出现；在 1371~1224 cm^{-1}

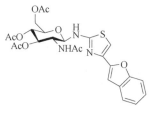

图 3-17 6a 的结构式

为芳环上的特征吸收峰;在 1037 cm^{-1} 处出现特征吸收,为糖环上吡喃醚的 C—O—C 键的吸收峰;在 917 cm^{-1} 左右出现的特征吸收峰证明了糖环的构型为 β-构型。

化合物 6a 的 ^{1}H NMR 数据中,在 δ 2.02~1.77 范围内出现四个单峰(12H),是乙酰基上 4 个甲基氢的特征吸收峰;在 δ 5.29~3.91 范围内出现多重峰,是糖环上氢的特征吸收峰,其中糖环上端位氢由于受到 N 和 O 的去屏蔽作用,化学位移向低场移动到最大值,并且因 C2—H 和 N—H 的偶合作用裂分为一个三重峰,其偶合常数 J =9.5 Hz,说明糖环的构型为 β-构型;在 δ 8.09 处出现一个双峰,是糖环上乙酰氨基上 N—H 的特征吸收峰;在 δ 8.60 处出现一个双峰,是连接糖环和噻唑环的 N—H 的特征吸收峰,由于受两者的影响导致其向低场移动;在 δ 7.07 处出现一个明显的单峰,为噻唑环上典型的 C—H 特征吸收,而香豆酮环上其他氢皆可在谱图中找到对应吸收峰。

化合物 6a,ESI-HRMS 测得 [M+Na]$^+$ 为 568.1363,相应理论值为 568.1360,测定值与计算值一致。

3.5.4 结果讨论

氨基葡萄糖单元的香豆酮噻唑类衍生物的合成探索如下。

通过 Hantzsch 合成法直接构建糖基噻唑环,研究并确定反应的最佳条件:乙醇为溶剂,糖基硫脲与 2-溴乙酰香豆酮的摩尔比为 1:1.1,于 60 ℃反应 35 min 得到目标产物。该方法操作简便且易得原料,制备目标产物时无需催化剂便可直接反应,后处理简单。探究香豆酮环的成功构建及目标化合物与水杨醛上取代基数量及电子空间效应之间的相关性,发现当水杨醛上的取代基较多时较难生成香豆酮环,当香豆酮环上具有强吸电子基时目标产物的收率较低。

3.6 氨基葡萄糖噻唑类衍生物的生物活性研究

对以上 6 个系列氨基葡萄糖噻唑类衍生物,共计 53 个化合物进行了乙酰胆碱酯酶(AChE)抑制活性研究,其实验方法、测试结果如下。

3.6.1 实验方法

3.6.1.1 溶液的配制

① 缓冲液的制备：用 200 mL 蒸馏水溶解 35.82 g 的 Na_2HPO_4，用 500 mL 容量瓶定容；再用 200 mL 蒸馏水溶解 15.61 g 的 NaH_2PO_4，然后将其移至 500 mL 容量瓶定容，加入蒸馏水定容。分别量取 473.5 mL 的 Na_2HPO_4 和 26.5 mL NaH_2PO_4 溶液，倒入 500 mL 的容量瓶中并定容。

② 显色剂与底物的配制：用 100 mL 的磷酸缓冲液溶解 0.264 g 显色剂（DTNB），移至 200 mL 的容量瓶中并定容；用 100 mL 的磷酸缓冲液溶解 0.306 g 底物（ATCI），转至 200 mL 的容量瓶中并定容。

③ 待测样品溶液的配制：用甲醇配制 1 mg/mL 的样品溶液。

④ AChE 溶液的制备：用磷酸缓冲液溶解 1 mL 的 AChE，移至 100 mL 的容量瓶中并定容，冷冻保存，待用。

3.6.1.2 实验原理

采用 Ellman 法，利用 AChE 可以水解底物（ATCI）生成硫代胆碱和乙酸，硫代胆碱则可以与显色剂（DTNB）发生反应，生成 5-巯基-2-硝基苯甲酸。该物质在特定波长 412 nm 下有特征吸收，当加入待测样时，即可得到吸光值，根据吸光值的变化，来反映样品抑制 AChE 的能力。

3.6.2 结果分析

3.6.2.1 活性测定结果

每个化合物分为三组样品，取三次测量结果的平均数值，根据公式算出抑制率，抑制率大于 80% 的，测定其 IC_{50}，具体测试结果见表 3-16。

表 3-16 目标化合物体外 AChE 抑制活性结果

化合物	结构	抑制活性	
		抑制率/%	IC_{50}/(μmol/L)
		1.79	—

化合物	结构	抑制活性	
		抑制率/%	IC$_{50}$/(μmol/L)
1a		31.50	—
1b		56.31	—
1c		65.74	—
1d		12.86	—
1e		50.70	—

化合物	结构	抑制活性	
		抑制率/%	IC_{50}/(μmol/L)
1f		18.06	—
1g		63.17	—
1h		30.36	—
1i		58.71	—
1j		41.12	—

化合物	结构	抑制活性	
		抑制率/%	IC$_{50}$/(μmol/L)
1k		31.68	—
2a		86.23	8.49 ± 0.32
2b		90.25	6.30 ± 0.94
2c		94.63	2.93 ± 0.26
2d		91.01	3.71 ± 0.74

化合物	结构	抑制活性	
		抑制率/%	IC$_{50}$/(µmol/L)
2e		87.42	8.79 ± 0.42
2f		83.11	24.96 ± 1.17
2g		89.72	5.98 ± 0.63
2h		92.17	3.27 ± 0.81
2i		68.21	—

化合物	结构	抑制活性	
		抑制率/%	IC$_{50}$/(μmol/L)
2j		76.95	—
3a		24.65	—
3b		19.34	—
3c		17.46	—
3d		22.83	—
3e		—	—
3f		—	—
3g		39.74	—

化合物	结构	抑制活性	
		抑制率/%	IC$_{50}$/(μmol/L)
3h		43.21	—
3i		31.59	—
3j		—	—
4a		29.65	—
5a		5	—
5b		11	—
5c		45	—

化合物	结构	抑制活性	
		抑制率/%	IC$_{50}$/(μmol/L)
5d		10	—
5e		9	—
5f		58	—
5g		6	—
5h		9	—

化合物	结构	抑制活性	
		抑制率/%	IC$_{50}$/(μmol/L)
5i		25	—
5j		55	—
5k		22	—
6a		37	—
6b		37	—
6c		7	—

化合物	结构	抑制活性	
		抑制率/%	IC$_{50}$/(μmol/L)
6d		11	—
6e		23	—
6f		10	—
6g		9	—
6h		7	—

化合物	结构	抑制活性	
		抑制率/%	IC$_{50}$/(μmol/L)
6i		8	—
6j		12	—
多奈哌齐 (donepezil)		—	0.48 ± 0.08

3.6.2.2　分析讨论

由上表可知，测试的五个系列大部分化合物能够抑制乙酰胆碱酯酶。氨基葡萄糖 *N*-位修饰的香豆素噻唑类衍生物系列中，有 5 个糖基香豆素噻唑化合物对 AChE 表现出中等抑制活性，分别为 **1b**、**1c**、**1e**、**1g** 和 **1i**，其抑制率分别为 56.31%、65.74%、50.70%、63.17% 和 58.71%。氨基葡萄糖香豆酮噻唑类衍生物系列中，有 8 个糖基香豆酮噻唑化合物对 AChE 表现出较好的抑制活性，分别为 **2a**、**2b**、**2c**、**2d**、**2e**、**2f**、**2g** 和 **2h**，其抑制率分别为 86.23%、90.25%、94.63%、91.01%、87.42%、83.11%、89.72%、92.17%，IC$_{50}$ 分别为 8.49 μmol/L、6.30 μmol/L、2.93 μmol/L、3.71 μmol/L、8.79 μmol/L、24.96 μmol/L、5.98 μmol/L 和 3.27 μmol/L。氨基葡萄糖单元的 1,3-噻唑类衍生物 10 个化合物（**3a~3j**）中总体抑制活性一般，其中化合物 **3h** 表现出了最好的抑制活性，其抑制率为 43.12%，对比 **3a** 和 **4a** 发现，糖基的脱保护可在一定程度上提高抑制率。氨基葡萄糖单元的香豆素噻唑类衍生物系列中，化合物 **5f** 和 **5j** 对胆碱酯酶表现出较好的抑制活性，乙酰胆碱酯酶抑制率分别为 58% 和 55%。氨基葡萄糖单元的香豆酮噻唑类衍生物系列的抑制活性一般，其中 **6a** 和 **6b** 抑制活性最好，抑制率均为 37%。

由以上数据可知，五个系列的氨糖衍生物的 AChE 抑制率都大于未修饰之前的氨糖盐酸盐，表明通过分子结构骈合原理以合成新的具有较好生物活性的化合物是可行的。分析氨基葡萄糖单元的 1,3-噻唑类衍生物 10 个化合物（**3a～3j**）的测试结果，从目标化合物苯环取代基上电子效应可以看出，取代基为吸电子基团比给电子基团总体上表现出较高的活性，尤其以强吸电子基硝基最为明显，这可能是由于苯环上吸电子效应使杂环结构的电子排布发生很大变化，从而提高其抑制活性。从化合物结构和抑制的效率来看，**2a～2j** 系列氨基葡萄糖 *N*-位修饰的香豆酮噻唑类衍生物对 AChE 表现出最好的抑制活性。

参考文献

[1] Sharma R N, Xavier F P, Vasu K K, et al. Synthesis of 4-benzyl-1, 3-thiazole derivatives as potential anti-inflammatory agents: an analogue-based drug design approach[J]. Journal of enzyme inhibition and medicinal chemistry, 2009, 24(3): 890-897.

[2] Dawood K M, Eldebss T M A, El-Zahabi H S A, et al. Synthesis and antiviral activity of some new bis-1, 3-thiazole derivatives[J]. European journal of medicinal chemistry, 2015, 102: 266-276.

[3] Reddy G M, Garcia J R, Reddy V H, et al. Synthesis, antimicrobial activity and advances in structure-activity relationships (SARs) of novel tri-substituted thiazole derivatives[J]. European Journal of Medicinal Chemistry, 2016, 123: 508-513.

[4] Bueno J M, Carda M, Crespo B, et al. Design, synthesis and antimalarial evaluation of novel thiazole derivatives[J]. Bioorganic & Medicinal Chemistry Letters, 2016, 26(16): 3938-3944.

[5] Łączkowski K Z, Świtalska M, Baranowska-Łączkowska A, et al. Thiazole-based nitrogen mustards: Design, synthesis, spectroscopic studies, DFT calculation, molecular docking, and antiproliferative activity against selected human cancer cell lines[J]. Journal of Molecular Structure, 2016, 1119: 139-150.

[6] Basha M, Salama A, Noshi S H. Soluplus® based solid dispersion as fast disintegrating tablets: a combined experimental approach for enhancing the dissolution and antiulcer efficacy of famotidine[J]. Drug development and industrial pharmacy, 2020, 46(2): 253-263.

[7] Ramsey C, MacGowan A P. A review of the pharmacokinetics and pharmacodynamics of aztreonam[J]. Journal of Antimicrobial Chemotherapy, 2016, 71(10): 2704-2712.

[8] Zhou L, Yang X, Ji Y, et al. Sulfate radical-based oxidation of the antibiotics sulfamethoxazole, sulfisoxazole, sulfathiazole, and sulfamethizole: The role of five-membered heterocyclic rings[J]. Science of the Total Environment, 2019, 692: 201-208.

[9] Selvi A, Das D, Das N. Potentiality of yeast Candida sp. SMN04 for degradation of cefdinir, a cephalosporin antibiotic: kinetics, enzyme analysis and biodegradation pathway[J]. Environmental technology, 2015, 36(24): 3112-3124.

[10] Gomha S M, Salaheldin T A, Hassaneen H M E, et al. Synthesis, characterization and molecular docking of novel bioactive thiazolyl-thiazole derivatives as promising cytotoxic antitumor drug[J]. Molecules, 2016, 21(1): 3.

[11] Xie W, Wu Y, Zhang J, et al. Design, synthesis and biological evaluations of novel pyridone-thiazole hybrid molecules as antitumor agents[J]. European journal of medicinal chemistry, 2018, 145: 35-40.

[12] Osman H, Yusufzai S K, Khan M S, et al. New thiazolyl-coumarin hybrids: design, synthesis, characterization, X-ray crystal structure, antibacterial and antiviral evaluation[J]. Journal of Molecular Structure, 2018, 1166(16): 147-154.

[13] Yusufzai S K, Osman H, Khan M S, et al. Design, characterization, *in vitro* antibacterial, antitubercular evaluation and structure-activity relationships of new hydrazinyl thiazolyl coumarin derivatives[J]. Medicinal Chemistry Research, 2017, 26(6): 1139-1148.

[14] 张小忠. 4-芳基噻唑-2-胺的结构优化及生物活性测试[D]. 保定: 河北大学, 2019.

[15] 徐源. 2-氨基噻唑的结构优化及生物活性研究[D]. 保定: 河北大学, 2020.

第4章

氨基葡萄糖噻二唑类衍生物的
合成及生物活性研究

4.1　噻二唑类化合物的结构与功能特性

　　噻二唑是一种含有氢结合域、硫原子和双电子供体氮的五元芳环体系，易与其他分子形成氢键，产生金属离子配位、疏水作用和偶合作用等。噻二唑核是最重要的杂环核之一，是许多天然产物和药物的共有特征。噻二唑核作为抗菌、抗炎、镇痛、抗癫痫、抗病毒、抗肿瘤和抗结核药物等一系列药物的核心结构成分，将其引入到氨基葡萄糖结构中，通过结构修饰和优化，有望得到具有较好生物活性的化合物。

　　噻二唑是一种含有氢结合域、硫原子和双电子供体氮的五元环体系，具有广泛的生物活性。市场上有许多含有噻二唑核的药物[1]，如乙酰唑胺、醋甲唑胺（图4-1）。

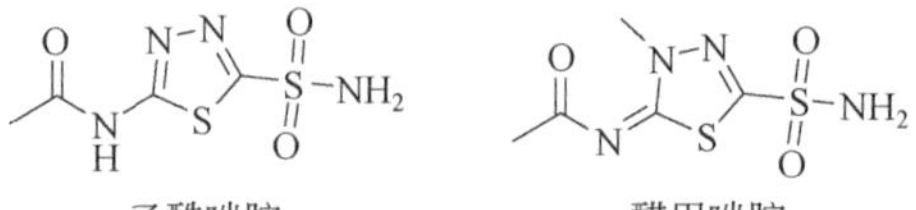

乙酰唑胺　　　　　　　　醋甲唑胺

图4-1　含噻二唑基团的药物

4.1.1　噻二唑类化合物的抑菌活性

　　Kadi等人[2]报道了一系列新的5-(1-金刚酰基)-1,3,4-噻二唑衍生物的抗菌活性（图 4-2）。通过抗菌活性测试发现，化合物对大肠杆菌和铜绿假单胞杆菌的抗菌活性可与参照药物庆大霉素和氨苄西林媲美，可能是一种有前途的新型候选药物。

对 2-甲基-1h-苯并咪唑的 1,3,4-噻二唑和 2-氮杂二酮衍生物进行抗菌、抑菌活性测试（图 4-3），其中部分化合物对枯草芽孢杆菌和大肠杆菌的抑菌活性与氨苄西林（25 g/mL）相当。苯环中含有邻氯、邻甲基、对甲氧基、邻羟基和对氨基的化合物表现出良好的抗菌活性。抗真菌活性数据表明，部分衍生物对供试真菌具有广谱活性，但与参照药物相比，没有一种衍生物具有更好的活性谱[3]。

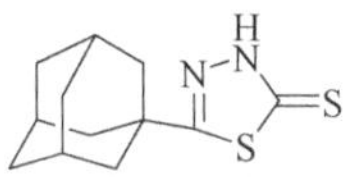

图 4-2　5-(1-金刚酰基)-1,3,4-噻二唑衍生物

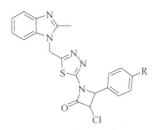

图 4-3　2-甲基-1h-苯并咪唑的 1,3,4-噻二唑衍生物的结构

4.1.2　噻二唑类化合物的抗癌活性

以芳基醛、水合肼和芳基异硫氰酸酯为原料，经甲醇回流，再与硫酸铁铵氧化环化，合成了新的 2-芳基-5-芳基-1,3,4-噻二唑衍生物（图 4-4）。体外细胞毒活性研究表明，化合物对前列腺癌细胞（PC3、DU145 和 LnCaP）、乳腺癌细胞（MCF7 和 MDA-MB-231）和胰腺癌细胞（PaCa2）有细胞毒作用。其中活性最好的化合物对胰腺癌细胞（PaCa2）IC_{50} 值为 4.3 μmol/L[4]。

Marganakop 等人[5]通过单步环化喹啉缩氨基硫脲，合成了含喹啉的 1,3,4-噻二唑衍生物（图 4-5），并研究了它们对宫颈癌细胞系（Hela）的细胞毒活性。化合物具有较强的抗肿瘤活性，且在 10μg/mL 时即可使细胞裂解。

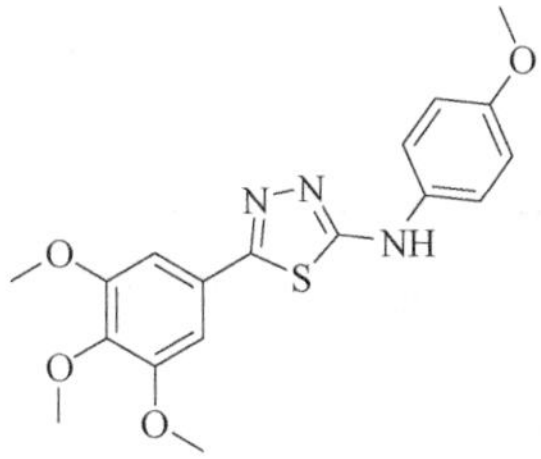

图 4-4　2-芳基-5-芳基-1,3,4-噻二唑衍生物的结构

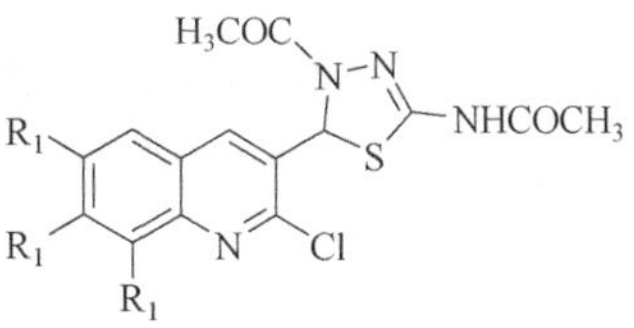

图 4-5　含喹啉的 1,3,4-噻二唑衍生物的结构

4.1.3 噻二唑类化合物的抗结核活性

对 2-(1-甲基-5-硝基-2-咪唑基)-1,3,4-噻二唑衍生物进行了抗结核活性研究（图 4-6），发现化合物具有良好的抗结核活性（MIC = 3.13～6.25 μg/mL）。巯基在乙基磺酰类似物中的氧化增加了其活性[6]。

Oruç 等[7]通过电子拓扑方法（ETM）和前馈神经网络（FFNNs）讨论了化合物结构与其抗结核活性之间的关系。他们报告了 2-苯基氨基-5-(4-氟苯基)-1,3,4-噻二唑的抑制率最高（图 4-7）。

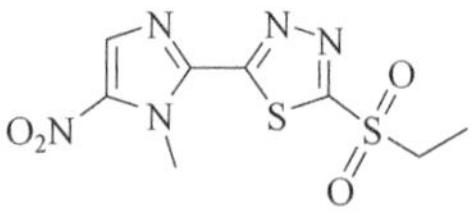

图 4-6　2-(1-甲基-5-硝基-2-咪唑基)-
1,3,4-噻二唑衍生物的结构

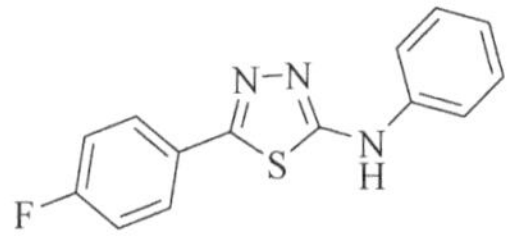

图 4-7　2-苯基氨基-5-(4-氟苯基)-
1,3,4-噻二唑的结构

4.1.4 噻二唑类化合物的抗病毒活性

Hamad 等人[8]合成了 2-(萘-2-丙氧基)-N-[(5-(苯胺基)-1,3,4-噻二唑-2-基)甲基]乙酰胺（图 4-8），并通过抑制病毒诱导的人类 T 淋巴细胞（MT-4）的细胞病变效应，基于 MTT 法分析测试了其体外抗 HIV-1 和抗 HIV-2 活性。活性最好的化合物 EC_{50} 值为 0.96 μg/mL。

Chen 等[9]对 5-（4-氯苯基）-1,3,4-噻二唑磺胺类药物的抗烟草花叶病毒活性进行测试（图 4-9）。结果表明，部分磺酰胺类化合物对烟草花叶病毒有较好的抑制作用，细胞毒性较小。化合物显示出约 42%的抑制活性。

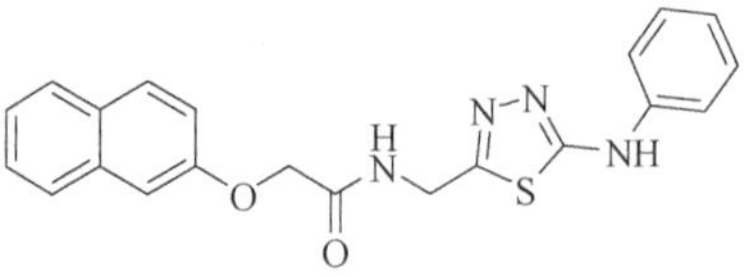

$R = p\text{-}CH_3；m\text{-}Cl$

图 4-8　2-(萘-2-丙氧基)-N-[(5-(苯胺基)-
1,3,4-噻二唑-2-基)甲基]乙酰胺

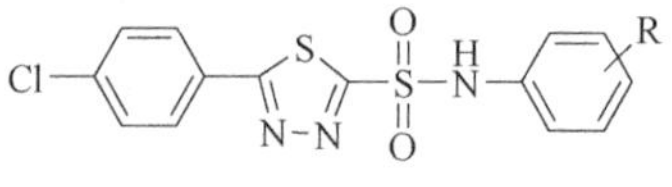

图 4-9　5-(4-氯苯基)-1,3,4-噻二唑
磺胺类衍生物的结构

综上所述，基于噻二唑具有广泛的生物活性，本章节研究通过化学修饰，将噻二唑结构引入氨基葡萄糖，设计合成了系列含噻二唑结构的氨基葡萄糖衍生物，并对其进行乙酰胆碱酯酶活性研究，内容如下。

4.2 氨基葡萄糖 *N*-位修饰的1,3,4-噻二唑类衍生物的合成

4.2.1 合成路线

目标化合物合成路线图见图4-10。

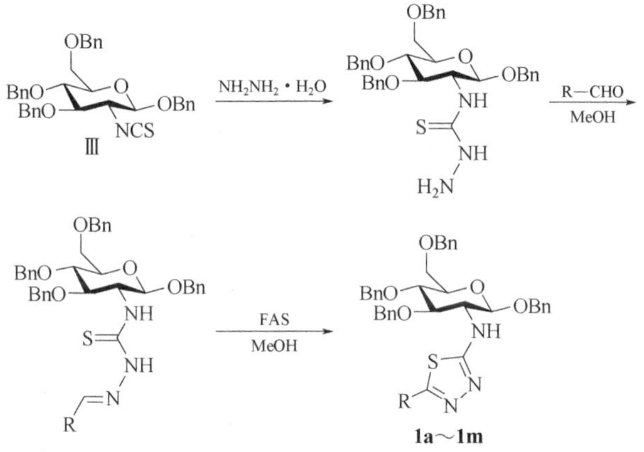

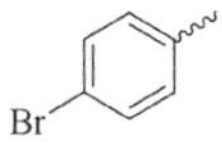

图4-10 含氨基葡萄糖的1,3,4-噻二唑衍生物的合成路线

化合物	⸜R	化合物	⸜R	化合物	⸜R
1a	(苯基)	1f	(正癸基链)	1k	(4-F-苯基)
1b	(4-甲基苯基)	1g	(4-HO-苯基)	1l	(2,3-二氯苯基)
1c	(4-甲氧基苯基)	1h	(3-O₂N-苯基)	1m	(2,4-二氯苯基)
1d	(4-Cl-苯基)	1i	(萘基)		
1e	(2-甲氧基苯基)	1j	(4-Br-苯基)		

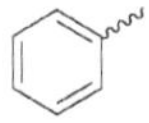

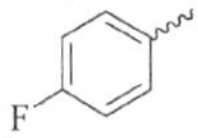

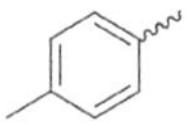

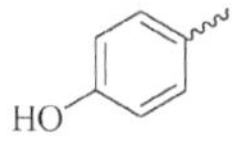

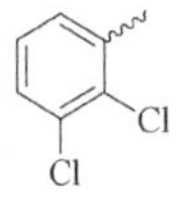

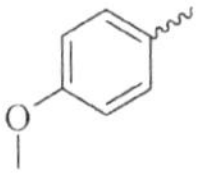

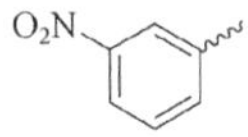

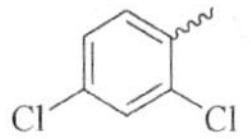

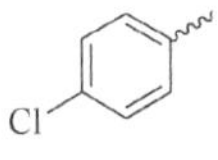

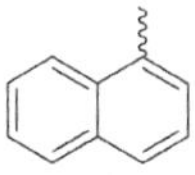

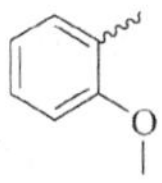

4.2.2　实验步骤

N-(1,3,4,6-四-*O*-苄基-2-脱氧-*β*-D-吡喃葡萄糖-2-基)-*N*′-氨基硫脲的合成：称取化合物Ⅲ（1 g, 1.7 mmol），将其倒入 50 mL 单口烧瓶中，量取 15 mL 甲醇，倒入单口烧瓶中，均匀摇晃，加入搅拌子，置于油浴中加热至 60 ℃，保持温度不变，连续搅拌，溶液澄清后，缓慢滴加水合肼，TLC 监测反应，反应结束后，将烧瓶冷却至室温，再将其转移至冰水浴中静置，有白色固体析出，将固体抽滤，用甲醇洗涤，干燥得化合物，产率 90%。

缩醛基缩 *N*-氨基-*N*′-(1,3,4,6-四-*O*-苄基-*β*-D-吡喃葡萄糖基)硫脲的合成：称取上步所得化合物（0.61 g，1 mmol），将其加入三口烧瓶中，向该烧瓶中加入 15 mL 的甲醇，放置油浴中，磁力搅拌，温度设定为 65 ℃，溶液澄清后，称取醛类化合物（1 mmol），将其溶于甲醇中，用恒压漏斗缓慢滴加至三口烧瓶中，TLC 监测反应进程，反应结束后，将烧瓶冷却至室温，再转移至冰水浴中静置，析出白色固体，将固体抽滤，干燥得物质。

N-(1,3,4,6-四-*O*-苄基-*β*-D-吡喃葡萄糖-2-基)-2-氨基-5-取代-1,3,4-噻二唑（**1a～1m**）的合成：称取上一步产物（1 mmol），将其加入至单口烧瓶中，置于油浴中，磁力搅拌，温度设定在 65 ℃，溶液澄清后，称取硫酸铁铵（1.5 g，3 mmol），加入烧瓶中，TLC 监测反应进程，反应结束后，热抽滤，将不溶性的固体过滤，取澄清溶液，用旋转蒸发仪减压蒸馏除去溶剂，得粗产品，粗品用乙醇重结晶，得目标化合物。

4.2.3　结果分析

4.2.3.1　氨基葡萄糖 *N*-位修饰的 1,3,4-噻二唑类衍生物的性状及结构表征

实验中将糖基异硫氰酸酯进一步与水合肼反应，得到糖基氨基硫脲，随后采用各种醛类化合物与糖基氨基硫脲反应，再在硫酸铁铵的氧化环合作用下得到目标化合物。对于醛类的选择，主要考虑了脂肪族和芳香族醛类对反应的影响；在芳香醛类的选择上，还考虑了吸电子基和给电子基对反应过程的影响。最终成功合成出 13 种不同的化合物，合成化合物的理化参数、IR、^{1}H NMR、ESI-HRMS 数据见表 4-1、表 4-2 及表 4-3。

表4-1 目标化合物 1a～1m 的理化性质

化合物	外观	产率/%	熔点/℃	MS（*m/z*）
1a	白色粉末	85	141～142	722.2666[M+Na]⁺
1b	白色粉末	87	52～52	736.2328[M+Na]⁺
1c	黄色粉末	74	105～106	752.2767[M+Na]⁺
1d	白色粉末	78	128～129	756.2278[M+Na]⁺
1e	黄色粉末	82	73～74	752.2276[M+Na]⁺
1f	黄色粉末	80	68～69	758.3609[M+Na]⁺
1g	白色粉末	86	82～84	738.2607[M+Na]⁺
1h	黄色粉末	73	140～141	757.2502[M+Na]⁺
1i	黄色粉末	85	161～163	772.2818[M+Na]⁺
1j	白色粉末	88	142～143	800.1767[M+Na]⁺
1k	粉色粉末	84	142～143	740.2570[M+Na]⁺
1l	白色粉末	87	137～138	790.1882[M+Na]⁺
1m	白色粉末	75	115～117	790.1857[M+Na]⁺

表4-2 目标化合物 1a～1m 的 ¹H NMR 数据

化合物	¹H NMR(300 MHz, DMSO-d₆)，δ
1a	δ: 8.34 (d, *J* = 8.0 Hz, 1H, NH),7.75 (t,*J* = 7.7 Hz, 2H, Ar—H), 7.52～7.43 (m, 3H, Ar—H), 7.41～7.27 (m, 8H, Ar—H), 7.26～7.11 (m, 12H, Ar—H), 4.82 (d,*J* = 12.0Hz, 1H, H-1), 4.71 (m, 4H, CH₂Ph), 4.58 (m, 4H, CH₂Ph), 3.87(t,*J* = 8 Hz, 1H, H-4), 3.78～3.68 (m, 2H, H-6a, H-6b), 3.62～3.52(m, 3H, H-3, H-5, H-2)
1b	δ: 8.34 (d, *J* = 8.0 Hz, IH, NH),7.66 (d,*J* = 8.0 Hz, 2H, Ar—H), 7.43～7.12 (m, 22H, Ar—H), 4.83(d,*J* = 12.0 Hz, lH, H-1), 4.77～4.65 (m, 4H, CH₂Ph), 4.64～4.51(m, 4H, CH₂Ph), 3.86(t,*J* = 8 Hz, 1H, H-4), 3.80～3.36 (m, 5H,H-6a, H-6b, H-3, H-5, H-2), 2.36 (s, 3H)
1c	δ: 8.24 (d,*J* = 9.0 Hz, IH, NH),(m, 12H, Ar—H), 7.06～7.01 (m, 2H, Ar—H), 4.82 (d,*J* = 12.5 Hz,1H, NH), 4.75～4.67 (m, 4H, CH₂Ph), 4.63～4.52 (m, 4H, CH₂Ph),3.85 (t,*J* =9.5 Hz, 1H, H-4), 3.81 (s, 3H, —OCH₃), 3.77～3.67 (m,2H, H-6a, H-6b), 3.60～3.55 (m, 3H, H-3, H-5, H-2)
1d	δ: 8.40(d,*J* = 9.0 Hz, 1H, NH),7.78 (d,*J* = 8.6 Hz, 2H, Ar—H), 7.55 (d,*J* = 8.6 Hz, 2H, Ar—H), 7.41～7.28 (m, 8H, Ar—H), 7.25～7.12 (m, 12H, Ar—H), 4.82 (d,*J* =12.5 Hz, 1H, H-1), 4.76～4.66 (m, 4H, CH₂Ph), 4.63～4.52 (m, 4H,CH₂Ph) 3.86 (t, *J* = 8.0 Hz, 1H, H-4), 3.79～3.67 (m, 2H, H-6a,H-6b), 3.63～3.52 (m, 3H, H-5, H-3, H-2)
1e	δ: 8.35 (d,*J* = 7.2 Hz, lH, NH),8.12 (dd,*J* = 7.8, 1.6 Hz, 1H, Ar—H), 7.50～7.43 (m, 1H, Ar—H), 7.41～7.28 (m, 8H, Ar—H), 7.25～7.07 (m, 14H, Ar—H), 4.83 (d,*J* =12.0 Hz, 1H, H-1), 4.76～4.67 (m, 4H, CH₂Ph), 4.62～4.52 (m,4H, CH₂Ph), 3.94 (s, 3H), 3.87 (t,*J* =8 Hz, 1H, H-4), 3.79～3.68(m, 2H, H-6a, H-6b), 3.58 (m, 3H,H-S, H-3, H-2)
1f	δ: 8.02 (d,*J* = 8.5 Hz, 1H, NH),7.40～7.13 (m, 20H, Ar—H), 4.81 (d,*J* = 12.4Hz, 1H, H-1), 4.74～4.63 (m, 4H, CH₂Ph), 4.56 (m, 4H, CH₂Ph), 3.81 (t,*J* = 8.0 Hz,1H, H-4), 3.77～3.66 (m, 2H, H-6a, H-6b), 3.59～3.48 (m, 3H, H-5,H-3, H-2), 1.61 (m, 2H, CH₂), 1.25 (m, 12H, CH₂), 0.85(t,*J* =6.8Hz, 3H, CH₃)
1g	δ: 9.97 (s, 1H, OH), 8.23 (d,*J* =8.4 Hz, lH, NH), 7.58 (d,*J* = 8.7 Hz, 2H, Ar—H), 7.41～7.28 (m,9H, Ar—H), 7.26～7.14 (m, 11H, Ar—H), 6.85 (d, *J* = 8.7 Hz, 2H, Ar—H), 4.82(d,*J* = 12.4 Hz, 1H, H-1), 4.77～4.66 (m, 4H, CH₂Ph),4.62～4.52 (m, 4H, CH₂Ph), 3.87 (t, *J* = 8.0 Hz, 1H, H-4),3.77～3.67 (m, 2H, H-6a, H-6b), 3.58 (m, 3H, H-5, H-3, H-2)

化合物	^{1}H NMR(300 MHz, DMSO-d$_6$)，δ
1h	δ: 8.55 (d, J= 9.1 Hz, 1H, NH), 8.50(s, 1H), 8.31～8.25 (d, J= 8.0Hz, 1H, Ar—H), 8.16(d, J= 8.0Hz, 1H, Ar—H), 7.78 (t, J= 8.0 Hz, 1H, Ar—H), 7.41～7.28 (m, 8H, Ar—H), 7.26～7.13 (m, 12H, Ar—H), 4.83 (d, J= 12.4 Hz, 1H, H-1), 4.71 (m, 4H, CH$_2$Ph), 4.64～4.52 (m, 4H, CH$_2$Ph), 3.87(t, J= 8.0Hz, 1H, H-1), 3.79～3.67 (m, 2H, H-6a, H-6b), 3.65～3.55 (m, 3H, H-5, H-3, H-2)
1i	δ: 8.74～8.65 (m, 1H, Ar—H), 8.39(d, J=9.1 Hz, IH, NH), 8.05 (t, J= 7.7 Hz, 2H, Ar—H), 7.71 (d, J= 7.0 Hz, 1H, Ar—H), 7.67～7.56 (m, 3H, Ar—H), 7.41～7.15 (m,20H, A—H), 4.86 (d, J= 12.4 Hz, 1H, H-1), 4.80～4.70 (m, 4H,CH$_2$Ph), 4.67～4.50 (m, 4H, CH$_2$Ph), 3.90 (t, J= 8.0Hz, 1H, H-4), 3.80～3.68 (m, 2H, H-6a, H-6b), 3.69～3.57 (m, 3H, H-5, H-3, H-2)
1j	δ: 8.40 (d, J= 9.0 Hz, 1H, NH), 7.73～7.65 (m, 4H, Ar—H), 7.40～7.28 (m, 8H, Ar—H), 7.25～7.12(m, 12H, Ar—H), 4.82 (d, J= 12.5 Hz, 1H, H-1), 4.71 (m, 4H,CH$_2$Ph), 4.57 (m, 4H, CH$_2$Ph), 3.86 (t, J= 8.0 Hz, 1H, H-4), 3.78～3.67 (m, 2H, H-6a, H-6b), 3.63～3.53 (m, 3H, H-5, H-3,H-2)
1k	δ: 8.34 (d, J= 9.0 H, 1H, NH), 7.81 (dd, J= 8.8、5.4 Hz, 2H, Ar—H), 7.41～7.27 (m, 10H, Ar—H), 7.26～7.12 (m, 12H, Ar—H), 4.82 (d, J= 12.5 Hz, 1H, H-1), 4.77～4.67 (m, 4H, CH$_2$Ph), 4.57 (m, 4H, CH$_2$Ph), 3.87 (t, J= 8.0Hz, 1H, H-4), 3.78～3.67 (m, 2H, H-6a, H-6b), 3.64～3.53 (m, 3H,H-5, H-3, H-2)
1l	δ: 8.44 (d, J= 9.1 Hz, 1H, NH), 7.93 (dd, J= 7.9、1.3 Hz, 1H, Ar—H), 7.78 (dd, J= 8.0、1.4 Hz, 1H, Ar—H), 7.51 (t, J= 8.0 Hz, 1H, Ar—H), 7.40～7.28 (m, 8H, Ar—H), 7.26～7.12 (m, 12H, Ar—H), 4.84 (d, J= 12.4Hz, 1H, H-1), 4.77～4.67 (m, 4H, CH$_2$Ph), 4.64～4.51 (m, 4H, CH$_2$Ph), 3.84(t, J= 8.0Hz, 1H, H-4), 3.79～3.67 (m, 2H, H-6a, H-6b), 3.64～3.56 (m, 3H, H-5, H-3, H-2)
1m	δ: 8.43 (d, J=9.1 Hz, 1H, NH), 8.04 (d, J= 8.6 Hz, 1H, Ar—H), 7.81 (d, J= 2.1 Hz, 1H, Ar—H), 7.58 (dd, J= 8.6, 2.1 Hz, 1H, Ar—H), 7.40～7.27 (m, 8H, Ar—H), 7.25～7.12 (m, 12H, Ar—H), 4.83(d, J= 12.4 Hz, 1H, H-1), 4.72(m, 4H, CH$_2$Ph), 4.64～4.51 (m, 4H, CH$_2$Ph), 3.84 (t, J= 8.1Hz, 1H, H-4), 3.79～3.68 (m, 2H, H-6a, H-6b), 3.64～3.54 (m, 3H,3H, H-5, H3, H-2)

表4-3 目标化合物1a～1m的IR数据

化合物	IR(KBr)，ν/cm^{-1}
1a	3421, 3176, 3030, 2922, 2868, 1573, 1519, 1497,1359, 1120, 1068
1b	3440, 3029, 2866, 1623, 1453, 1360, 1210, 1062
1c	3421, 3029, 2928, 1607, 1577, 1521, 1453, 1253,1069
1d	3441, 3030, 2924, 1585, 1497, 1398, 1065
1e	3442, 3029, 3922, 1599, 1497, 1453, 1360, 1257,1065
1f	3322, 3029, 2922, 1533, 1497, 1452, 1307, 1060
1g	3421, 2922, 1607, 1453, 1361, 1283, 1052
1h	3441, 3030, 2917, 1585, 1531, 1453, 1350, 1216,1064
1i	3432, 3172, 3028, 2917, 1562, 1512, 1357, 1215,1070
1j	3439, 3030, 2924, 1564, 1497, 1453, 1362, 1066
1k	3431, 3030, 2919, 1601, 1586, 1517, 1363, 1228,1068
1l	3441,3028, 2916,1572,1496,1453,1396,1357,1216, 1068
1m	3433, 3204, 3025, 1549, 1482, 1355, 1309, 1059

4.2.3.2 氨基葡萄糖 N-位修饰的 1,3,4-噻二唑类衍生物的波谱数据解析

以 **1a** 为例进行分析，结构见图 4-11。

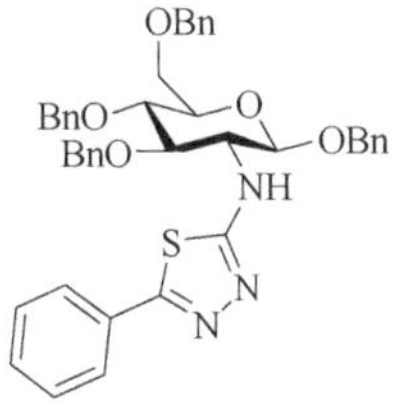

产物结构经红外光谱、核磁氢谱、质谱证实，在红外谱图分析中，将中间体化合物与 **1a** 进行对比，以发现在成环前后，两种化合物之间红外谱图的不同。

通过对比，可以清楚看出，成环前的化合物与 **1a** 相比，在 3445 cm^{-1} 处有较强特征吸收峰，为亚胺的特征吸收峰，

图 4-11 1a 的结构式

在 1546 cm^{-1} 处有较强的吸收峰，此为硫羰基的特征吸收峰，这些吸收峰在关环之后，在图谱中就不再出现。在化合物 **1a** 中，在 1573 cm^{-1} 处有吸收，为噻二唑环中的 C=N 的吸收；两张图谱中都在 2900 cm^{-1} 左右处有吸收，此为亚甲基的特征吸收；且两种物质在 1500～1400cm^{-1} 处，都有吸收，为芳环骨架伸缩振动产生；都在 1070cm^{-1} 左右处有较强吸收，为糖环的 C—O—C 伸缩振动产生。

在分析核磁氢谱时，成环前化合物与化合物 **1a** 进行比较，通过观察氢谱中氢的得失来判断反应过程。

目标化合物 **1a**：^{1}H NMR(400 MHz, DMSO-d$_6$)，δ: 8.34 (d, J = 8.0 Hz, 1H, NH)，7.75(t, J = 7.7 Hz, 2H, Ar—H)，7.52～7.43 (m, 3H, Ar—H)，7.41～7.27 (m, 8H, Ar—H)，7.26～7.11 (m,12H, Ar—H)，4.82 (d, J = 12.0 Hz, 1H, H-1)，4.71 (m, 4H, CH$_2$Ph)，4.58 (m, 4H, CH$_2$Ph)，3.87(t, J = 8 Hz, 1H, H-4)，3.78～3.68 (m, 2H, H-6a, H-6b)，3.62～3.52 (m, 3H, H-3, H-5, H-2)。

成环前中间体化合物：^{1}H NMR(400 MHz, DMSO-d$_6$)，δ: 11.63 (s, 1H, NH)，8.58 (d, J =8.5 Hz, 1H)，8.12 (s, 1H, N=CH)，7.81 (dd, J = 6.5、2.9 Hz, 2H, Ar—H)，7.45～7.17 (m, 23H,Ar—H)，4.85 (d, J = 12.9 Hz, 1H, H-1)，4.81～4.64 (m, 4H, PhCH$_2$—)，4.63～4.51 (m, 4H,PhCH$_2$—)，3.80～3.66 (m, 2H, H-6a, H-6b)，3.63～3.50 (m, 4H, H-4, H-3, H-5, H-2)。

由以上数据可以看出，未成环之前化合物与化合物 **1a** 比较，在 δ 11.63 和 δ 8.12 处各有一个单峰。在 δ 11.63 处的单峰为与亚胺结构相连接的 NH 的氢，与此 NH 相连的没有氢原子，没有偶合裂分，因此呈现出单峰，且此 NH 处于 C=N 的去屏蔽区，其共振信号出现在低场，δ 较大。在 δ 8.12 处的单峰为亚胺结构—N=CH—中的氢，此氢也没有受周围氢原子的影响，没有产生偶合裂分，因此，也为单峰，此氢处在 C=N 的去屏蔽区，信号出现在低场。两种化合物

相比较，在 δ 8.5 左右都出现了一个双重峰，此为与糖环 C2 原子相连的 NH 的氢，由于此氢受到 C2 氢的影响，偶合裂分为双重峰，且偶合常数为 8.0 Hz。两种物质都在 δ 4.8 左右出现了一个双重峰，此峰归属为糖环 C1 上的氢，由于此氢相连接的碳与两个氧原子相连，与其他糖环氢相比，处在最低场，且此氢受到 C2 氢的偶合，产生双重峰，其偶合常数为 12.0 Hz，证明此糖环为 β-构型。

化合物 **1a**，ESI-HRMS 测得[M+Na]$^+$为 722.2666，相应的理论值为 722.2659，测定值与理论值基本一致。

4.2.4 结果讨论

4.2.4.1 实验路线设计

在得到苄基保护的糖基异硫氰酸酯后，我们期望将 1,3,4-噻二唑衍生物引入到糖基中，得到此类化合物的方法有多种，可以将得到的糖基酰胺基硫脲类化合物脱水，可以用到的试剂有 H_2SO_4、PPA、$POCl_3$ 等脱水剂，但此类试剂具有多种缺点，如反应条件苛刻、环境污染大、操作危险等，而且糖类化合物不能在如此苛刻的环境中合成目标化合物。因此，采用操作简单、污染小、反应条件温和的实验方法是有必要的。首先将苄基保护的异硫氰酸酯与水合肼反应得到糖基氨基硫脲，随后氨基与醛发生反应生成亚胺，最后在硫酸铁铵的作用下得到了目标化合物，此方法不仅对底物的适用范围广，且产率较高。最终采用此类方法合成出 13 种此类化合物。

4.2.4.2 实验条件优化

实验中以化合物 **1a** 为例，对合成反应条件进行优化，得出最佳的环合试剂、摩尔比、溶剂、温度、时间等实验条件，为合成此类化合物提供数据支持，以较优产率合成目标化合物（图 4-12）。

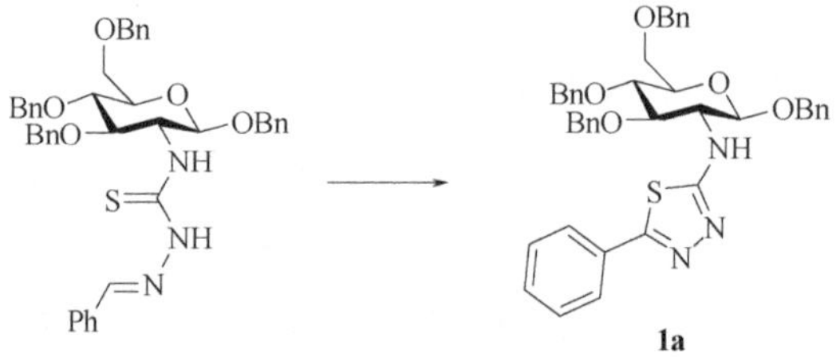

图 4-12 目标产物合成的条件优化选择步骤

(1) 反应环合试剂的优化

实验开始，首先要筛选出最佳的环合试剂，通过对照实验，以反应摩尔比、溶剂、温度、时间等因素为定量，以环合试剂为变量，选出最佳的环合试剂，所用试剂与对应反应产率如表4-4所示。

实验中，我们选用了 6 种试剂作为备选试剂，其中三氯化铁和硫酸铁铵（FAS）为环合试剂时，都可以得到目标产物，产率分别为 10%和 90%（编号 1、2），但是因为三氯化铁氧化性相比于硫酸铁铵要强，所以在中间体环合过程中发生断裂，生成其他物质，目标产物产率较低。在使用其他四种试剂氯化锌、乙酸、碘苯二乙酸（IBD）、氯化汞时，均没有得到目标化合物。因此，硫酸铁铵选为此反应的最佳环合试剂。

表4-4 环合试剂与产率的关系

编号	环合试剂	产率/%	编号	环合试剂	产率/%
1	FeCl$_3$	10	4	AcOH	NR
2	FAS	90	5	IBD	NR
3	ZnCl$_2$	NR	6	HgCl$_2$	NR

(2) 反应摩尔比的优化

反应摩尔比对反应有着较大的影响，实验固定环合试剂、溶剂、温度、时间等实验条件，改变化合物与硫酸铁铵的摩尔比，以产物最终产率为评判标准，筛选出最佳的反应摩尔比，反应摩尔比与产率之间关系如表4-5所示。

表4-5 反应摩尔比与产率的关系

编号	n(底物)∶n(FAS)	产率/%	编号	n(底物)∶n(FAS)	产率/%
1	1∶1	30	5	1∶3	87
2	1∶1.5	45	6	1∶3.5	87
3	1∶2	56	7	1∶4	87
4	1∶2.5	70			

由上表数据可以看出，化合物原料与 FAS 的摩尔比与产率有着较大的关系，产率在原料与 FAS 摩尔比为 1∶3 时达到最大值，在摩尔比大于此值时，产率都较小，随着硫酸铁铵的不断增加，产率不断增加。在 FAS 用量较少时，反应未完全发生，可能由于在反应过程中，三价铁离子不断氧化为二价铁离子，

三价铁离子不断减少，在 FAS 较少时，不能提供较为充足的三价铁离子，导致反应不完全。在摩尔比小于 1∶3 时，产率不再增加，因此，可以断定摩尔比为 1∶3 时，反应基本完成，再增加 FAS 的用量，造成浪费。因此，原料与 FAS 反应摩尔比为 1∶3 时最佳。

（3）反应溶剂的优化

实验中，探究了反应溶剂对该反应的影响，实验时，以环合试剂、反应摩尔比、温度、时间等因素为定量，以溶剂为变量，以产物最终产率为评判标准，筛选出最佳的反应溶剂，不同的溶剂与收率的关系如表 4-6 所示。

表 4-6　溶剂与产率的关系

编号	溶剂	产率/%	编号	溶剂	产率/%
1	DCM	20	4	DMF	60
2	DCE	40	5	BP	76
3	ACN	57	6	MeOH	87

实验中选用了 6 种不同的溶剂，由上表可以看出，溶剂对产率有着较大的影响，二氯甲烷（DCM）和 1,2-二氯乙烷（DCE）是非极性溶剂，因 DCM 在设定温度内，已达到沸点，温度较低，产率较低，且这两种溶剂均为非极性溶剂，对该反应不利，因此产率较低（编号 1、2）。在选用偶极溶剂乙腈（ACN）和 N,N-二甲基甲酰胺（DMF）时，产率为 57% 和 60%。相比于非极性溶剂，偶极溶剂对该反应较为有利，但相比于质子溶剂苯甲醇（BP）和甲醇，质子溶剂则更有利于反应，都以较高产率得到了目标化合物。可能由于反应中产生了氮负离子，质子溶剂可以与负离子通过氢键溶剂化，使负电荷分散，从而使氮负离子稳定，利于反应的进行。因此，经过优化，甲醇为该反应的最佳溶剂。

（4）反应温度的优化

温度对反应的影响较大，为筛选出实验中最佳的反应温度，实验以环合试剂、溶剂、反应摩尔比、时间等因素为定量，以反应温度为变量，以在不同温度中得到最终产物的产率为依据，得出最佳温度，产物产率与反应温度的关系列于表 4-7 中。

由表 4-7 可以看出，实验中设置了 8 个温度段。当温度低于 25 ℃时，没有发生反应；当温度升高至 25 ℃时，有部分产物生成，但反应未完全；当温度高于 45 ℃时，产率有较大提高，但并未达到最大；当温度达到 65 ℃时，得到最佳产率，再升高温度，产率没有变化。因此可得出最佳的反应温度为 65 ℃。

表 4-7　温度与产率的关系

编号	温度/℃	产率/%	编号	温度/℃	产率/%
1	0	NR	5	45	56
2	15	NR	6	55	70
3	25	15	7	65	87
4	35	27	8	75	87

（5）反应时间的优化

实验中，固定环合试剂、反应摩尔比、溶剂、温度等条件，随时间地进行记录产物产率，以筛选出最佳的反应时间，产物产率随时间的变化如表 4-8 所示。

表 4-8　反应时间与产率的关系

编号	时间/h	产率/%	编号	时间/h	产率/%
1	0.5	27	4	2	87
2	1	46	5	2.5	87
3	1.5	68	6	3	87

由上表可以看出，产率与时间有较大关系。当反应进行 2h 时，产率达到最大；反应未达到 2h 时，由于反应未完全，得到较低产率；在超过 2h 后，产率不再随时间变化而变化。因此，此反应最佳的反应时间为 2h。

以上实验主要探究了环合试剂、反应摩尔比、溶剂、温度、时间等因素对反应的影响，通过以上实验可以得出该反应的最佳反应条件：以硫酸铁铵为氧化环合试剂，且化合物原料与 FAS 的反应摩尔比为 1∶3，以甲醇为溶剂，在 65 ℃条件下反应 2h。

4.2.4.3　反应机理推测

目标化合物成环机理如下图（图 4-13）所示：底物硫原子首先进攻碳氮双键的碳原子，随后脱去中间氮上的氢质子，电子转移，得到中间体，三价铁离子的作用为氧化中间体，首先三价铁离子与氮原子络合，夺取氮上的一个质子，接着氮负离子将一个电子转移给铁离子，产生亚铁离子和氮自由基，随后另一分子铁替换亚铁离子和氮原子络合，氮再向三价铁离子转移一个电子，最后邻位碳脱除一个质子形成目标产物。

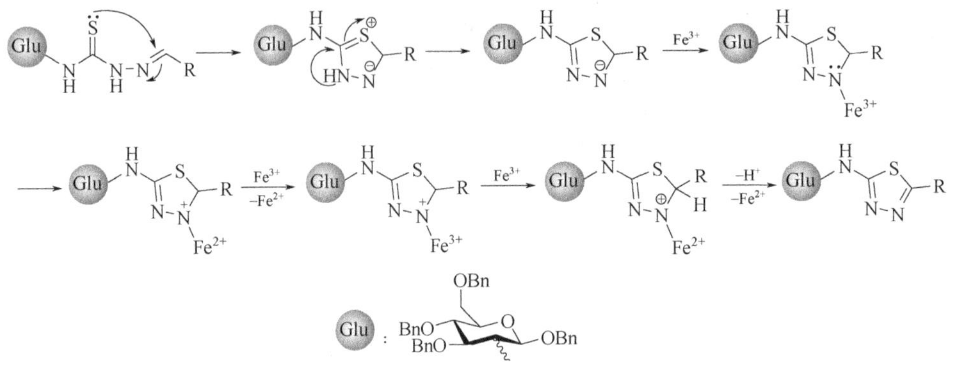

图 4-13　可能的反应机理

　　综上，本节在前文的基础上，将得到的糖基异硫氰酸酯与水合肼反应，再与各种醛类化合物反应，最终在硫酸铁铵的氧化作用下进行环合，成功合成出含糖基的 1,3,4-噻二唑衍生物。实验探究了环合试剂、反应摩尔比、溶剂、温度、时间等因素对反应的影响，优化得出最佳反应条件：以硫酸铁铵为氧化环合试剂，化合物底物与 FAS 的反应摩尔比为 1:3，以甲醇为溶剂，在 65 ℃条件下反应 2 h。采用此方法合成此类物质，避免了采用浓硫酸、PPA、三氯氧磷等试剂，采用简便的方法合成含糖环的 1,3,4-噻二唑衍生物。实验采用不同的醛类化合物对底物进行扩展，醛类化合物主要考虑了脂肪族和芳香族的，芳香族取代基主要分为吸电子基团和给电子基团，位阻较大和位阻较小基团，以考察各类取代基对产率的影响。经过试验发现，醛为脂肪族的底物产率较芳香族底物高，这是由于 C=N 双键没有与苯环形成共轭体系，较易进行亲核取代；对于醛为芳香族的底物，在苯环上带有吸电子基团与带有给电子基相比，反应时间短，收率较高。这是由于吸电子基能够降低共轭体系的电子云密度，使反应更易进行。最终合成 13 个含糖基的 1,3,4-噻二唑衍生物。

4.3　氨基葡萄糖 *N*-位修饰的三唑并噻二唑衍生物的合成

4.3.1　合成路线

　　目标化合物合成路线图见图 4-14。

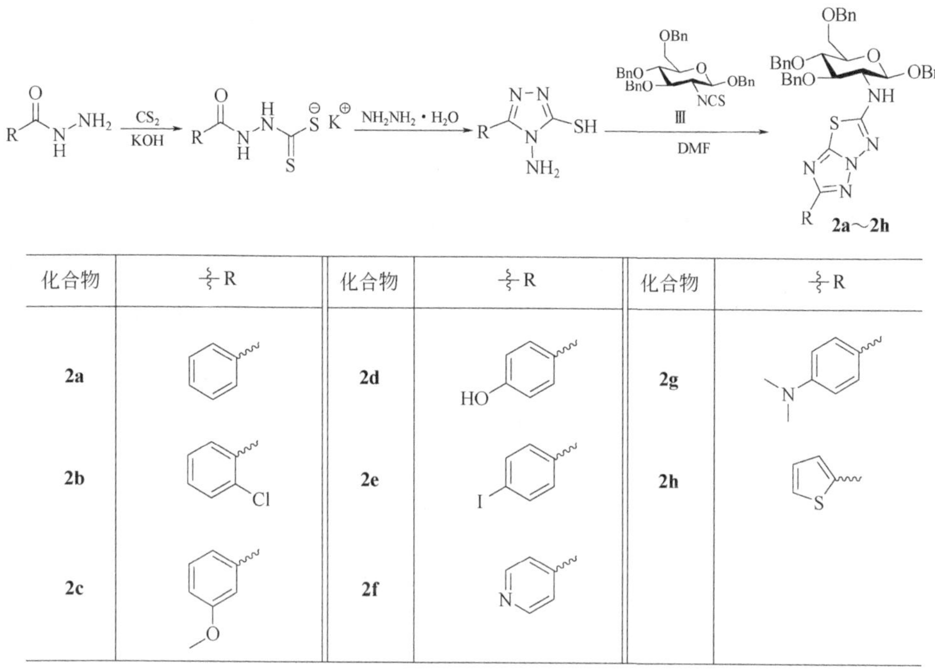

图 4-14　含氨基葡萄糖的三唑并噻二唑衍生物的合成路线

4.3.2　实验步骤

3-取代-4-氨基-5-巯基-1,2,4-三氮唑的合成：将取代的酰肼化合物（10 mmol）和氢氧化钾（0.56 g，10 mmol）溶于 25 mL 乙醇中搅拌，加入二硫化碳 0.5 mL，上述溶液在 0 ℃反应 15min，有固体出现，过滤，干燥，得化合物钾盐。取钾盐（8 mmol），加入 20 mL 水，再加入 1 mL 水合肼，上述溶液在 90 ℃反应，TLC 监测反应，反应结束后，将反应液倒入冰水中，用 5 mol/L 的盐酸调节 pH至中性，有固体出现，抽滤，干燥，得化合物。

N-(1,3,4,6-四-*O*-苄基-*β*-D-吡喃葡萄糖-2-基)-6-氨基-3-取代-1,2,4-三氮唑并[3,4-b]-1,3,4-噻二唑的合成：称取化合物Ⅲ（1 g，1.7 mmol），将其加入盛有 20 mLDMF 的圆底烧瓶中，再称取 3-取代-4-氨基-5-巯基-1,2,4-三氮唑（1.8 mmol），加入搅拌子，将圆底烧瓶置于油浴中，温度设定为 110 ℃，TLC 监测反应进程，反应结束后，将反应液倒入 200 mL 水中，用二氯甲烷萃取，取有机相，减压蒸馏得粗品，经柱色谱（洗脱剂：石油醚：乙酸乙酯=1：2）得到化合物。

4.3.3 结果分析

4.3.3.1 氨基葡萄糖 *N*-位修饰的三唑并噻二唑衍生物的性状及结构表征

实验中采用不同的酰肼首先在二硫化碳和氢氧化钾作用下合成钾盐，随后，钾盐在水合肼和水的作用下成环，最后此环类化合物与糖基异硫氰酸酯直接反应得到目标化合物。实验中，在酰肼种类的选择上，主要考虑杂环酰肼、苯环酰肼对反应过程的影响；在苯环体系中，取代基的选择上考虑了吸电子基与给电子基对反应的影响。共合成 8 种目标化合物，合成化合物的理化参数、IR、1H NMR、ESI-HRMS 数据见表 4-9、表 4-10 及表 4-11。

表 4-9　目标化合物 2a～2h 的理化性质

化合物	外观	产率/%	熔点/℃	MS（*m/z*）
2a	白色粉末	75	148～150	740.2893[M+H]$^+$
2b	白色粉末	66	134～135	774.2504[M+H]$^+$
2c	白色粉末	67	159～160	770.3010[M+H]$^+$
2d	白色粉末	67	126～128	770.3010[M+H]$^+$
2e	白色粉末	71	178～179	866.1845[M+H]$^+$
2f	白色粉末	67	112～113	741.2831[M+H]$^+$
2g	白色粉末	76	102～103	783.3314[M+H]$^+$
2h	黄色粉末	65	172～174	746.2458[M+H]$^+$

表 4-10　目标化合物 2a～2h 的 ^{1}H NMR 数据

化合物	^{1}H NMR(400 MHz, DMSO-d$_6$)，δ
2a	δ:8.69 (d, J= 8.6 Hz, 1H, N—H), 8.13(d, J= 7.4 Hz, 2H, Ar—H),7.52 (ddd, J= 11.1、9.6、6.0 Hz,3H, Ar—H), 7.42～7.27 (m, 8H, Ar—H) 7.25～7.15 (m, 6H, Ar—H),7.14～7.04 (m, 6H, Ar—H), 4.83 (d,J= 12.5 Hz, 1H, H1), 4.79～4.67 (m, 4H, PhCH$_2$—), 4.64～4.53 (m, 4H, PhCH$_2$—), 3.90～3.57 (m, 6H, H2, H3, H4, H5, H6, H6)
2b	δ: 8.25 (d, J= 9.3 Hz, 1H, N—H),7.78 (dd,J= 7.6、1.8 Hz, 1H, Ar—H), 7.65 (dd, J= 7.9、1.1 Hz, 1H, Ar—H), 7.58～7.47 (m, 2H, Ar—H), 7.40～7.27 (m, 8H, Ar—H),7.26～7.13 (m, 12H, Ar—H), 4.83 (d, J= 12.5 Hz, 1H, H-1),4.79～4.63 (m, 4H, PhCH$_2$—), 4.62～4.51 (m, 4H, PhCH$_2$—), 3.84～3.68 (m, 3H, H-4, H-6a, H-6b), 3.63～3.50(m, 3H, H-5, H-3,H-2)

続表

化合物	^{1}H NMR(400 MHz, DMSO-d$_6$), δ
2c	δ: 8.71 (d, J = 8.4 Hz, 1H, N—H),7.73 (d, J = 7.8Hz, 1H, Ar—H), 7.66(s, 1H, Ar—H), 7.47(t, J = 8.0Hz, 1H, Ar—H), 7.42~7.27 (m, 8H, Ar—H), 7.25~7.13 (m, 6H,Ar—H), 7.12~7.01 (m, 7H, Ar—H), 4.82 (d, J = 12.5 Hz, 1H, H-1), 4.79~4.66 (m, 4H, PhCH$_2$—), 4.63~4.53 (m, 4H, PhCH$_2$—), 3.78(s, 3H, —OCH), 3.79~3.68 (m, 3H, H-6a, H-6b, H-4), 3.64~3.54(m, 3H, 3H, H-5, H-3, H-2)
2d	δ: 9.95 (s, 1H,—OH), 8.61 (d, J = 9.1 Hz, 1H, —NH), 7.95 (d, J = 8.7 Hz, 2H, Ar—H), 7.43~7.26 (m, 9H, Ar—H), 7.25~7.15 (m, 5H, Ar—H), 7.14~7.06 (m, 5H, Ar—H),6.92 (d, J = 8.7 Hz, 2H, Ar—H), 4.83 (d, J = 12.5 Hz, 1H, H-1),4.78~4.65 (m, 4H, PhCH$_2$—), 4.63~4.53 (m, 4H, PhCH$_2$—), 3.85~3.70 (m, 3H, H-4, H-6a, H-6b), 3.63~3.50(m, 3H, H-5, H-3,H-2)
2e	δ: 8.72 (d, J = 8.6 Hz, 1H, NH),7.94 (d, J = 8.6 Hz, 2H, Ar—H), 7.89 (d, J = 8.4 Hz, 2H, Ar—H),7.42~7.27 (m, 8H, Ar—H), 7.25~7.12 (m, 6H, Ar—H), 7.11~7.03 (m,6H, Ar—H), 4.82 (d, J = 12.5 Hz, 1H, —NH), 4.79~4.65 (m, 4H, PhCH$_2$—), 4.63~4.53 (m, 4H, PhCH$_2$—), 3.90~3.69 (m, 3H, H-4,H-6a, H-6b), 3.68~3.55 (m, 3H, H-5, H-3, H-2)
2f	δ: 8.98 (d, J = 2.0 Hz, 1H, Ar—H), 8.70 (dd, J = 4.8、1.5 Hz, 1H, Ar—H), 8.26 (d, J = 9.3 Hz, 1H, N—H), 8.16 (tt, J = 2.0、1.9 Hz, 1H, Ar—H), 7.56 (dd, J = 8.0、4.9Hz, 1H, Ar—H), 7.40~7.27 (m, 8H, Ar—H), 7.25~7.10 (m, 12H, Ar—H), 4.82 (d, J = 12.3 Hz, 1H, N—H), 4.79~4.64 (m, 4H, PhCH$_2$—), 4.62~4.52 (m, 4H, PhCH$_2$—), 3.84~3.69 (m, 3H, H-4,H-6a, H-6b), 3.65~3.55 (m, 3H, H-5, H-3, H-2)
2g	δ: 8.59 (d, J = 8.4 Hz, 1H, NH),7.97 (d, J = 8.9 Hz, 2H, Ar—H), 7.42~7.27 (m, 8H, Ar—H),7.26~7.16 (m, 6H, Ar—H), 7.16~7.07 (m, 6H, Ar—H), 6.84 (d, J = 9.1 Hz, 2H, Ar—H), 4.84 (d, J = 12.5 Hz, 1H, H-1), 4.80~4.67 (m,4H, PhCH$_2$—), 4.64~4.52 (m, 4H, PhCH$_2$—), 3.86~3.70 (m, 3H, H-4,H-6a, H-6b), 3.68~3.58 (m, 3H, H-5, H-3, H-2)
2h	δ: 8.71 (d, J = 8.5 Hz, 1H, NH),7.75 (d, J = 5.0 Hz, 2H, Ar—H), 7.43~7.28 (m, 8H, Ar—H),7.27~7.14 (m, 7H, Ar—H), 7.13~7.03 (m, 6H, Ar—H), 4.82 (d, J = 12.5 Hz, 1H, H-1), 4.79~4.65 (m, 4H, PhCH$_2$—), 4.64~4.53 (m, 4H, PhCH$_2$—), 3.95~3.70 (m, 3H, H-4, H-6a, H-6b), 3.69~3.57 (m, 3H,H-5, H-3, H-2)

表4-11 目标化合物 2a~2h 的 IR 数据

化合物	IR(KBr), ν/cm^{-1}
2a	3441, 3027, 2920, 1605, 1466, 1358, 1052
2b	3449, 3060, 3027, 2876, 1626, 1496, 1471, 1361,1147, 1054
2c	3442, 3201, 3028, 2899, 1604, 1578, 1485, 1454,1392, 1282, 1220, 1126, 1062
2d	3442, 3201, 3028, 2899, 1604, 1578, 1485, 1454,1392, 1282, 1220, 1126, 1062
2e	3441, 3196, 3026, 2939, 1580, 1473, 1392, 1278,1207, 1062
2f	3441, 3028, 2067, 1751, 1605, 1574, 1475, 1365,1224, 1055
2g	3424, 3214, 3027, 2862, 1614, 1585, 1489, 1359,1263, 1197, 1060
2h	3441, 3299, 3026, 2867, 1583, 1492, 1468, 1453,1145, 1066

4.3.3.2　氨基葡萄糖 *N*-位修饰的三唑并噻二唑衍生物的波谱数据解析

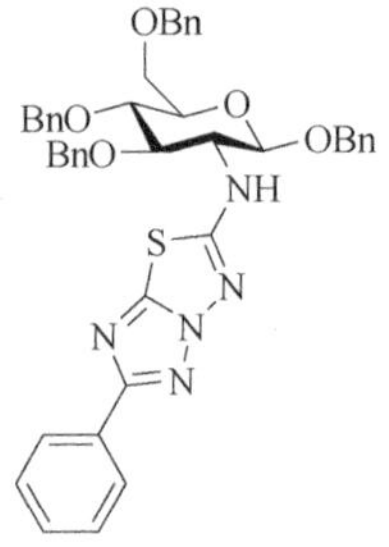

以 **2a** 为例进行分析，其结构见图 4-15。

图 4-15　**2a** 的结构式

产物结构经红外光谱、核磁氢谱、质谱证实，在红外谱图分析中，化合物在 3441cm^{-1} 处有吸收，且吸收峰较宽，此峰为—NH—的伸缩振动产生，在 2920 cm^{-1} 处出现吸收峰，此峰为苄基中的亚甲基的特征吸收，在 1605 cm^{-1} 处出现的较强吸收峰，为三唑并噻二唑环中的 C=N 的伸缩振动引起，在 1446 cm^{-1} 处出现的吸收峰则为芳环骨架振动引起，在 1052 cm^{-1} 处出现特征吸收峰，为糖环的—C—O—C—伸缩振动产生。

为进一步对合成的化合物进行证实，对得到的核磁氢谱进行分析。

目标化合物 **2a**: ^{1}H NMR (400MHz, DMSO-d$_6$), δ 8.69 (d, J = 8.6 Hz, 1H, N—H), δ 8.13 (d, J = 7.4 Hz, 2H, Ar—H), δ 7.52 (ddd, J = 11.1、9.6、6.0 Hz, 3H, Ar—H), δ 7.42~7.27 (m, 8H, Ar—H), δ 7.25~7.15 (m, 6H, Ar—H), δ 7.14~7.04 (m, 6H, Ar—H), δ 4.83 (d, J = 12.5 Hz, 1H, H1), δ4.79~4.67 (m, 4H, PhCH$_2$—), δ 4.64~4.53 (m, 4H, PhCH$_2$—), δ 3.90~3.57 (m, 6H, H2, H3,H4, H5, H6, H6')。

由以上数据可以看出，在 δ 8.69 处得到一个双重峰，此峰为与 C2 相连的 NH 的氢，由于此氢受到 C2 氢的偶合，裂分为双重峰，且由于此氢受到 C=N 的去屏蔽效应，化学位移值向低场移动，偶合常数为 8.6 Hz。在 δ 8.13 处出现了一个双重峰，且偶合常数为 7.4 Hz，可归属为与三唑并噻二唑相连苯环的氢，这两个氢受到环上 C=N 的影响，化学位移向低场移动。在 δ 7.52~7.04 之间的多重峰为苯环上的氢，因为苯环 π 电子环电流产生的感应磁场使苯环的氢处于去屏蔽区，所以化学位移在低场出现。在 δ4.83 处出现一个双重峰，此峰归属为糖环 C1 上的氢，由于与此氢相连接的碳与两个氧原子相连，与其他糖环氢相比，处在最低场，且此氢受到 C2 氢的偶合，产生双重峰，其偶合常数为 12.5 Hz，证明此糖环为 *β*-构型。在 δ 4.79~4.67 以及 δ 4.64~4.53 处出现的多重峰为苄基上的亚甲基的氢，由于亚甲基受到氧原子的吸电子作用，屏蔽效应降低，化学位移向低场移动。在 δ 3.90~3.57 则为糖环上的 6 个氢。

化合物 **2a**, ESI-HRMS 测得[M+H]$^+$为 740.2893，相应的理论值为 740.2901，

测定值与理论值基本一致，因此可进一步证实物质结构的正确性。

4.3.4　结果讨论

4.3.4.1　实验路线设计

　　由于三唑并噻二唑具有多种及潜在的生物医药活性，设想将三唑并噻二唑与氨基葡萄糖的 *N* 位连接，以期开发出具有较高生物活性的新物质。合成三唑并噻二唑的方法主要有两种：一是 3-取代-4-氨基-5-巯基-1,2,4-三氮唑与异硫氰酸酯反应制得，二是 3-取代-4-氨基-5-巯基-1,2,4-三氮唑与羧酸衍生物反应制得。由于糖环中引入羧基较为困难，且该反应条件较为苛刻，为此，选择第一种方法，将异硫氰酸酯引入糖基，经过不断试验探究，苄基保护的糖基异硫氰酸酯成功合成。从酰肼类化合物合成 3-取代-4-氨基-5-巯基-1,2,4-三氮唑已有文献报道，也已成功制备。将两种物质一起加热，最终得到目标产物。此方法不仅方便有效，而且操作简单，产率较高。最终合成出 8 种此类化合物。

4.3.4.2　实验条件优化

　　实验中以化合物 **2a** 反应为例，对实验中的反应摩尔比、溶剂、温度、时间等条件因素进行了优化，为合成此类化合物提供参考，以达到最佳产率（图 4-16）。

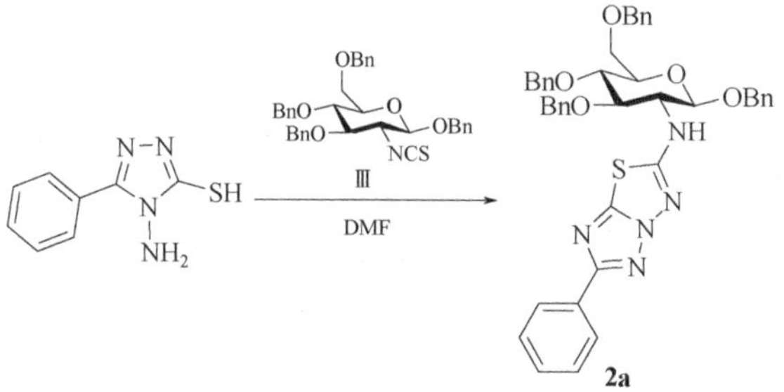

图 4-16　目标产物合成的条件优化

　　（1）反应摩尔比的优化

　　反应摩尔比对反应收率的影响较大，为探究反应中 3-苯基-4-氨基-5-巯基-1,2,4-三氮唑与糖基异硫氰酸酯的最佳反应摩尔比，实验中设置了对照实验，对实验中的溶剂、温度、时间进行限定，改变两种物质的摩尔比。两种物质的摩尔比与产率之间的关系如表 4-12 所示。

表 4-12　反应摩尔比与产率的关系

编号	$n(\text{III})$: n（三氮唑）	产率/%	编号	$n(\text{III})$: n（三氮唑）	产率/%
1	1 : 0.9	54	4	1 : 1.2	75
2	1 : 1.0	60	5	1 : 1.3	75
3	1 : 1.1	68			

实验中设置了 5 组不同的摩尔比，由上表可以看出，在化合物III与化合物三氮唑之间的摩尔比为 1：1.2 时，产率最佳，可以达到 75%。当摩尔比大于 1：1.2 时，产率都较小，可能因为在反应过程中，化合物III不能完全反应，而且在分离过程中带来麻烦。在反应摩尔比小于此值时，产率不再增加，可知，已完全反应，再增加化合物三氮唑的用量不仅会导致原料的浪费，而且导致分离困难。

（2）反应溶剂的优化

实验中，对选用的溶剂进行了优化，实验对两种物质的反应摩尔比、温度、时间等实验条件进行严格限定，改变溶剂的种类，以目标产物的产率为依据，对溶剂进行优化，不同溶剂与产率之间的关系如表 4-13 所示。

表 4-13　反应溶剂与产率的关系

编号	溶剂	产率/%	编号	溶剂	产率/%
1	DCM	0	4	DMF	75
2	DCE	8	5	EtOH	0
3	ACN	10	6	MeOH	0

实验中，对 6 种不同的溶剂进行了考察，由上表可以看出，此反应对溶剂的选择较为苛刻，当反应在非质子溶剂二氯甲烷（DCM）中进行时，没有进行反应得到目标产物，在 1,2-二氯甲烷（DCE）中时，收率非常低，可能由于实验要求的温度较高，这两种溶剂均不能达到所需实验温度。在选用偶极溶剂乙腈（ACN）时，由于该溶剂的沸点较低，温度也达不到反应温度，产率也较低。在选用 N,N-二甲基甲酰胺（DMF）为溶剂时，由于此溶剂对两种物质的溶解度都较大，且此溶剂的沸点高，能够达到反应所需温度，可以较高产率得到目标产物。在选用质子溶剂时，均没有得到目标产物，一方面由于溶剂沸点低，另

一方面质子溶剂有可能与底物反应生成杂质。因此，DMF为最佳的反应溶剂。

（3）反应温度的优化

由反应溶剂的优化中可知，此反应对温度的要求较高，为探究最佳的反应温度，实验中设置了对照实验，实验固定两种物质的反应摩尔比、溶剂、时间等条件因素，改变实验中的反应温度，以目标化合物的产率为标准，筛选出最佳的温度，实验温度与产率的关系列于表4-14中。

实验初期，将两种物质在室温下反应，经过长时间仍没有发生反应，尝试将温度提升至50 ℃，仍没有得到目标产物，再将温度提升至70 ℃，发现有目标产物出现，但产率很低。继续升高温度，由表可以看出，产率随温度的升高不断增加，在温度达到110 ℃时，产率达到最高，再继续提高温度，产率反而降低，这是由于再继续升高温度，糖环有部分糊化，变黑。因此反应温度不宜过高，最佳的反应温度为110 ℃。

表4-14　反应温度与产率的关系

编号	温度/℃	产率/%	编号	温度/℃	产率/%
1	25	NR	5	90	53
2	50	NR	6	100	64
3	70	10	7	110	75
4	80	35	8	120	68

（4）反应时间的优化

反应时间对反应产率有较大的影响，实验中为探究反应时间对产率的影响，实验过程中不断对反应进行检测，得出产率随时间变化的数据，如表4-15所示。

表4-15　反应时间与产率的关系

编号	时间/h	产率/%	编号	时间/h	产率/%
1	4	10	4	16	63
2	8	36	5	20	75
3	12	57	6	24	75

由上表可以看出，随时间的不断延长，产物产率不断增加，在20 h之前，反应没有完全，得到较低产率。当在20 h左右，反应基本完成，再增加反应时

间，产率不再变化，因此，反应已经结束，最佳反应时间为 20 h。

由上述几组实验可以看出，反应摩尔比、溶剂、温度、时间对目标产物的合成有较大的影响，通过实验可以得出合成此类化合物最佳的反应条件为：化合物Ⅲ与化合物三氮唑的反应摩尔比为 1∶1.2，以 DMF 为反应溶剂，在 110 ℃条件下反应 20h。

4.3.4.3　反应机理推测

异硫氰酸酯中含有氮、碳、硫三个原子，在三个原子中，氮原子的电负性大，因此，电子云密度较大，而使碳原子电子云密度较小带有部分正电荷，此时，3-取代-4-氨基-5-巯基-1,2,4-三氮唑中的氨基进攻异硫氰酸酯中的碳原子，形成一个硫脲中间体，随后，氮失去一质子，形成亚胺中间体，硫原子进攻三唑的碳氮双键，失去一分子硫化氢，形成目标产物（图 4-17）。

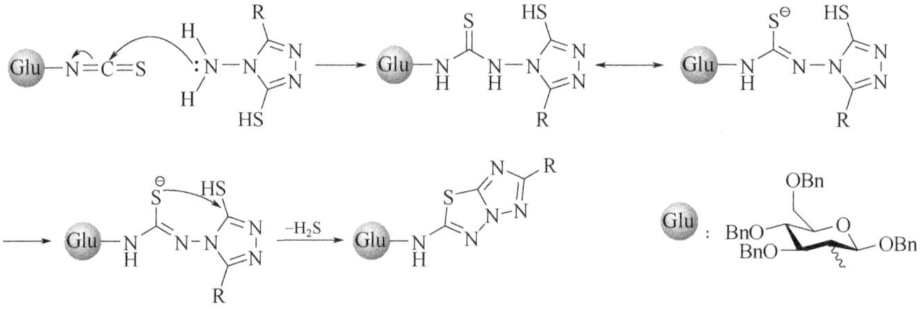

图 4-17　可能的反应机理

综上，鉴于五元杂环具有较多的生物活性，本节将两个五元杂环引入氨基葡萄糖中。实验中将苄基保护的糖基异硫氰酸酯与 3-取代-4-氨基-5-巯基-1,2,4-三唑直接反应得到目标化合物。实验中探讨了反应摩尔比、溶剂、温度、时间对目标产物产率的影响，得到最佳的反应条件为：化合物Ⅲ与化合物 3-取代-4-氨基-5-巯基-1,2,4-三唑的反应摩尔比为 1∶1.2，以 DMF 为反应溶剂，在 110 ℃条件下反应 20h。实验中使用多种不同的酰肼对底物进行扩展，使用杂环体系和苯环体系的酰肼，但无论使用哪种酰肼，最终都以较高产率得到目标化合物。实验中发现，苯环体系和杂环体系对产物产率影响较小，且在苯环体系中，无论是带有吸电子基团还是给电子基团，产率没有受较大影响。最终合成出 8 种目标化合物。产物经红外、核磁氢谱、质谱确证。

4.4 氨基葡萄糖 *N*-位修饰的脲噻二唑类衍生物的合成

4.4.1 合成路线

目标化合物合成路线图见图 4-18。

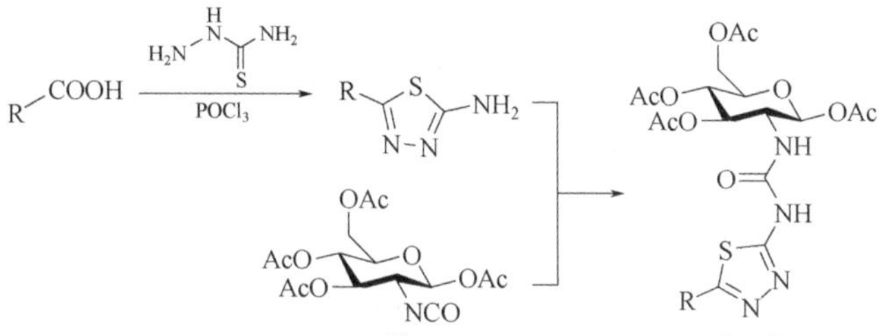

化合物	⅋R	化合物	⅋R	化合物	⅋R
3a	 H	3g	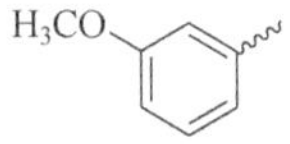 H₃CO- (间位苯环)	3m	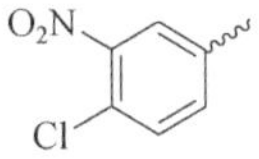 O₂N-, Cl-苯环
3b	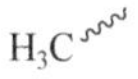 H₃C-	3h	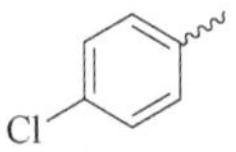 Cl-苯环(对位)	3n	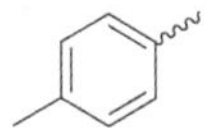 甲基苯环(对位)
3c	 丙基	3i	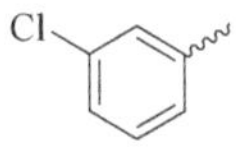 Cl-苯环(间位)	3o	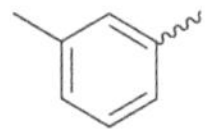 甲基苯环(间位)
3d	 异丁基	3j	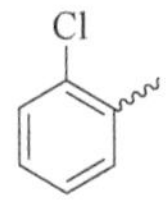 Cl-苯环(邻位)	3p	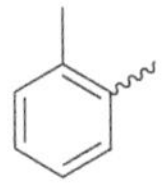 甲基苯环(邻位)
3e	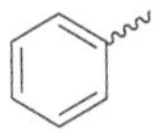 苯基	3k	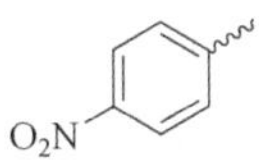 O₂N-苯环(对位)		
3f	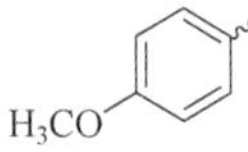 H₃CO-苯环(对位)	3l	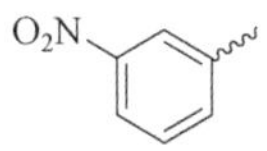 O₂N-苯环(间位)		

图 4-18 氨基葡萄糖脲噻二唑类衍生物的合成路线

4.4.2　实验步骤

取代的噻二唑胺的微波合成通法：将不同取代的酸（16.5 mmol）、氨基硫脲（16.5 mmol）混合均匀后加入 50 mL 三口烧瓶中，冰水浴，缓慢滴加三氯氧磷（66 mmol）并不断搅拌，加毕，油浴缓慢升温至 75 ℃，加热至固体全部溶解，转移到微波炉内，中低火加热，加热 10 min，共 5 次，每次 2 min，每次加热完冷却至室温。反应结束后缓慢滴加入冰水 10 mL，继续搅拌 30 min，反应液转移至烧杯中，用浓度 40% 的 NaOH 溶液调节 pH 值 8～9，有固体析出，抽滤，水洗涤两次，烘干，柱色谱得化合物（300～400 目，洗脱剂为：石油醚：乙酸乙酯 = 3∶2）。

O-(5-取代基-1,3,4-噻二唑-2-基)-*N*′-(1,3,4,6-四乙酰基-2-脱氧-*β*-D-吡喃糖-2-基)脲（**3a**～**3p**）的合成：5-取代噻二唑胺（1.5 mmol）和吡啶（5 mL）加入含化合物 V 的二氯甲烷溶液中，在 40 ℃条件下反应 20 min，反应完成后，除去二氯甲烷，加入水（50 mL），抽滤得粗产品。5-取代基为脂肪族时用 20% 的乙醇洗涤，为芳香族时用 60% 乙醇洗涤得纯品。

4.4.3　结果分析

4.4.3.1　氨基葡萄糖 *N*-位修饰的脲噻二唑类衍生物的性状及结构表征

实验中采用不同的酰肼首先在二硫化碳和氢氧化钾作用下成钾盐，随后，钾盐在水合肼和水的作用下成环，最后此环类化合物与糖基异硫氰酸酯直接反应得到目标化合物。实验中，在酰肼种类的选择上，主要考虑杂环酰肼、苯环酰肼对反应过程的影响；在苯环体系中，在取代基的选择上考虑了吸电子基与给电子基对反应的影响。共合成 16 种目标化合物，合成化合物的理化参数、IR、¹H NMR、ESI-HRMS 数据见表 4-16、表 4-17 及表 4-18。

表 4-16　目标化合物 3a～3p 的理化性质

化合物	产率/%	熔点/℃	化合物	产率/%	熔点/℃
3a	89	208～209	**3d**	85	203～205
3b	85	200～202	**3e**	88	204～205
3c	83	193～195	**3f**	80	210～212

化合物	产率/%	熔点/℃	化合物	产率/%	熔点/℃
3g	75	213～215	3l	74	224～226
3h	86	208～210	3m	80	234～235
3i	75	221～224	3n	89	228～231
3j	76	212～214	3o	86	208～210
3k	85	225～227	3p	86	192～195

表 4-17　目标化合物 3a～3p 的 ^{1}H NMR、^{13}C NMR 数据

化合物	^{1}H NMR(300 MHz, DMSO-d$_6$)，^{13}C NMR (DMSO-d$_6$, 75MHz) δ
3a	^{1}H NMR (DMSO-d$_6$，300 MHz)，δ: 11.09 (s, 1H，NH)，8.98 (s, 1H, CH)，6.68 (d, J = 7.9 Hz, 1H, NH)，5.94 (d, J = 8.5 Hz, 1H, H1)，5.39 (t, J = 9.9 Hz, 1H, H3)，4.90 (t, J = 9.5 Hz, 1H, H4)，4.17 (dd, J = 12.0、4.2 Hz, 1H，H6)，4.10～3.78 (m, 3H，H2，H5，H6')，1.96 (4s, 12H，4CH$_3$) ^{13}C NMR (DMSO-d$_6$, 75MHz)，δ: 170.81, 170.52, 170.07, 169.72, 161.10, 154.30, 148.65, 92.62, 72.92, 72.15, 68.90, 62.35, 54.26, 21.30, 21.27, 21.16, 21.09
3b	^{1}H NMR (DMSO-d$_6$, 300 MHz)，δ: 10.91 (s, 1H，NH)，6.67 (s, 1H, NH)，5.93 (d, J = 8.3 Hz, 1H, H1)，5.39 (t, J = 9.6 Hz, 1H, H3)，4.91 (t, J = 9.4 Hz, 1H, H4)，4.25～4.11 (m, 1H, H6)，4.11～3.78 (m, 3H, H2，H5，H6')，2.53 (s, 3H, CH$_3$)，1.98 (4s, 12H, 4CH$_3$) ^{13}C NMR (DMSO-d$_6$, 75MHz)，δ: 170.81, 170.50, 170.06, 169.70, 161.02, 159.06, 154.29, 92.65, 72.96, 72.15, 68.88, 62.34, 54.21, 21.29, 21.26, 21.15, 21.09, 15.53
3c	^{1}H NMR (DMSO-d$_6$，300 MHz)，δ: 10.94 (s, 1H, NH)，6.67 (s, 1H, NH)，5.94 (d, J = 8.7 Hz, 1H, H1)，5.40 (t, J = 9.9 Hz, 1H, H3)，4.91 (t, J = 9.6 Hz, 1H, H4)，4.18 (dd, J = 12.0、4.2 Hz, 1H，H6)，4.10～3.78 (m, 3H, H2，H5，H6')，2.91 (q, J = 7.5 Hz, 2H，—CH$_2$—)，1.98 (4s, 12H, 4CH$_3$)，1.25 (t, J = 7.5 Hz, 3H, CH$_3$) ^{13}C NMR (DMSO-d$_6$, 75MHz)，δ: 170.83, 170.52, 170.08, 169.73, 92.62, 72.92, 72.12, 68.85, 62.32, 54.18, 23..45, 21.29, 21.19, 21.12, 14.55
3d	^{1}H NMR (DMSO-d$_6$, 300 MHz)，δ: 10.96 (s, 1H, NH)，6.66 (s, 1H, NH)，5.94 (d, J = 8.5 Hz, 1H, H1)，5.40 (t, J = 9.8 Hz, 1H, H3)，4.91 (t, J = 9.5 Hz, 1H, H4)，4.19 (dd, J = 12.0、4.3 Hz, 1H, H6)，4.11～3.83 (m, 3H, H2，H5，H6')，2.16～1.77(4s, 12H, 4CH$_3$)，1.30 (d, J = 6.9 Hz, 6H, 2CH$_3$) ^{13}C NMR (DMSO-d$_6$, 75MHz)，δ: 170.83, 170.52, 170.08, 169.74, 92.61, 72.88, 72.11, 68.86, 62.31, 54.17, 30.50, 23.45, 21.30, 21.19, 21.13
3e	^{1}H NMR (DMSO-d$_6$, 300 MHz)，δ: 11.27 (s, 1H, NH)，8.03～7.78 (m, 2H, Ar—H)，7.62～7.40 (m, 3H, Ar—H)，6.76 (s, 1H, NH)，5.98 (d, J = 8.5 Hz, 1H, H1)，5.44 (t, J = 9.7 Hz, 1H, H3)，4.93 (t, J = 9.5 Hz, 1H, H4)，4.20 (dd, J = 12.0, 4.1 Hz, 1H, H6)，4.01 (dd, J = 26.5、14.2 Hz, 3H, H2, H5, H6')，1.99 (4s, 12H, 4CH$_3$) ^{13}C NMR (DMSO-d$_6$, 75MHz)，δ: 170.85, 170.45, 170.11, 169.73, 131.67, 130.70, 130.01, 127.25, 92.78, 73.11, 72.21, 68.91, 62.34, 54.45, 21.37, 21.32, 21.21, 21.15
3f	^{1}H NMR (DMSO-d$_6$, 300 MHz)，δ: 11.20 (s, 1H, NH)，7.82 (d, J = 8.7 Hz, 2H, ArH)，7.06 (d, J = 8.8 Hz, 2H, Ar—H)，6.74 (s, 1H, NH)，5.97 (d, J = 8.4 Hz, 1H, H1)，5.42 (t, J = 9.8 Hz, 1H, H3)，4.92 (t, J = 9.5 Hz, 1H, H4)，4.28～4.13 (m, 1H, H6)，4.13～3.87 (m, 3H, H2, H5, H6')，3.82 (s, 3H, CH$_3$O)，1.99 (4s, 12H, 4CH$_3$) ^{13}C NMR (DMSO-d$_6$, 75MHz)，δ: 170.84, 170.56, 170.10, 169.77, 161.64, 154.17, 128.98, 123.70, 115.45, 92.63, 72.92, 72.14, 68.86, 62.33, 56.15, 54.27, 21.35, 21.30, 21.19, 21.14
3g	^{1}H NMR (DMSO-d$_6$, 300 MHz)，δ: 11.33 (s, 1H, NH)，7.41 (t, J = 6.8 Hz, 3H, ArH)，7.12～7.00 (m, 1H, Ar—H)，6.77 (s, 1H, NH)，5.97 (d, J = 8.6 Hz, 1H, H1)，5.43 (t, J = 9.8 Hz, 1H, H3)，4.92 (t, J = 9.6 Hz, 1H, H4)，4.20 (dd, J = 12.2、4.3 Hz, 1H, H6)，4.11～3.89 (m, 3H, H2, H5, H6')，3.82 (d, J = 6.8 Hz, 3H, CH$_3$O)，1.99 (4s, 12H, 4CH$_3$) ^{13}C NMR (DMSO-d$_6$, 75MHz)，δ: 170.84, 170.57, 170.10, 169.77, 161.29, 160.43, 154.26, 132.40, 131.29, 120.02, 117.17, 111.89, 92.62, 72.90, 72.15, 68.87, 62.33, 56.07, 54.29, 21.35, 21.29, 21.18, 21.14

化合物	^{1}H NMR(300 MHz, DMSO-d$_6$), ^{13}C NMR (DMSO-d$_6$, 75MHz) δ
3h	^{1}H NMR (DMSO-d$_6$, 300 MHz), δ: 11.32 (s, 1H, NH), 7.91 (d, J = 8.5 Hz, 2H, Ar—H), 7.57 (d, J = 8.5 Hz, 2H, Ar—H), 6.77 (s, 1H, NH), 5.97 (d, J = 8.6 Hz, 1H, H1), 5.43 (t, J = 9.7 Hz, 1H, H3), 4.93 (t, J = 9.6 Hz, 1H, H4), 4.20 (dd, J = 12.0、4.2 Hz, 1H, H6), 4.12~3.82 (m, 3H, H2, H5, H6'), 1.99 (4s, 12H, 4CH$_3$) ^{13}C NMR (DMSO-d$_6$, 75MHz), δ: 170.83, 170.57, 170.09, 169.76, 161.34, 154.18, 135.64, 130.12, 130.00, 129.10, 92.61, 72.90, 72.15, 68.86, 62.32, 54.28, 21.34, 21.29, 21.18, 21.14
3i	^{1}H NMR (DMSO-d$_6$, 300 MHz), δ: 11.37 (s, 1H, NH), 7.94 (s, 1H, ArH), 7.84 (dd, J = 9.0、4.9 Hz, 1H, Ar—H), 7.63~7.49 (m, 2H, Ar—H), 6.78 (d, J = 7.6 Hz, 1H, NH), 5.98 (d, J = 8.6 Hz, 1H, H1), 5.44 (t, J = 9.8 Hz, 1H, H3), 4.93 (t, J = 9.6 Hz, 1H, H4), 4.20 (dd, J = 12.0、4.1 Hz, 1H, H6), 4.12~3.87 (m, 3H, H2, H5, H6'), 1.99 (4s, 12H, 4CH$_3$) ^{13}C NMR (DMSO-d$_6$, 75MHz), δ: 170.84, 170.58, 170.09, 169.77, 161.59, 154.17, 134.74, 133.07, 132.02, 130.85, 126.64, 126.31, 92.60, 72.89, 72.15, 68.86, 62.32, 54.29, 21.35, 21.30, 21.19, 21.15
3j	^{1}H NMR (DMSO-d$_6$, 300 MHz), δ: 11.32 (s, 1H, NH), 8.05 (dd, J = 7.2、2.2 Hz, 1H, Ar—H), 7.72~7.61 (m, 1H, Ar—H), 7.59~7.43 (m, 2H, Ar—H), 6.82 (d, J = 7.5 Hz, 1H, NH), 5.98 (d, J = 8.6 Hz, 1H, H1), 5.44 (t, J = 9.9 Hz, 1H, H3), 4.92 (t, J = 9.5 Hz, 1H, H4), 4.20 (dd, J = 12.0、4.1 Hz, 1H, H6), 4.11~3.84 (m, 3H, H2, H5, H6'), 1.99 (4s, 12H, 4CH$_3$) ^{13}C NMR (DMSO-d$_6$, 75MHz), δ: 170.84, 170.57, 170.09, 169.78, 162.81, 157.73, 154.39, 132.37, 131.70, 131.48, 131.35, 129.94, 128.62, 92.58, 72.87, 72.15, 68.89, 62.34, 54.33, 21.36, 21.30, 21.19, 21.15
3k	^{1}H NMR (DMSO-d$_6$, 300 MHz), δ: 11.50 (s, 1H, NH), 8.34 (d, J = 8.9 Hz, 2H, Ar—H), 8.18 (d, J = 8.9 Hz, 2H, Ar—H), 6.83 (s, 1H, NH), 5.98 (d, J = 8.8 Hz, 1H, H1), 5.44 (t, J = 9.8 Hz, 1H, H3), 4.93 (t, J = 9.6 Hz, 1H, H4), 4.20 (dd, J = 12.4、4.5 Hz, 1H, H6), 4.01 (q, J = 12.8 Hz, 3H, H5, H2, H6'), 1.99 (4s, 12H, 4CH$_3$) ^{13}C NMR (DMSO-d$_6$, 75MHz), δ: 170.89, 170.38, 170.14, 169.78, 127.17, 125.19, 93.19, 73.56, 72.22, 69.08, 62.39, 54.51, 21.43, 21.32, 21.21
3l	^{1}H NMR (DMSO-d$_6$, 300 MHz), δ: 11.46 (s, 1H, NH), 8.65 (s, 1H, Ar—H), 8.32 (d, J = 8.0 Hz, 2H, Ar—H), 7.81 (t, J = 8.0 Hz, 1H, Ar—H), 6.82 (s, 1H, NH), 5.98 (d, J = 8.4 Hz, 1H, H1), 5.45 (t, J = 9.5 Hz, 1H, H3), 4.94 (t, J = 9.5 Hz, 1H, H4), 4.32~4.12 (m, 1H, H6), 4.12~3.84 (m, 3H, H5, H2, H6'), 2.00 (4s, 12H, 4CH$_3$) ^{13}C NMR (DMSO-d$_6$, 75MHz), δ: 170.84, 170.58, 170.10, 169.77, 149.04, 133.83, 132.58, 131.86, 125.40, 121.36, 92.59, 72.88, 72.16, 68.86, 62.32, 54.30, 21.36, 21.30, 21.19, 21.15
3m	^{1}H NMR (DMSO-d$_6$, 300 MHz), δ: 11.48 (s, 1H, NH), 8.55 (s, 1H, Ar—H), 8.19 (d, J = 8.5 Hz, 1H, Ar—H), 7.89 (d, J = 8.5 Hz, 1H, Ar—H), 6.82 (s, 1H, NH), 5.98 (d, J = 8.4 Hz, 1H, H1), 5.44 (t, J = 9.7 Hz, 1H, H3), 4.94 (t, J = 9.6 Hz, 1H, H4), 4.33~4.13 (m, 1H, H6), 4.01 (dd, J = 24.1, 11.9 Hz, 3H, H5, H2, H6'), 1.99 (4s, 12H, 4CH$_3$) ^{13}C NMR (DMSO-d$_6$, 75MHz), δ: 170.84, 170.58, 170.10, 169.76, 162.22, 158.99, 154.08, 148.87, 133.33, 132.08, 131.36, 126.88, 123.82, 92.59, 72.88, 72.15, 68.84, 62.31, 54.30, 21.35, 21.30, 21.18, 21.15
3n	^{1}H NMR (DMSO-d$_6$, 300 MHz), δ: 11.21 (s, 1H, NH), 7.77 (d, J = 8.1 Hz, 2H, Ar—H), 7.32 (d, J = 8.1 Hz, 2H, Ar—H), 6.74 (s, 1H, NH), 5.97 (d, J = 8.6 Hz, 1H, H1), 5.43 (t, J = 9.8 Hz, 1H, H3), 4.92 (t, J = 9.5 Hz, 1H, H4), 4.20 (dd, J = 12.1、4.2 Hz, 1H, H6), 4.10~3.83 (m, 3H, H5, H2, H6'), 2.36 (s, 3H, Ar—CH$_3$), 1.99 (4s, 12H, 4CH$_3$) ^{13}C NMR (DMSO-d$_6$, 75MHz), δ: 170.84, 170.57, 170.09, 169.77, 160.68, 154.08, 140.99, 130.62, 128.43, 127.37, 92.62, 72.92, 72.14, 68.86, 62.33, 54.26, 21.73, 21.35, 21.30, 21.19, 21.15
3o	^{1}H NMR (DMSO-d$_6$, 300 MHz), δ: 11.26 (s, 1H, NH), 7.77~7.61 (m, 2H, Ar—H), 7.48~7.22 (m, 2H, Ar—H), 6.75 (d, J = 6.1 Hz, 1H, NH), 5.97 (d, J = 8.6 Hz, 1H, H1), 5.43 (t, J = 9.8 Hz, 1H, H3), 4.93 (t, J = 9.6 Hz, 1H, H4), 4.20 (dd, J = 12.0、4.2 Hz, 1H, H6), 4.11~3.81 (m, 3H, H5, H2, H6'), 2.37 (s, 3H, Ar—CH$_3$), 1.99 (4s, 12H, 4CH$_3$) ^{13}C NMR (DMSO-d$_6$, 75MHz), δ: 170.84, 170.57, 170.09, 169.76, 161.97, 160.91, 154.17, 139.48, 131.78, 131.06, 129.96, 127.91, 124.58, 92.63, 72.91, 72.15, 68.86, 62.32, 54.28, 21.62, 21.34, 21.29, 21.18, 21.14

化合物	¹H NMR(300 MHz, DMSO-d₆)，¹³C NMR (DMSO-d₆, 75MHz) δ
3p	¹H NMR (DMSO-d₆, 300 MHz), δ: 11.23 (s, 1H, NH), 7.63 (d, J = 7.5 Hz, 1H, Ar—H), 7.48～7.24 (m, 3H, Ar—H), 6.74 (s, 1H, NH), 5.98 (d, J = 8.6 Hz, 1H, H1), 5.44 (t, J = 9.8 Hz, 1H, H3), 4.92 (t, J = 9.5 Hz, 1H, H4), 4.20 (dd, J = 12.1、4.0 Hz, 1H, H6), 4.14～3.83 (m, 3H, H5, H2, H6'), 2.49 (s, 3H, Ar—CH₃), 1.99 (4s, 12H, 4CH₃) ¹³C NMR (DMSO-d₆, 75MHz), δ: 170.84, 170.58, 170.09, 169.78, 161.39, 154.16, 137.01, 132.24, 130.72, 130.56, 130.21, 127.20, 92.60, 72.88, 72.14, 68.87, 62.33, 54.28, 21.90, 21.36, 21.30, 21.19, 21.16

表 4-18　目标化合物 3a～3p 的 IR 数据

化合物	IR(KBr)，ν/cm⁻¹
3a	3304, 3247, 3107, 2963, 2873, 1744, 1687, 1544, 1511, 1439, 1369, 1320, 1218, 1079, 603
3b	3379, 3192, 2954, 1745, 1691, 1595, 1543, 1451, 1368, 1320, 1223, 1079, 598
3c	3379, 2973, 1753, 1697, 1544, 1453, 1368, 1319, 1226, 1077, 600
3d	3372, 2968, 1749, 1696, 1533, 1450, 1371, 1322, 1228, 1074, 605
3e	3375, 2960, 1755, 1688, 1653, 1564, 1448, 1370, 1233, 1079, 603
3f	3374, 2962, 2841, 1753, 1688, 1608, 1523, 1452, 1368, 1320, 1221, 1073, 604
3g	3375, 2962, 2839, 1752, 1693, 1583, 1529, 1482, 1447, 1372, 1319, 1222, 1074, 603
3h	3375, 2955, 1754, 1693, 1535, 1448, 1368, 1320, 1227, 1089, 600
3i	3373, 2722, 1754, 1686, 1526, 1445, 1368, 1320, 1222, 1072, 600
3j	3373, 2949, 1753, 1684, 1524, 1435, 1366, 1323, 1229, 1074, 603
3k	3377, 2940, 1754, 1686, 1527, 1439, 1346, 1232, 1076, 600
3l	3382, 2900, 1755, 1693, 1534, 1444, 1354, 1317, 1225, 1076, 601
3m	3378, 2954, 1754, 1539, 1442, 1366, 1316, 1226, 1044, 599
3n	3379, 2702, 1748, 1692, 1529, 1451, 1368, 1325, 1231, 1083, 622
3o	3376, 2955, 1753, 1540, 1448, 1368, 1319, 1223, 1042, 600
3p	3375, 2961, 1753, 1687, 1524, 1445, 1368, 1320, 1226, 1072, 602

4.4.3.2　氨基葡萄糖 N-位修饰的脲噻二唑类衍生物的波谱数据解析

以 3e 为例进行分析，3e 结构见图 4-19。

产物结构经红外光谱、核磁氢谱证实。在化合物 3e 的红外谱图分析中：在 3375 cm⁻¹ 处为结构中 N—H 伸缩振动吸收峰；在 2960 cm⁻¹ 处出现吸收峰，为乙酰基上甲基的不对称伸缩振动吸收峰；在 1688 cm⁻¹ 处出现吸收峰，为酰胺键上的 C＝O 伸缩振动吸收峰；在 1755 cm⁻¹ 处出现吸收峰，为乙酰基上 C＝O 的伸缩振动吸收峰；在 1564 cm⁻¹ 及 1448 cm⁻¹ 处出现吸收峰，为苯环的骨架振动

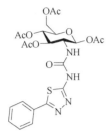

图 4-19 3e 的结构式

峰；在 1079 cm^{-1} 处出现吸收峰，为氨基葡萄糖环上吡喃醚的 C—O—C 键的不对称伸缩振动吸收峰。

为进一步对合成的化合物进行证实，对得到的核磁氢谱进行分析。

在核磁共振氢谱中：在 $\delta11.27$ 处出现一个单峰（1 个 H），为与噻二唑环相连氨基的特征吸收峰；在 $\delta6.76$ 处出现一个单峰（1 个 H），为与糖环相连氨基的特征吸收峰；在 $\delta5.98$ 处出现一个双峰（1 个 H），为苷羟基位置的特征吸收峰，其偶合常数 $J = 8.5$ Hz，说明糖环构型为 β-构型，$\delta5.44$ 处出现一个三峰（1 个 H），为 H3 的特征吸收峰；$\delta4.93$ 处出现一个三峰（1 个 H），为 H4 的特征吸收峰；在 $\delta2.04\sim1.92$ 出现了四个单峰（共 12 个 H）为乙酰基上甲基的特征吸收峰；$\delta8.03\sim7.78$ 处出现的一个多重峰（2 个 H）和 7.62$\sim$7.40 处出现的一个多重峰（2 个 H）为苯环上氢的特征吸收峰；其余氢的化学位移值和氢的数目与其结构相吻合。

4.4.4 结果讨论

2-氨基-1,3,4-噻二唑的合成条件优化，以 R 为苯基为例。

以苯甲酸、氨基硫脲、三氯氧磷为底物（1:1:3）分别在低火、中低火、中火、中高火、高火等五个不同功率，反应时间为 10min 来合成 **3e**，考察功率对反应的影响。实验结果表明，该反应在中低火获得的产率较高（表 4-19）。大功率反应时温度较高使得三氯氧磷挥发，从而苯甲酸并没有完全和氨基硫脲发生酰化反应。具体方法是在冰水浴条件下，向苯甲酸与氨基硫脲的混合物中缓慢滴加三氯氧磷，滴毕，缓慢升温至 75 ℃（回流），待固体溶解后，移入微波炉中反应，采用此方法反应后，产率有了大幅度提高。试验中也考察了反应时间对产率的影响（表 4-20）。

表 4-19 微波辐射下合成的功率的优化

编号	功率	时间/min	产率/%	编号	功率	时间/min	产率/%
1	低火	10	46	4	中高火	10	54
2	中低火	10	68	5	高火	10	40
3	中火	10	60				

表 4-20　微波辐射下合成的反应时间的优化

编号	功率	时间/min	产率/%	编号	功率	时间/min	产率/%
1	中低火	6	54	4	中低火	12	67
2	中低火	8	60	5	中低火	14	69
3	中低火	10	68				

　　另外，试验还考察了三氯氧磷用量对反应的影响，仍以苯甲酸、氨基硫脲为底物，实验结果列于表 4-21。发现当三氯氧磷与酸比值为 4 : 1 时，产率达到最佳值 82%，提高三氯氧磷用量对反应产率没有影响。因此，选择 4 : 1 作为最佳投料比。

表 4-21　微波辐射下合成的反应条件的优化

编号	POCl₃ : 酸 : 氨基硫脲	时间/min	产率/%
1	1 : 1 : 1	10	55
2	2 : 1 : 1	10	61
3	3 : 1 : 1	10	70
4	4 : 1 : 1	10	82
5	5 : 1 : 1	10	81

　　通过对反应条件的优化，选择功率为中低火，三氯氧磷 : 酸 ＝ 4 : 1，时间为 10min 作为优化的反应条件。在此条件下，合成了一系列 2-氨基-1,3,4-噻二唑衍生物（表 4-22）。

表 4-22　微波辐射下 2-氨基-1,3,4-噻二唑衍生物的合成

编号	R	熔点/℃	产率/%
1	H	193~195	55
2	Me	203~205	60
3	Et	192~194	66
4	iso-Pr	185~187	62
5	phenyl	231~233	82
6	4-methoxyphenyl	190~192	87
7	3-methoxyphenyl	157~159	81
8	4-chlorophenyl	236~238	91
9	3-chlorophenyl	211~213	90
10	2-chlorophenyl	191~193	73
11	4-nitrophenyl	261~263	84

编号	R	熔点/℃	产率/%
12	3-nitrophenyl	218～220	81
13	4-chloro-3-nitrophenyl	190～192	82
14	4-methylphenyl	224～226	84
15	3-methylphenyl	174～176	78
16	2-methylphenyl	193～195	80

N-(5-取代基-1,3,4-噻二唑-2-基)-N'-(1,3,4,6-四乙酰基-2-脱氧-β-D-吡喃糖-2-基)脲的合成条件的优化：以 5-苯基噻二唑胺和 2-脱氧-2-异氰酸酯-1,3,4,6-四乙酰基-β-D-吡喃糖为原料，对反应条件进行了简单的筛选（表 4-23）。

表 4-23　产物 3 反应条件优化

编号	溶剂	温度/℃	时间/min	产率/%
1	CH₂Cl₂/H₂O	25	20	46
2	CH₂Cl₂	40	20	76
3	CH₂Cl₂/Pyridine	40	20	88

从表中可以看出当使用二氯甲烷∶吡啶（18∶5，体积比）的混合溶剂时产率最高。原因是二氯甲烷-吡啶能够使 2-氨基-1,3,4-噻二唑溶解，这样不同反应物在均相中反应时，增大了接触表面积，加快了反应，使分子之间作用更加有效。

在以二氯甲烷和吡啶混合液为溶剂，反应温度为 40 ℃，反应时间为 20min 条件下，合成了一系列的含有不同取代基的 N-(5-取代基-1,3,4-噻二唑-2-基)-N'-(1,3,4,6-四乙酰基-2-脱氧-β-D-吡喃糖-2-基)脲，该反应适用范围非常广泛。以 5-芳基-2-氨基-1,3,4-噻二唑和糖异氰酸酯获得了目标化合物 **3e～3p**，产率为 74%～89%；同时，5-脂肪基-2-氨基-1,3,4-噻二唑在相同的条件下也体现了很好的活性，产率也很高，后处理方便，为合成该类化合物提供了一种简单、省时、有效的合成方法。

综上，本节研究了用羟基乙酰化保护的氨基葡萄糖盐酸盐、固体光气以及 2-氨基-5-取代基-1,3,4-噻二唑为原料，采用简单的方法合成了 N-(5-取代基-1,3,4-噻二唑-2-基)-N'-(1,3,4,6-四乙酰基-2-脱氧-β-D-吡喃糖-2-基)脲。该合成方法具有反应时间短，仅为 20min，条件温和以及后处理简便的特点。另外该方法避免了不稳定中间体 2-脱氧-2-异氰酸酯-1,3,4,6-四乙酰基-β-D-吡喃糖的分离，减少了损失。此外，对中间体 2-氨基-5-取代基-1,3,4-噻二唑的合成工艺进行了优化，缩短了反应时间。该合成方法为这类化合物的合成提供新的借鉴。

4.5 氨基葡萄糖单元的 1,3,4-噻二唑类衍生物的合成

4.5.1 合成路线

目标化合物合成路线图见图 4-20。

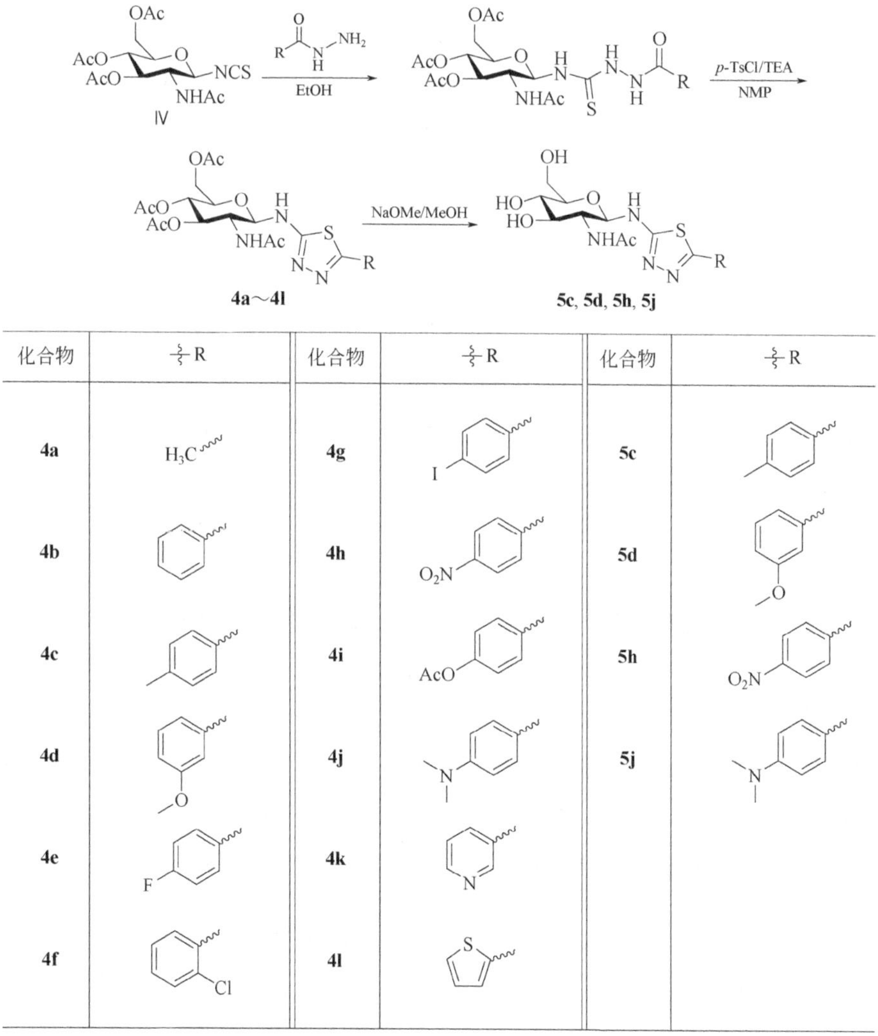

化合物	⅔R	化合物	⅔R	化合物	⅔R
4a	H₃C	4g	I	5c	
4b		4h	O₂N	5d	
4c		4i	AcO	5h	O₂N
4d		4j		5j	
4e	F	4k	N		
4f	Cl	4l	S		

图 4-20 *N*-糖基-1,3,4-噻二唑-2-胺类衍生物的合成路线

4.5.2　实验步骤

N-(2-乙酰氨基-3,4,6-三-*O*-乙酰基-2-脱氧-*β*-D-吡喃糖)-*N*′-酰氨基硫脲的合成：分别取中间体Ⅳ（1 g，2.6 mmol）和酰肼类化合物（2.6 mmol）置于 50 mL 的圆底烧瓶中，加入 15 mL 乙醇，加热回流，TLC 跟踪反应至完全，减压浓缩至糖浆，然后加入适量热的乙醇水溶液至刚好溶解糖浆，冷却，放置重结晶，得化合物。

N-(2-乙酰氨基-3,4,6-三-*O*-乙酰基-2-脱氧-*β*-D-吡喃糖)-5-取代-1,3,4-噻二唑-2-胺（**4a**～**4l**）的合成：取上步所得酰胺基硫脲化合物（1 mmol）、对甲苯磺酰氯（0.21 g，1.1 mmol）、三乙胺（0.26 ml，2.2 mmol），置于 50 mL 的圆底烧瓶中，加入 10 mL *N*-甲基吡咯烷酮，在室温下磁力搅拌反应，TLC 跟踪反应至完全，然后向反应液中加入二氯甲烷（15 mL）和蒸馏水（15 mL）进行萃取，重复 2～3 次，除去水层，有机相经无水硫酸镁干燥，减压蒸馏得粗产品，硅胶柱色谱（洗脱剂：MeOH：DCM＝1：100）得化合物 **4**。

N-(2-乙酰氨基-2-脱氧-*β*-D-吡喃糖)-5-取代-1,3,4-噻二唑-2-胺（**5**）的合成：向配有恒压漏斗的 50 mL 的三口烧瓶中加入化合物 **4**（1 mmol）和 10 mL 甲醇，磁力搅拌 5 min 使其溶解，再向反应液中缓慢滴加含有甲醇钠（0.17 g，3.2 mmol）的甲醇（5 mL）溶液，于室温下反应 2.5 h 后，用 Amberlite IR-120 阳离子交换树脂中和，过滤，滤液减压蒸馏得化合物 **5**。

4.5.3　结果分析

4.5.3.1　氨基葡萄糖单元的 1,3,4-噻二唑类衍生物的性状及结构表征

实验采用对甲苯磺酰氯与三乙胺脱水环合体系，合成了一系列不同取代的1,3,4-噻二唑氨基葡萄糖衍生物，并考察了不同取代基如脂肪族基团与芳香族基团对反应的影响。同时，实验也对保护基进行了选择性脱除。合成化合物的理化参数、IR、^{1}H NMR、ESI-HRMS 数据见表 4-24、表 4-25 及表 4-26。

表 4-24　目标化合物的理化性质

化合物	外观	产率/%	熔点/℃	MS（*m*/*z*）
4a	白色固体	81	209～210	467.1202[M+Na]$^+$
4b	白色固体	84	225～226	507.1554[M+H]$^+$

化合物	外观	产率/%	熔点/℃	MS（*m/z*）
4c	白色固体	89	207~208	521.1703[M+H]+
4d	白色固体	86	208~209	537.1662[M+Na]+
4e	白色固体	89	206~207	547.1269[M+Na]+
4f	白色固体	78	198~199	563.0970[M+Na]+
4g	白色固体	82	232~233	655.0316[M+Na]+
4h	黄色固体	83	117~118	574.1208[M+Na]+
4i	白色固体	76	232~233	587.1410[M+Na]+
4j	白色固体	88	197~198	572.1776[M+Na]+
4k	黄色固体	77	197~198	530.1320[M+Na]+
4l	白色固体	65	201~202	535.0930[M+Na]+
5c	白色固体	90	156~157	417.1202[M+Na]+
5d	白色固体	88	101~102	433.1150[M+Na]+
5h	黄色固体	81	175~176	448.0895[M+Na]+
5j	白色固体	84	175~176	446.1468[M+Na]+

表 4-25　目标化合物的 ^{1}H NMR 数据

化合物	^{1}H NMR(400 MHz, DMSO-d_6/D$_2$O)，δ
4a	^{1}H NMR (400 MHz, DMSO-d_6), δ: 8.33 (d, J = 9.3 Hz, 1H, NH), 8.06 (d, J = 9.0 Hz, 1H, NH), 5.20 (t, J = 8.6 Hz, 1H, H1), 5.15 (t, J = 8.9 Hz, 1H, H3), 4.85 (t, J = 9.8 Hz, 1H, H4), 4.20 (dd, J = 12.4、4.4 Hz, 1H, H6), 3.97~3.86 (m, 3H, H2, H5, H6'), 1.98~1.74 (4s, 12H, 4CH$_3$), 1.24 (s, 3H, CH$_3$)
4b	^{1}H NMR (400 MHz, DMSO-d_6), δ: 8.77 (d, J = 9.1 Hz, 1H, NH), 8.12 (d, J = 9.0 Hz, 1H, NH), 7.79 (dd, J = 7.2, 2.3 Hz, 2H, Ar—H), 7.48 (m, 3H, Ar—H), 5.31 (t, J = 9.5 Hz, 1H, H1), 5.19 (t, J = 9.9 Hz, 1H, H3), 4.88 (t, J = 9.8 Hz, 1H, H4), 4.22 (dd, J = 12.4、4.1 Hz, 1H, H6), 3.99~3.91 (m, 3H, H2, H5, H6'), 1.99~1.76 (4s, 12H, 4CH$_3$)
4c	^{1}H NMR (400 MHz, DMSO-d_6), δ: 8.70 (d, J = 9.2 Hz, 1H, NH), 8.11 (d, J = 9.0 Hz, 1H, NH), 7.67 (d, J = 8.1 Hz, 2H, Ar—H), 7.29 (d, J = 8.1 Hz, 2H, Ar—H), 5.29 (t, J = 9.4 Hz, 1H, H1), 5.18 (t, J = 9.8 Hz, 1H, H3), 4.88 (t, J = 9.7 Hz, 1H, H4), 4.22 (dd, J = 12.4、4.3 Hz, 1H, H6), 3.99~3.90 (m, 3H, H2, H5, H6'), 2.35 (s, 3H, CH$_3$), 1.98~1.76 (4s, 12H, 4CH$_3$)
4d	^{1}H NMR (400 MHz, DMSO-d_6), δ: 8.77 (d, J = 9.1 Hz, 1H, NH), 8.10 (d, J = 9.0 Hz, 1H, NH), 7.41 (d, J = 8.0 Hz, 1H, Ar—H), 7.33 (t, J = 4.4 Hz, 2H, Ar—H), 7.06 (m, 1H, Ar—H), 5.29 (t, J = 9.4 Hz, 1H, H1), 5.19 (t, J = 9.8 Hz, 1H, H3), 4.88 (t, J = 9.7 Hz, 1H, H4), 4.22 (dd, J = 12.4、4.4 Hz, 1H, H6), 3.99~3.91 (m, 3H, H2, H5, H6'), 3.82 (s, 3H, CH$_3$), 1.99~1.76 (4s, 12H, 4CH$_3$)
4e	^{1}H NMR (400 MHz, DMSO-d_6), δ: 8.74 (d, J = 9.1 Hz, 1H, NH), 8.09 (d, J = 9.0 Hz, 1H, NH), 7.84 (m,2H, Ar—H), 7.33 (t, J = 8.8 Hz, 2H, Ar—H), 5.30 (t, J = 9.4 Hz, 1H, H1), 5.19 (t, J = 9.8 Hz, 1H, H3), 4.88 (t, J = 9.7 Hz, 1H, H4), 4.22 (dd, J = 12.4、4.4 Hz, 1H, H6), 4.00~3.92 (m, 3H, H2, H5, H6'), 1.99~1.76 (4s, 12H, 4CH$_3$)
4f	^{1}H NMR (400 MHz, DMSO-d_6), δ: 8.78 (d, J = 9.2 Hz, 1H, NH), 8.10 (d, J = 9.0 Hz, 1H, NH), 7.99 (m,1H, Ar—H), 7.64 (m, 1H, Ar—H), 7.51 (m, 2H, Ar—H), 5.33 (t, J = 9.4 Hz, 1H, H1), 5.19 (t, J = 9.8 Hz, 1H, H3), 4.89 (t, J = 9.7 Hz, 1H, H4), 4.22 (dd, J = 12.4, 4.4 Hz, 1H, H6), 4.00~3.93 (m, 3H, H2, H5, H6'), 1.99~1.76 (4s, 12H, 4CH$_3$)

化合物	¹H NMR(400 MHz, DMSO-d₆/D₂O)，δ
4g	¹H NMR (400 MHz, DMSO-d₆), δ: 8.81 (d, J = 9.0 Hz, 1H, NH), 8.11 (d, J = 9.0 Hz, 1H, NH), 7.86 (d, J= 8.6 Hz, 2H, Ar—H), 7.59 (d, J = 8.6 Hz, 2H, Ar—H), 5.31 (t, J = 9.4 Hz, 1H, H1), 5.19 (t, J = 9.7 Hz, 1H, H3), 4.89 (t, J = 9.9 Hz, 1H, H4), 4.22 (dd, J = 12.4、4.4 Hz, 1H, H6), 4.01~3.92 (m, 3H, H2, H5, H6'), 1.99~1.76 (4s, 12H, 4CH₃)
4h	¹H NMR (400 MHz, DMSO-d₆), δ: 9.01 (d, J = 9.0 Hz, 1H, NH), 8.33 (m, 2H, Ar—H), 8.08 (m, 3H, NH, Ar—H), 5.35 (t, J = 9.3 Hz, 1H, H1), 5.20 (t, J = 9.8 Hz, 1H, H3), 4.90 (t, J = 9.7 Hz, 1H, H4), 4.22 (dd, J = 12.4、4.4 Hz, 1H, H6), 4.02~3.96 (m, 3H, H2, H5, H6'), 1.99~1.76 (4s, 12H, 4CH₃)
4i	¹H NMR (400 MHz, DMSO-d₆), δ: 8.75 (d, J = 9.1 Hz, 1H, NH), 8.09 (d, J = 9.0 Hz, 1H, NH),7.84 (m, 2H, Ar—H), 7.26 (m, 2H, Ar—H), 5.31 (t, J = 9.4 Hz, 1H, H1), 5.19 (t, J = 9.8 Hz, 1H, H3), 4.89 (t, J = 9.7 Hz, 1H, H4), 4.22 (dd, J = 12.4、4.4 Hz, 1H, H6), 3.99~3.91 (m, 3H, H2, H5, H6'), 2.31 (s, 3H, CH₃), 1.99~1.76 (4s, 12H, 4CH₃)
4j	¹H NMR (400 MHz, DMSO-d₆), δ: 8.50 (d, J = 9.2 Hz, 1H, NH), 8.09 (d, J = 8.9 Hz, 1H, NH), 7.58 (d, J = 8.9 Hz, 2H, Ar—H), 6.76 (d, J = 9.0 Hz, 2H, Ar—H), 5.26 (t, J = 9.4 Hz, 1H, H1), 5.16 (m, 1H, H3), 4.87 (dd, J = 11.5、8.5 Hz, 1H, H4), 4.21 (m, 1H, H6), 4.00~3.93 (m, 3H, H2, H5, H6'), 2.98 (s, 6H, CH₃), 1.99~1.75 (4s, 12H, 4CH₃)
4k	¹H NMR (400 MHz, DMSO-d₆), δ: 8.98 (d, J = 2.1 Hz, 1H, pyridine), 8.89 (d, J = 9.0 Hz, 1H, NH), 8.65 (dd, J= 4.8、1.5 Hz, 1H, pyridine), 8.18 (m, 1H, pyridine), 8.13 (d, J = 9.0 Hz, 1H, NH), 7.53 (dd, J = 7.9、4.8 Hz, 1H, pyridine), 5.33 (t, J = 9.3 Hz, 1H, H1), 5.19 (t, J = 9.9 Hz, 1H, H3), 4.89 (t, J = 9.8 Hz, 1H, H4), 4.23 (dd, J = 12.4、4.3 Hz, 1H, H6), 4.00~3.93 (m, 3H, H2, H5, H6'), 1.99~1.76 (4s, 12H, 4CH₃)
4l	¹H NMR (400 MHz, DMSO-d₆), δ: 8.76 (d, J = 9.1 Hz, 1H, NH), 8.10 (d, J = 9.0 Hz, 1H, NH), 7.68 (dd, J = 5.1、1.1 Hz, 1H, thiophene), 7.50 (dd, J = 3.7、1.1 Hz, 1H, thiophene), 7.15 (dd, J = 5.1、3.7 Hz, 1H, thiophene), 5.27 (t, J = 9.4 Hz, 1H, H1), 5.18 (t, J = 9.8 Hz, 1H, H3), 4.88 (t, J = 9.8 Hz, 1H, H4), 4.22 (dd, J = 12.4、4.5 Hz, 1H, H6), 4.00~3.91 (m, 3H, H2, H5, H6'), 1.99~1.76 (4s, 12H, 4CH₃)
5c	¹H NMR (400 MHz, D₂O, δ: 7.66 (d, J = 8.1 Hz, 2H, Ar—H), 7.29 (d, J = 8.0 Hz, 2H, Ar—H), 4.81 (t, J = 8.7 Hz, 1H, H1), 3.66~3.15 (m, 6H, H2, H3, H4, H5, H6), 2.34(s, 3H, CH₃), 1.81 (s, 3H, CH₃)
5d	¹H NMR (400 MHz, D₂O, δ: 7.39 (m, 1H, Ar—H), 7.32 (m, 2H, Ar—H), 7.03 (m, 1H, Ar—H), 4.85 (t, J = 9.0 Hz, 1H, H1), 3.76~3.21 (m, 6H, H2, H3, H4, H5, H6), 3.80 (s, 3H, CH₃), 1.82 (s, 3H, CH₃)
5h	¹H NMR (400 MHz, D₂O, δ: 8.30 (m, 2H, Ar—H), 8.10 (m, 2H, Ar—H), 4.92 (t, J = 8.9 Hz, 1H, H1), 3.81~3.26 (m, 6H, H2, H3, H4, H5, H6), 1.84 (s, 3H, CH₃)
5j	¹H NMR (400 MHz, D₂O, δ: 7.63 (d, J = 7.3 Hz, 2H , Ar—H), 6.83 (d, J = 7.3 Hz, 2H, Ar—H), 4.91 (t, J = 9.4 Hz, 1H, H1), 3.81~3.26 (m, 6H, H2, H3, H4, H5, H6), 3.02 (s, 6H, CH₃), 1.90 (s, 3H, CH₃)

表 4-26　目标化合物的 IR 数据

化合物	IR(KBr)，ν/cm⁻¹
4a	3328, 2928, 1749, 1662, 1242, 1040, 912
4b	3256, 3055, 2925, 1745, 1670, 1500, 1552, 1467, 1373, 1241, 1037, 907
4c	3307, 3060, 2924, 1747, 1660, 1227, 1037, 916
4d	3269, 3066, 2936, 1747, 1668, 1231, 1042, 907
4e	3269, 3066, 2936, 1747, 1668, 1231, 1042, 907
4f	3332, 3064, 2930, 1748, 1663, 1234, 1039, 914
4g	3348, 3058, 2927, 1743, 1661, 1229, 1041, 917
4h	3422, 3046, 2927, 1749, 1662, 1230, 1041, 912
4i	3382, 3061, 2936, 1750, 1666, 1231, 1040, 909

化合物	IR(KBr), ν/cm^{-1}
4j	3429, 3041, 2927, 1748, 1662, 1236, 1042, 910
4k	3426, 3056, 2930, 1749, 1663, 1235, 1040, 910
4l	3418, 3053, 2926, 1745, 1668, 1234, 1037, 911
5c	3414 , 2928, 1626, 1574, 1074, 816
5d	3416 , 2934, 1629, 1575, 1044, 847
5h	3430 , 2926, 1634, 1048, 847
5j	3412 , 2925, 1627, 1074, 847

4.5.3.2 氨基葡萄糖单元的1,3,4-噻二唑类衍生物的波谱数据解析

以 **4b** 为例进行分析，结构见图4-21。

产物结构经红外光谱、核磁氢谱、质谱证实。

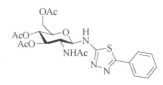

图4-21 **4b** 的结构式

在红外谱图分析中，化合物 **4b** 的红外光谱：在 3256 cm^{-1} 处出现吸收峰，为 2 种亚氨基（N—H）的特征吸收；在 1745 cm^{-1} 附近出现很强的吸收，为乙酰基上羰基（C＝O）的伸缩振动特征吸收峰，而酰胺键上的羰基（C＝O）则在 1670 cm^{-1} 处出现中等强度的伸缩振动特征吸收；在 1552 cm^{-1}、1373 cm^{-1} 处出现了噻二唑环上 C＝N 与 N—N＝C 的特征吸收峰；在 1241 cm^{-1} 处出现极强的吸收峰，为酯键上 C—O 的特征吸收；乙酰基上甲基在 2925 cm^{-1} 处出现特征吸收峰；在 1037 cm^{-1} 处出现特征吸收，为糖环上吡喃醚的 C—O—C 键的伸缩振动吸收峰；在 910 cm^{-1} 左右出现特征吸收，则说明糖环为 β-构型；在 3055 cm^{-1}、1500 cm^{-1}、1467 cm^{-1} 处出现吸收，为苯环骨架振动特征吸收峰。而在脱保护化合物 **5b** 中，在 3440 cm^{-1} 处出现宽而强的羟基特征吸收峰，从而掩蔽了亚胺 N—H 的特征吸收，其中在 1750 cm^{-1} 附近乙酰基上羰基特征吸收峰的消失，证实了羟基保护基脱除，其他特征吸收峰依然存在。

为进一步对合成的化合物进行证实，对得到的核磁氢谱进行分析。

在核磁共振氢谱（^{1}H NMR）中：在 δ 1.99～1.76 范围内出现四个单峰（12H），为糖环上乙酰基中 4 个甲基氢的特征吸收；在 δ 5.31～3.91 范围内出现多重峰，为糖环上氢的特征吸收峰，其中糖环上 C1—H 由于受到 N、O 的去屏蔽作用，化学位移向低场移动达到最大值，并且受到 C2—H 和 N—H 的偶合，裂分为三重峰，其偶合常数 $J = 9.5$ Hz，说明糖环为 β-构型；糖环上乙酰氨基中 N—H 的

特征吸收在 $\delta 8.12$ 处出现，并且裂分为双重峰，偶合常数 $J = 9.0$ Hz；而与糖环和噻二唑环相连的 N—H 共振吸收峰则在 $\delta 8.77$ 出现，由于其受到糖环和噻二唑环的影响，化学位移移向低场；在 $\delta 7.79\sim 7.48$ 范围内出现多重峰，为苯环上 5 个 H 的特征吸收峰；对于脱保护化合物 **5b**，化学位移在 1.78 左右只有一个单峰存在，为乙酰氨基中甲基的共振吸收，说明了糖环上乙酰基保护已被脱除，其余糖环氢变化不大。

对化合物 **4b**，ESI-HRMS 测得 $[M+H]^+$ 为 507.1554，相应的理论值为 507.1544，测定值与理论值基本一致，因此可进一步证实物质结构的正确性。

4.5.4 结果讨论

4.5.4.1 实验方案设计

设想以糖基酰氨基硫脲类化合物为环和中间体，考虑以对甲苯磺酰氯作为激活离去基团。传统的环合试剂如 $POCl_3$、KOH/CS_2 体系、浓 H_2SO_4、浓 H_3PO_4、$FeCl_3$ 以及三氟乙酸酐等，虽然有些是常用的，但是大都存在一个或者多个缺点，如反应条件苛刻、环合时间较长、副产物较多、催化剂昂贵、底物使用范围较窄以及对环境不友好等。考虑到反应条件对羟基和氨基保护基的影响，经过多次试验尝试，仍以对甲苯磺酰氯作为激活离去基团，选择三乙胺作为催化剂，在极性非质子溶剂 N-甲基吡咯烷酮中，于室温下脱水环合得到了目标化合物 **4**。并且实验在甲醇钠/甲醇体系中选择性脱除羟基保护基，得到了脱保护化合物 **5**。

4.5.4.2 实验条件优化

实验选择 N-(2-乙酰氨基-3,4,6-三-O-乙酰基-2-脱氧-β-D-吡喃糖)-N'-苯基酰氨基硫脲为反应底物，考察了环合试剂、催化剂、反应摩尔比、反应温度、反应溶剂以及反应时间对目标产物（**4b**）的影响，并筛选出了最佳反应条件。反应路线如图 4-22 所示。

（1）环合试剂及催化剂的选择

实验在固定反应摩尔比、温度、溶剂及时间的条件下，通过改变环合试剂及催化剂的种类，以目标产物 **4b** 的产率为标准，以期探索该反应的最佳环合试剂及催化剂。如表 4-27 所示。

实验选择了三甲基氯硅烷（TMSCl）、乙酸酐（Ac₂O）以及三氯化铁（$FeCl_3$）

作为环合试剂。结果如上表（1～3）所示，只有在 FeCl₃ 作用下，得到了目标产物，但是收率太低，仅有 4%，而在 TMSCl 与 AC₂O 作用下，却没有得到产物，可能原因是两者作为羰基活化试剂，活性较弱。以乙酰氯（CH₃COCl）为环合试剂，得到了 51% 的收率，但是副产物太多，处理困难。随后，选择了对甲苯磺酰氯体系作为环合试剂。结果如表中所示，当以三乙胺作为催化剂时，收率达到最大，为 84%。而当以吡啶和 Na₂CO₃ 为催化剂时得到了较低的收率，分别为 38% 与 12%。

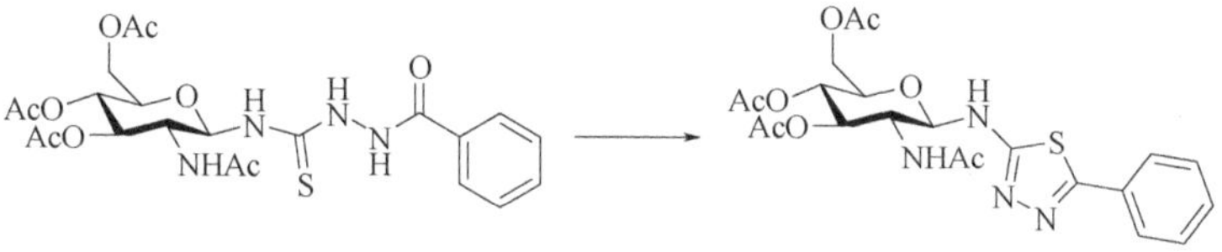

图 4-22　目标产物 4b 的合成工艺条件优化步骤

表 4-27　环合试剂及催化剂的选择

编号	环合试剂（1）/催化剂（2）	产率/%①	编号	环合试剂（1）/催化剂（2）	产率/%①
1	TMSCl	NR②	5	p-TsCl	42
2	Ac₂O	NR②	6	p-TsCl/TEA	84
3	FeCl₃	4	7	p-TsCl/ pyridine	38
4	CH₃COCl	51	8	p-TsCl/ Na₂CO₃	12

注：n(底物)：n(1)：n(2) = 1：1.1：2.2，溶剂为 N-甲基吡咯烷酮（NMP），T = 25 ℃，2.5 h。
① 分离产率。
② 无反应。

（2）反应摩尔比的优化

实验在固定反应温度、溶剂以及时间的条件下，通过改变底物、p-TsCl 和三乙胺（TEA）的摩尔比，以目标产物 4b 的收率为标准，以期探索该反应的最佳摩尔比。如表 4-28 和图 4-23 所示。

实验发现，p-TsCl 与 TEA 的用量对反应产率影响很大，由表中数据可知当底物、p-TsCl 和 TEA 按照 1：1.1：2.2 的摩尔比反应时，产率达到最大，为 84%。若改变反应摩尔比时，如表中（1～4）所示，产率最大为 76%，且有部分底物没有转化为目标产物。若增大 p-TsCl 和 TEA 用量，如表中（6、7）所示，4b 产率并未明显增加，且底物已经反应完全，如若继续增大 p-TsCl 和 TEA 用量，不仅造成浪费，也给后处理带来困难。

表 4-28　反应摩尔比的优化

编号	n（底物）：n（p-TsCl）：n（TEA）	产率/%[①]	编号	n（底物）：n（p-TsCl）：n（TEA）	产率/%[①]
1	1：0.9：1	41	5	1：1.1：2.2	84
2	1：1：1	50	6	1：1.2：2.2	84
3	1：1：1.5	63	7	1：1.2：2.4	84
4	1：1.1：1.8	76			

注：溶剂为 NMP，$T = 25$ ℃，2.5 h。

① 分离产率。

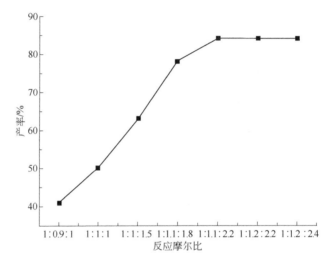

图 4-23　反应摩尔比对 4b 产率的影响

（3）反应温度的优化

实验在固定反应配比、溶剂以及时间的条件下，通过改变反应温度，以目标产物 **4b** 的产率为标准，以期探索该反应的最佳反应温度。如表 4-29、图 4-24 所示。

表 4-29　反应温度的优化

编号	温度/℃	产率/%[①]	编号	温度/℃	产率/%[①]
1	−10	5	4	25	84
2	0	36	5	35	82
3	10	68	6	50	65

注：n(底物)：n(p-TsCl)：n(TEA) = 1：1.1：2.2，溶剂为 NMP，2.5 h。

① 分离产率。

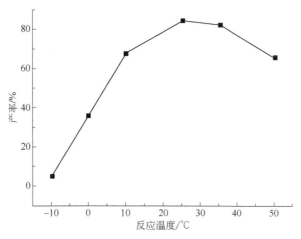

图 4-24　反应温度对 4b 产率的影响

由上表数据可知，温度对 p-TsCl/TEA 体系作用下的脱水环合反应有明显影响。随着温度的升高，反应底物逐渐减少，产率明显增加，在 25 ℃达到最高，为 84%。然而继续升高温度，产率却随之下降，通过 LC/MS 分析可知，部分底物转化为了糖基-1,3,4-噁二唑化合物。因此实验把 25 ℃作为该方法的最佳反应温度。

（4）反应溶剂的优化

实验在固定反应物配比、时间以及溶剂回流温度的条件下，通过改变反应溶剂，以目标产物 **4b** 的产率为标准，以期探索该反应的最佳反应溶剂。如表 4-30、图 4-25 所示。

表 4-30　反应溶剂的优化

编号	溶剂	产率/%[①]	编号	溶剂	产率/%[①]
1	DMSO	54	4	DMF	61
2	DCE	28	5	NMP	84
3	ACN	42	6	THF	35

注：n(底物)：n(p-TsCl)：n(TEA) = 1：1.1：2.2，T = 25 ℃，2.5 h。

① 分离产率。

实验中尝试了用以上六种有机溶剂作为反应介质，由上表数据可知，在 1,2-二氯乙烷（DCE）反应体系中，产率最低，仅为 28%，可能是由于 DCE 是一种非极性溶剂。在 N-甲基吡咯烷酮（NMP）反应体系中，**4b** 产率最大，达到 84%，可能是由于 NMP 是一种高效选择性溶剂以及能较好地溶解底物与 p-TsCl。然而在 DMSO、DMF、ACN、THF 反应体系中，产率均不是太高，最大只有 61%，这可能是由于溶剂影响反应底物的区域选择性，故实验选择 NMP 作为反应的最佳溶剂。

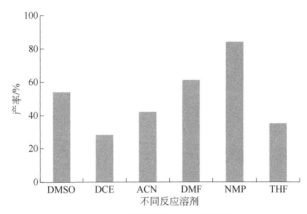

图 4-25　不同溶剂对 4b 产率的影响

(5) 反应时间的优化

实验在固定反应配比、温度以及溶剂的条件下，通过改变反应时间，以目标产物 **4b** 的产率为标准，以期探索该反应的最佳反应时间。如表 4-31、图 4-26 所示。

表 4-31　反应时间的优化

编号	时间/h	产率/%[①]	编号	时间/h	产率/%[①]
1	0.5	35	4	2.0	80
2	1.0	56	5	2.5	84
3	1.5	73	6	3.0	84

注：n(底物)：n(p-TsCl)：n(TEA) = 1：1.1：2.2，溶剂为 NMP，$T = 25$ ℃。
① 分离产率。

由上表数据可知，随着反应时间的延长，所得目标产物 **4b** 产率逐渐增加。在反应时间达到 2.5 h 时，目标产物产率最大。若继续延长反应时间，**4b** 产率并没有发生明显变化，因此，选择 2.5 h 作为该方法的最佳反应时间。

综上所述，经过多次实验尝试探索得到最佳反应条件：以 p-TsCl/TEA 体系为环合试剂，摩尔比为 n(底物)：n(p-TsCl)：n(TEA) = 1：1.1：2.2，并以 NMP 为反应介质，于 25 ℃下反应 2.5 h。

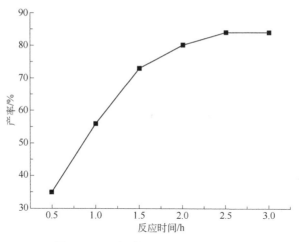

图 4-26　反应时间对 4b 收率的影响

4.5.4.3　反应历程推测

研究发现，该反应区域选择性反应依赖酰胺基硫脲结构中 N—H 质子的电离常数（pK$_a$值），而其又受到糖环、R 基以及溶剂效应的影响。在 N-甲基吡咯烷酮溶剂中，以 TEA 为催化剂，首先与羰基相连的 N—H 质子失去氢质子，形成亚胺结构中间体，然后 p-TsCl 进攻羰基上的氧原子，最后又在 TEA 催化下，对甲苯磺酰根离子离去，脱去一分子水，得到环合产物。可能的机理如图 4-27 所示。

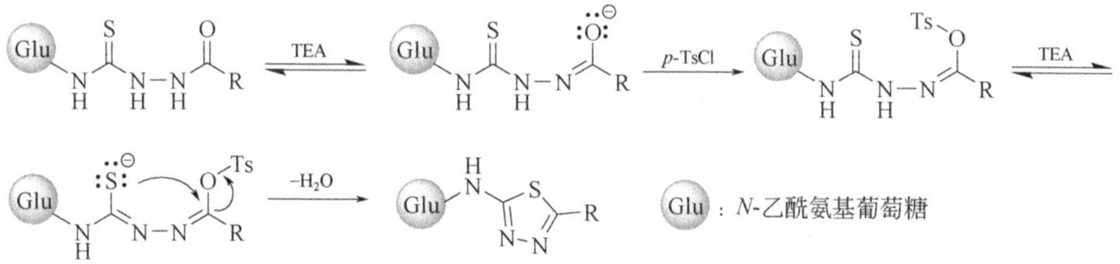

图 4-27　基于 p-TsCl/TEA 体系化合物环合的可能机理

综上，本节中建立了 N-乙酰氨基葡萄糖-5-取代-1,3,4-噻二唑-2-胺的合成方法，并通过模型反应对实验条件进行了工艺优化，得出最佳反应条件：在 N-甲基吡咯烷酮溶剂中，以 p-TsCl/TEA 为脱水环合体系，其摩尔比 n(底物)：n(p-TsCl)：n(TEA) = 1：1.1：2.2，于 25 ℃条件下反应 2.5 h 得到目标产物。此方法操作简单，目标化合物易于分离且产率相对较高。同时，实验中对底物进行了拓展，研究发现，无论是脂肪族取代基、芳香族取代基还是杂环取代基，底物都在该实验条件下较平稳地转化为了目标化合物，并且得到了令人满意的收率（65%～90%）。

4.6 氨基葡萄糖噻唑类衍生物的生物活性研究

对以上氨基葡萄糖噻二唑类衍生物中的 3 个系列，共计 37 个化合物进行了乙酰胆碱酯酶抑制活性研究，其实验方法、测试结果如下。

4.6.1 实验方法

4.6.1.1 溶液的配制

同 3.6.1.1。

4.6.1.2 实验原理

同 3.6.1.2。

4.6.2 结果分析

4.6.2.1 活性测定结果

每个化合物分为三组样品，取三次测量结果的平均数值，根据公式算出抑制率，测定其 IC_{50}，具体测试结果见表 4-32。

表 4-32 目标化合物体外 AChE 抑制活性结果

化合物	结构	抑制活性	
		抑制率/%	IC_{50}/(μmol/L)
		14.46	—
		50.23	—
		18.12	—

化合物	结构	抑制活性	
		抑制率/%	IC$_{50}$/(μmol/L)
1a		74.18	11.33±0.838
1b		97.39	14.63±±0.71
1c		97.21	2.63±0.28
1d		94.78	8.41±0.66
1e		97.33	4.29±0.34

化合物	结构	抑制活性	
		抑制率/%	IC₅₀/(μmol/L)
1f		95.66	3.37±0.18
1g		96.71	3.34±0.55
1h		90.40	5.41±0.76
1i		91.61	2.65 ±0.23
1j		91.12	3.88±1.34

化合物	结构	抑制活性	
		抑制率/%	IC$_{50}$/(µmol/L)
1k		97.57	4.74±0.32
1l		91.63	6.76±1.08
1m		88.39	6.34±0.77
2a		97.52	2.46±0.52
2b		96.68	3.51±0.32

化合物	结构	抑制活性	
		抑制率/%	IC_{50}/(μmol/L)
2c		93.47	5.68 ±0.66
2d		87.87	6.41±1.23
2e		91.05	4.99±0.69
2f		96.42	3.12±0.51

化合物	结构	抑制活性	
		抑制率/%	IC$_{50}$/(μmol/L)
2g		83.71	7.78±1.56
2h		96.66	3.65±0.21
4a		—	—
4b		20.34	—
4c		24.89	—
4d		19.76	—

化合物	结构	抑制活性	
		抑制率/%	IC_{50}/(μmol/L)
4e		—	—
4f		43.67	—
4g		25.60	—
4h		74.52	17.91±1.64
4i		—	—
4j		53.21	35.14±2.18
4k		27.53	—
4l		58.76	28.86±4.24

化合物	结构	抑制活性	
		抑制率/%	IC$_{50}$/(μmol/L)
5c		32.64	—
5d		23.42	—
5h		86.13	12.38±0.19
5j		60.23	22.53±1.32
多奈哌齐 (donepezil)		—	0.48±0.08

4.6.2.2 分析讨论

由上表可以看出，所合成出目标产物对乙酰胆碱酯酶均有较高的抑制活性，大部分化合物对乙酰胆碱酯酶的抑制率在 50%以上，最高的抑制率在 98%左右，且有较好的 IC$_{50}$ 值。

由上表结果得出，在氨基葡萄糖 N-位修饰的 1,3,4-噻二唑类衍生物中，均表现出较好的抑制活性，大部分的抑制率在 90%以上，其中化合物 **1b**、**1c**、**1g**、**1k** 抑制率在 97%左右，对应 IC$_{50}$ 为 14.69 μmol/L、2.65 μmol/L、3.34 μmol/L、4.74 μmol/L。氨基葡萄糖 N-位修饰的三唑并噻二唑衍生物也表现出优异的 AChE 抑制活性，其中化合物 **2a**、**2b**、**2f**、**2h** 的抑制率分别为 97.52%、96.68%、96.42%、96.66%，对应的 IC$_{50}$ 值为 2.46 μmol/L、3.51 μmol/L、3.12 μmol/L、3.65 μmol/L。氨基葡萄糖单元的 1,3,4-噻二唑类衍生物系列中的 12 个化合物（**4a～4l**），有 9

个化合物表现出了抑制作用，其中化合物 **4h**、**4j**、**4l** 呈现出了较好的抑制活性，抑制率分别为 74.52%、53.21%和 58.76%，对应的 IC_{50} 分别为 17.91 μmol/L、35.14 μmol/L 和 28.86 μmol/L。对于脱保护化合物而言，由上表中数据可以看出，羟基保护基的脱除比未脱除前抑制活性明显提高，如化合物 **4h** 脱除前抑制率为74.52%，而脱除后的抑制率提高到 86.13%，这可能的原因是乙酰保护基的脱除使糖环上的羟基裸露出来，能更好地与水分子形成氢键，从而改善了化合物的水溶性。

从上表化合物结构及抑制活性数据可以看出，氨基葡萄糖与苄基保护的氨基葡萄糖相比，抑制率相差较大，可能由于脂溶性的化合物对于乙酰胆碱酯酶具有较大的抑制活性。目标化合物与苄基保护的氨基葡萄糖及唑类化合物相比，具有较高的抑制活性，表明两个分子骈合在一起以后，具有了比单个分子更高的生物活性。由上表结构中可以看出，在唑类的取代基结构上来看，具有杂环结构的化合物比苯环结构具有更高的生物活性，如噻吩基、吡啶基等杂环结构，均有较高的抑制活性。由苯环取代基的类型可以看出，具有卤素基团的化合物具有较高的抑制活性。

参考文献

[1] Li X, LI J, Wang Y, et al. Aquaculture industry in China: current state, challenges, and outlook [J]. Reviews in Fisheries Science, 2011, 19(3): 187-200.

[2] Kadi A A, Al-Abdullah E S, Shehata I A, et al. Synthesis, antimicrobial and anti-inflammatory activities of novel 5-(1-adamantyl)-1, 3, 4-thiadiazole derivatives [J]. European journal of medicinal chemistry, 2010, 45(11): 5006-5011.

[3] Ansari K, Lal C. Synthesis and evaluation of some new benzimidazole derivatives as potential antimicrobial agents [J]. European Journal of Medicinal Chemistry, 2009, 44(5): 2294-2299.

[4] Kumar D, Vaddula B R, Chang K-H, et al. One-pot synthesis and anticancer studies of 2-arylamino-5-aryl-1, 3, 4-thiadiazoles [J]. Bioorganic & medicinal chemistry letters, 2011, 21(8): 2320-2323.

[5] Marganakop S B, Kamble R R, Taj T, et al. An efficient one-pot cyclization of quinoline thiosemicarbazones to quinolines derivatized with 1, 3, 4-thiadiazole as anticancer and anti-tubercular agents [J]. Medicinal chemistry research, 2012, 21(2): 185-191.

[6] Foroumadi A, Mirzaei M, Shafiee A. Antituberculosis agents Ⅱ. Evaluation of in vitro antituberculosis activity and cytotoxicity of some 2-(1-methyl-5-nitro-2-imidazolyl)-1, 3, 4-thiadiazole derivatives [J]. Il Farmaco, 2001, 56(8): 621-623.

[7] Oruç E E, Rollas S, Kandemirli F, et al. 1, 3, 4-thiadiazole derivatives. Synthesis, structure elucidation, and structure-antituberculosis activity relationship investigation [J]. Journal of medicinal chemistry, 2004, 47(27): 6760-6767.

[8] Hamad N S, Al-Haidery N H, Al-Masoudi I A, et al. Amino acid derivatives, part 4: synthesis and anti-HIV activity of new naphthalene derivatives [J]. Archiv der Pharmazie, 2010, 343(7): 397-403.

[9] Chen Z, Xu W, Liu K, et al. Synthesis and antiviral activity of 5-(4-chlorophenyl)-1, 3, 4-thiadiazole sulfonamides [J]. Molecules, 2010, 15(12): 9046-9056.

第5章

氨基葡萄糖噁唑类衍生物的合成及生物活性研究

　　杂环化合物因其结构的特异性几乎存在于所有的市场药品中。杂环结构的存在可以增强药物的亲脂性、极性和氢键结合能力，从而改善药物的药理、毒理和理化特性。噁唑类化合物是一类重要的杂环化合物，具有广泛的生物活性，如抗炎、抗菌、抗肿瘤、抗结核、抗惊厥和抗过敏等[1-4]。因此在医药、农药和生物领域具有广泛的应用。1,3,4-噁二唑可作为药效团的重要组成部分，有利于配体结合[5]。此外，噁二唑部分被证明作为一个扁平的芳香连接物[6]，将取代基放置在适当的方向上，以及通过将它们置于分子的边缘来调节分子的特性[7]。目前噁唑环已成为许多药物分子的骨架，如抗肿瘤药齐泊腾坦（zibotentan）（Ⅰ）、抗高血压药物奈沙地尔（nesapidil）（Ⅱ）、治疗失眠的苏沃雷生（Ⅲ）和消炎镇痛的氟诺洛芬（Ⅳ）等（图5-1）。

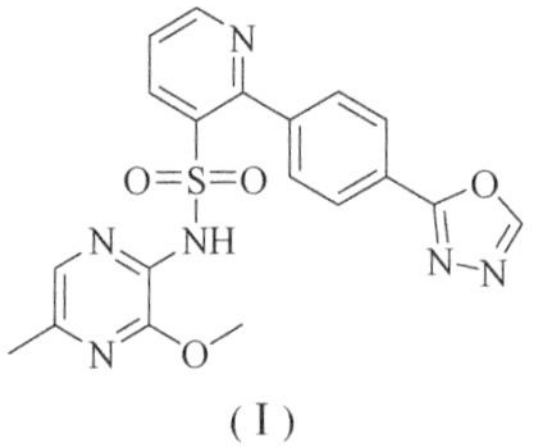

（Ⅰ） 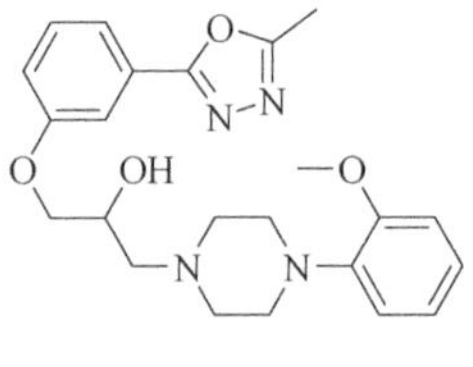　　　　　　　　　　　　（Ⅱ）

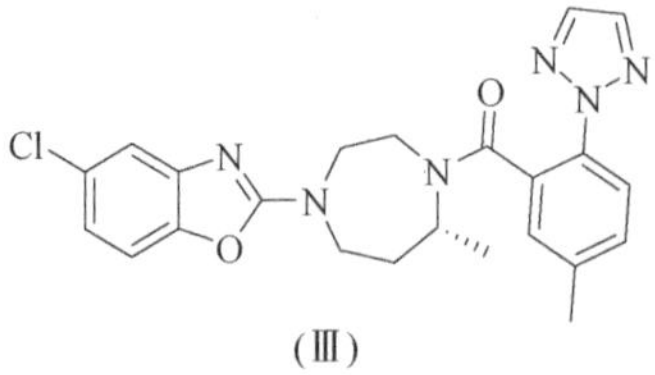

（Ⅲ） 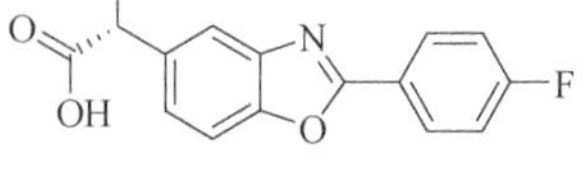　　　　　　　　　　　　（Ⅳ）

图 5-1　含噁唑基团的药物

（1）抗菌活性

Martinez Grau 等[8]以酰肼与羧酸为原料，在 EDC 和 HOBt 作用下发生缩合，在 POCl₃ 作用下脱水环化，生成具有抗结核分枝杆菌活性的 1,3,4-噁二唑类衍生物（图 5-2）。

Marri 等[9]以 3-氨基-5-甲基异噁唑为原料，与丙二酸二乙酯缩合成酯，在水合肼的作用下生成酰肼，在甲醇溶液中与芳香醛缩合，再经氯胺-T 处理进行氧化环化，生成含异噁唑结构的 1,3,4-噁二唑类化合物（图 5-3）。体外活性研究结果表明，部分化合物表现出良好的抗细菌和真菌活性。

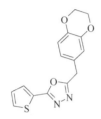

图 5-2　苯并二噁英-1,3,4-噁二唑结构

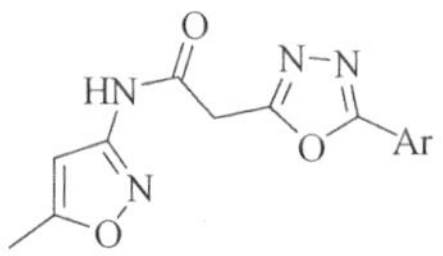

图 5-3　2-(5-苯基-1,3,4-噁二唑-2-基)-N-(5-甲基异噁唑-3-基)乙酰胺的结构

（2）抗肿瘤活性

El-Din 等[10]人以苯甲酸甲酯为原料，首先在水合肼的作用下得到苯甲酰肼，然后苯甲酰肼与 α-Cl 乙酸在三氯氧磷的作用下得到 1,3,4-噁二唑衍生物，再经多步反应得到新型的 1,3,4-噁二唑衍生物（图 5-4），并对得到的化合物进行抗肿瘤活性研究，部分衍生物具有良好的抗肿瘤活性。

（3）抗结核活性

Ali 等[11]在甲醇存在下，由噁二唑衍生物、4,4′-二氨基二苯砜和适当的醛反应合成了一系列噁二唑曼尼希碱（图 5-5）。合成的新型杂环化合物对结核分枝杆菌的药物敏感株和耐药株均表现出良好的抗菌活性。

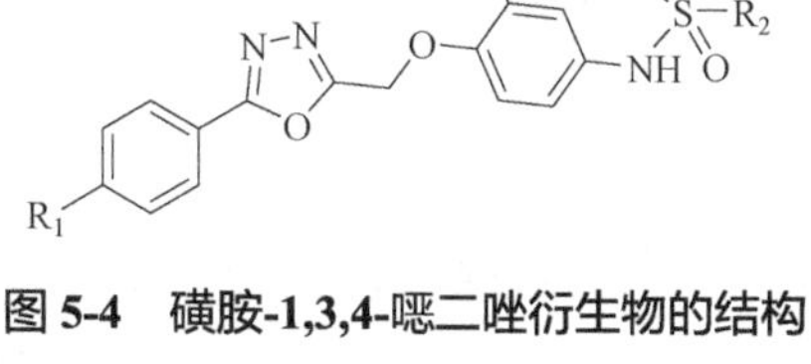

图 5-4　磺胺-1,3,4-噁二唑衍生物的结构

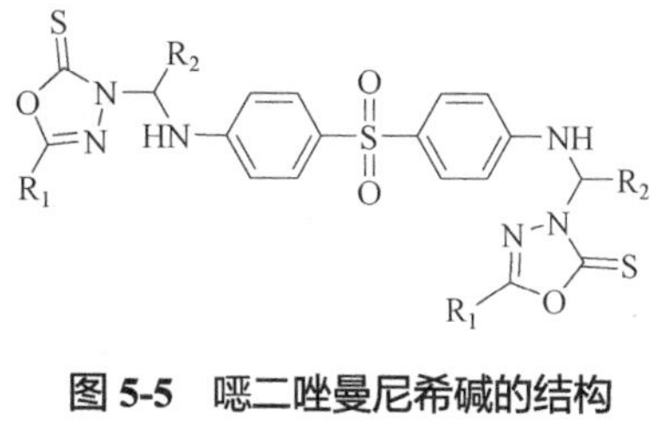

图 5-5　噁二唑曼尼希碱的结构

综上所述，基于噁唑具有广泛的生物活性，本章节研究通过化学修饰，将噁唑结构引入氨基葡萄糖，设计合成了系列含噁唑结构的氨基葡萄糖衍生物，内容如下。

5.1 氨基葡萄糖 *N*-位修饰的1,3,4-噁二唑类衍生物的合成

5.1.1 合成路线

目标化合物合成路线见图5-6。

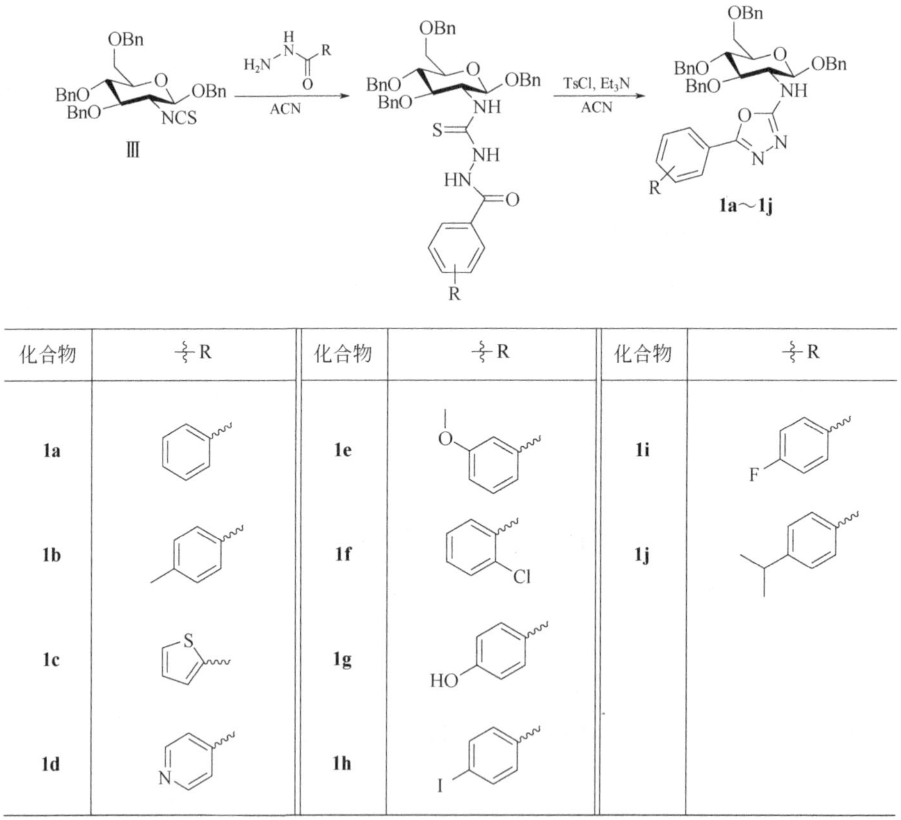

化合物	R	化合物	R	化合物	R
1a		1e		1i	
1b		1f		1j	
1c		1g			
1d		1h			

图 5-6 目标化合物 **1a~1j** 的合成路线

5.1.2 实验步骤

N-(1,3,4,6-四-*O*-苄基-*β*-D-吡喃葡萄糖-2-基)-*N'*-芳酰胺基硫脲的合成：称取
2-脱氧-2-异硫氰酸酯-1,3,4,6-四-*O*-苄基-*β*-D-吡喃糖Ⅲ（1 g，1.7 mmol），将其加

入含有 15 mL 乙腈的三口烧瓶中，将该烧瓶置于油浴中，温度设定为 60 ℃，称取酰肼化合物（2 mmol），将其溶解于乙腈中，采用恒压漏斗缓慢滴加至烧瓶中，薄层色谱检测反应，反应结束，减压蒸馏蒸去溶剂，得粗品，用乙醇和水溶液重结晶，得化合物 *N*-(1,3,4,6-四-*O*-苄基-*β*-D-吡喃葡萄糖-2-基)-*N′*-芳酰胺基硫脲。

N-(1,3,4,6-四-*O*-苄基-*β*-D-吡喃葡萄糖-2-基)-2-氨基-5-取代-1,3,4-噁二唑（**1a～1j**）的合成：称取 *N*-(1,3,4,6-四-*O*-苄基-*β*-D-吡喃葡萄糖-2-基)-*N′*-芳酰胺基硫脲（1 mmol），加入含有 10 mL 乙腈的三口烧瓶中，将该烧瓶置于油浴中，温度调至 60 ℃，称取对甲苯磺酰氯（0.2g，1.1 mmol），溶于 5 mL 乙腈中，置于恒压漏斗中，缓慢滴加至三口烧瓶中，滴毕，加入三滴三乙胺，TCL 监测反应，反应结束后，使用旋转蒸发仪将溶剂蒸出，得 **1**，经柱色谱（洗脱剂：石油醚：乙酸乙酯=2：1）得到纯净化合物 **1**。

5.1.3 结果分析

5.1.3.1 氨基葡萄糖 *N*-位修饰的 1,3,4-噁二唑类衍生物的性状及结构表征

共合成 10 种目标化合物，合成化合物的理化参数、IR、¹H NMR 及 ESI-HRMS 数据见表 5-1、表 5-2 及表 5-3。

表 5-1 目标化合物 1a～1j 的理化性质

化合物	外观	产率/%	熔点/℃	MS（*m/z*）
1a	白色粉末	85	166～168	706.2904[M+Na]⁺
1b	白色粉末	87	159～160	720.3072[M+Na]⁺
1c	白色粉末	80	147～148	728.2239[M+K]⁺
1d	白色粉末	83	182～183	707.2881[M+Na]⁺
1e	白色粉末	82	147～148	752.2778[M+K]⁺
1f	白色粉末	78	121～122	740.2511[M+Na]⁺
1g	黄色粉末	80	181～182	722.2852[M+Na]⁺
1h	白色粉末	76	176～177	832.1860[M+Na]⁺
1i	白色粉末	84	156～157	740.2573[M+K]⁺
1j	黄色粉末	75	123～124	749.3320[M+Na]⁺

表 5-2　目标化合物 1a~1j 的 ¹H NMR 数据

化合物	¹H NMR(400 MHz, DMSO-d₆)，δ
1a	δ: 8.15(d, J=9.3Hz, 1H, —NH),7.86~7.80 (m, 2H, —ArH), 7.56~7.50 (m, 3H, —ArH), 7.40~7.27 (m,8H, —ArH), 7.25~7.12(m, 12H), 4.82 (d,J= 12.4 Hz, 1H, H-1),4.80~4.65 (m, 4H, PhCH₂—), 4.62~4.51(m, 4H, PhCH₂—), 3.85~3.69(m, 3H, H-4, H-6a, H-6b), 3.65~3.50(m, 3H, H-5, H3,H-2)
1b	δ: 8.08 (d, J= 9.3 Hz, 1H, —NH),7.71 (d,J=8.2 Hz, 2H, —ArH), 7.42~7.27 (m, 10H, —ArH), 7.25~7.13(m, 12H, —ArH), 4.82 (d, J = 12.4 Hz, 1H, H-1),4.78~4.70 (m, 3H, PhCH₂—), 4.68~4.52 (m, 5H, PhCH₂—), 3.83~3.68(m, 3H, H-4, H-6a, H-6b), 3.63~3.52 (m, 3H, H-5, H-3, H-2),2.40~2.32(s, 3H, —CH₂)
1c	δ: 8.36 (d, J= 9.0 Hz, 1H, —NH),7.66 (d,J= 8.0 Hz, 1H, —ArH), 7.42 (d, J = 4.0 Hz, 1H, —ArH),7.40~7.29 (m, 8H, —ArH), 7.27~7.11 (m, 13H, —ArH), 4.82 (d,J=12.5 Hz, 1H, H-1), 4.76~4.65 (m, 4H, PhCH₂—), 4.63~4.52 (m,4H, PhCH₂—), 3.86(t,J= 8.0 Hz, 1H, H-4), 3.78~3.67 (m, 2H,H-6a, H-6b), 3.61~3.50(m,3H, H-5, H-3, H-2)
1d	δ: 8.98 (d,J= 2.0 Hz, 1H, —ArH),8.70 (dd,J=4.8、1.5 Hz, 1H, —ArH), 8.26 (d,J=9.3 Hz, 1H,—NH), 8.16(t,J= 2.0, 1.9 Hz, 1H, —ArH), 7.56 (dd,J= 8.0、4.9Hz,1H, —ArH), 7.40~7.27 (m, 8H, —ArH), 7.25~7.10 (m,12H,—ArH), 4.82 (d, J = 12.3 Hz, 1H, NH), 4.79~4.64 (m, 4H,PhCH₂—), 4.62~4.52 (m, 4H, PhCH₂—), 3.84~3.69 (m, 3H, H-4,H-6a, H-6b), 3.65~3.55 (m, 3H, H-S, H-3, H-2)
1e	δ: 8.37 (d,J= 9.0 Hz, 1H,—NH),7.43~7.27(m, 12H, —ArH), 7.25~7.15(m, 11H, —ArH), 7.05~7.01(m, 1H, —ArH), 4.83 (d, J= 12.5 Hz, 1H, H-1), 4.78~4.67 (m, 4H,PhCH₂—), 4.64~4.51 (m, 4H, PhCH₂—), 3.87 (t, J= 8.0 Hz, IH,H-4), 3.82 (s, 3H, —OCH), 3.77~3.68 (m, 2H, H-6a, H-6b),3.61~3.51 (m, 3H, H-S, H-3, H-2)
1f	δ: 8.25 (d,J=9.3 Hz, 1H, —NH),7.78 (dd,J=7.6、1.8 Hz, 1H, —ArH), 7.65 (dd,J=7.9、1.1 Hz, IH, —ArH), 7.58~7.47 (m, 2H, —ArH), 7.40~7.27 (m, 8H, —ArH),7.26~7.13 (m, 12H, —ArH), 4.83(d,J=12.5 Hz, 1H, H-1),4.79~4.63 (m, 4H, PhCH₂—), 4.62~4.51 (m, 4H, PhCH₂—), 3.84~3.68 (m, 3H, H-4, H-6a, H-6b), 3.63~3.50(m, 3H, H-5, H-3,H-2)
1g	δ: 10.10 (s, 1H, —OH), 7.98 (d, J=9.3 Hz, 1H, —NH), 7.66 (t,J= 9.2 Hz, 2H, —ArH), 7.41~7.12(m,20H, —ArH), 6.89 (d, J= 8.7 Hz, 2H, —ArH), 4.81 (d,J= 12.4 Hz,1H, H-1), 4.78~4.50(m, 8H, PhCH₂—), 3.83~3.68 (m, 3H, H-4, H-6a, H-6b), 3.69~3.50(m, 3H, H-5, H-3, H-2)
1h	δ: 8.19 (d, J= 9.3 Hz, 1H, —NH),7.90 (d,J= 8.5 Hz, 2H, —ArH), 7.58 (d,J= 8.5 Hz, 2H, —ArH), 7.40~7.27 (m, 8H, —ArH), 7.25~7.10(m, 12H, —ArH), 4.81 (d, J=12.4 Hz, 1H, H-1), 4.77~4.61 (m, 4H, PhCH₂—), 4.60~4.50 (m,4H, PhCH₂—), 3.83~3.67 (m, 3H, H-4, H-6a, H6), 3.64~3.51 (m,3H, H-5, H-3, H-2)
1i	δ: 8.34 (d, J= 9.0 Hz, 1H, —NH),7.84~7.77 (m, 2H, —ArH), 7.41~7.26 (m, 11H, —ArH), 7.25~7.13 (m,11H, —ArtH), 4.82 (d,J=12.5 Hz, 1H, H-1), 4.76~4.66(m, 4H,PhCH₂—), 4.63~4.51 (m, 4H, PhCH₂—), 3.86 (t, J= 8.0 Hz, 1H,H-4), 3.78~3.67 (m, 2H, H-6a, H-6b), 3.62~3.52 (m, 3H, H-5,H-3, H-2)
1j	δ: 7.89 (d, J= 9.3 Hz, 1H, —NH),7.62 (d, J= 9.0 Hz, 2H, —ArH), 7.41~7.25 (m, 8H, —ArH), 7.24~7.15 (m, 12H, —ArH), 6.80 (d, J=9.1 Hz, 2H, —ArH), 4.81 (d, J= 12.5 Hz, 1H, H-1), 4.78~4.62 (m, 4H, PhCH₂—), 4.60~4.51 (m, 4H, PhCH₂—), 3.83~3.66 (m, 3H, H-4, H-6a, H-6b), 3.63~3.49(m, 3H, H-5, H-3, H-2), 2.98 (s, 6H, —CH)

表 5-3　目标化合物 1a~1j 的 IR 数据

化合物	IR(KBr)，ν/cm⁻¹
1a	3421, 3226, 3060, 2924, 1630, 1496, 1453,1397, 1116, 1064
1b	3446, 3170, 2923, 1629, 1400, 1071, 1028
1c	3420, 3201, 3026, 2923, 1496, 1468, 1400,114, 1066

化合物	IR(KBr)，ν/cm^{-1}
1d	3421, 3230, 3060, 2924, 1627, 1465, 1398, 1061, 1028
1e	3426, 3174, 3028, 2926, 1598, 1497, 1453, 1400, 1216, 1125, 1069, 1043
1f	3421, 3231, 3062, 2924, 1627, 1508, 1454, 1397, 1362, 1149, 1076, 1028
1g	3421, 3142, 3030, 2956, 1650, 1611, 1497, 1398, 1279, 1173, 1072, 1027
1h	3446, 3229, 3059, 2922, 1627, 1478, 1453, 1397, 1362, 1203, 1055, 1005
1i	3425, 3179, 3029, 2923, 1601, 1518, 1498, 1400, 1219, 1124, 1070
1j	3422, 3234, 3060, 2906, 1633, 1614, 1519, 1397, 1197, 1068, 1028

5.1.3.2 氨基葡萄糖 *N*-位修饰的 1,3,4-噁二唑类衍生物的波普数据解析

以 **1a** 为例进行分析，**1a** 结构见图 5-7。

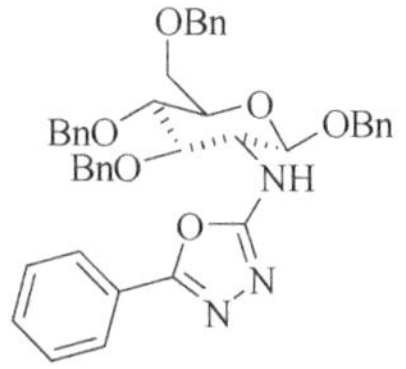

产物结构经红外光谱、核磁氢谱、质谱证实，在红外谱图分析中，我们将中间体化合物与 **1a** 进行对比，以发现在成环前后，两种化合物之间红外谱图的不同。

图 5-7　**1a** 的结构式

成环前的化合物在 1690 cm^{-1} 处出现中等强度的吸收峰，为化合物中羰基的伸缩振动，同时成环前的化合物在 3444～3300 cm^{-1} 处出现吸收峰，为化合物中亚胺（NH）的特征吸收峰。成环前的化合物与化合物 **1a** 相比，在 1537 cm^{-1} 处出现了硫羰基的特征吸收峰，而在化合物 **1a** 中并没有此吸收峰；但在化合物 **1a** 的红外谱图中，在 1630 cm^{-1} 处出现了特征吸收，为噁二唑环上的 C=N 的特征吸收。成环前的化合物与化合物 **1a** 在 1070 cm^{-1} 左右处有特征吸收峰，此峰为糖环的 C—O—C 伸缩振动产生。苯环在 1400～1500 cm^{-1} 之间有特征吸收。

在分析核磁氢谱时，成环前化合物与化合物 **1a** 进行比较，通过观察氢谱中氢的得失来判断反应过程。

目标化合物 **1a**：^{1}H NMR(400 MHz, DMSO-d$_6$)，δ: 8.15 (d, J = 9.3Hz, 1H，—NH), 7.86～7.80 (m, 2H，—ArH), 7.56～7.50 (m, 3H，—ArH), 7.40～7.27 (m, 8H，—ArH), 7.25～7.12(m,12H), 4.82 (d, J = 12.4 Hz, 1H, H-1), 4.80～4.65 (m, 4H, PhCH$_2$—), 4.62～4.51(m, 4H, PhCH$_2$—),3.85～3.69 (m, 3H, H-4, H-6a, H-6b), 3.65～3.50(m, 3H, H-5, H-3, H-2)。

成环前中间体化合物：^1H NMR (400 MHz, DMSO-d$_6$), δ: 10.41 (s, 1H, NH), 9.49 (s, 1H,NH),8.18 (d, J = 9.2 Hz,1H,NH), 7.97 (dt, J = 7.1、1.4 Hz, 2H, Ar—H), 7.58 (d, J = 7.3 Hz, 1H, Ar—H),7.51 (dd, J = 8.2、6.7 Hz, 2H, Ar—H), 7.44～7.37 (m,4H,Ar—H), 7.35～7.25 (m,14H,Ar—H), 7.15(dd, J = 7.3、2.2 Hz, 2H, Ar—H), 4.82 (d, J = 11.7 Hz, 2H,CH$_2$), 4.70 (d, J = 11.0 Hz, 1H,H-1), 4.62～4.46 (m, 6H,3×CH$_2$), 3.83～3.62 (m, 3H, H Glu), 3.49～3.38 (m, 3H, H Glu)。

由上述数据可以看出，成环前的化合物与目标产物 **1a** 相比，中间产物在 δ 10.41 和 δ 9.49 处各有一个单峰，这是由于成环前的化合物中含有两个 NH，氮的周围碳原子没有氢原子，且两个活泼氢的交换速度很快，因此看不到氮氢的裂分现象。两个谱图都在 δ 8.15 左右出现一个双重峰，这是与 C2 相连的 NH 产生的峰，由于此氢受到 C2 上氢的偶合，裂分为双重峰，其偶合常数为 9.3 Hz 左右，在 δ 8.0～7.1 左右出现的多重峰为苯环氢。两种物质都在 δ 4.8 左右出现了一个双重峰，此峰归属为糖环 C1 上的氢，由于此氢相连接的碳与两个氧原子相连，与其他糖环氢相比，处在最低场，且此氢受到 C2 氢的偶合，产生双重峰，其偶合常数为 12.5 Hz，证明此糖环为 β-构型。因糖环上 C2—H 位于直立键上，所以端基氢取 β-构型时，两面角为 180°，J H1,H2 值约在 7～13.3 Hz 之间，在端基氢取 α-构型时，两面角为 60°，J H1,H2 值小于 4 Hz，因此，可凭借此偶合常数证明糖环为 β-构型。在 δ 4.78～4.53 之间，是苄基中—CH$_2$—的 2 个氢。

化合物 **1a**,ESI-HRMS 测得[M+Na]$^+$为 706.2904,相应的理论值为 706.2888,测定值与理论值基本一致。

5.1.4 结果讨论

5.1.4.1 实验路线设计

在合成糖基异硫氰酸酯时，有文献报道采用硫光气合成，但硫光气有剧毒，且反应时间长。经过文献调研，发现对甲苯磺酰氯可消除氨基硫脲中硫化氢的成环作用，因此推断出此试剂可以在分解二硫代酸盐的过程中形成异硫氰酸酯。在实验过程中，首先在室温条件下进行反应，在环化的过程中，反应很快进行，TLC 监测反应时，发现有少许杂质产生，在室温下滴加对甲苯磺酰氯，反应很快进行，但有少量杂质，产率 65%。考虑到反应的快速发生过程中，可能有副产物产生，因此，降低温度进行该反应，在冰水浴条件下进行，反应过程中，副产物明显减少，且产率增加至 90%。

5.1.4.2 实验条件优化

实验中以化合物 **1a** 为例，对合成反应条件进行优化，得出最佳的环合试剂、摩尔比、溶剂、温度、时间等实验条件，为合成此类化合物提供数据支持，以较优产率合成目标化合物（图 5-8）。

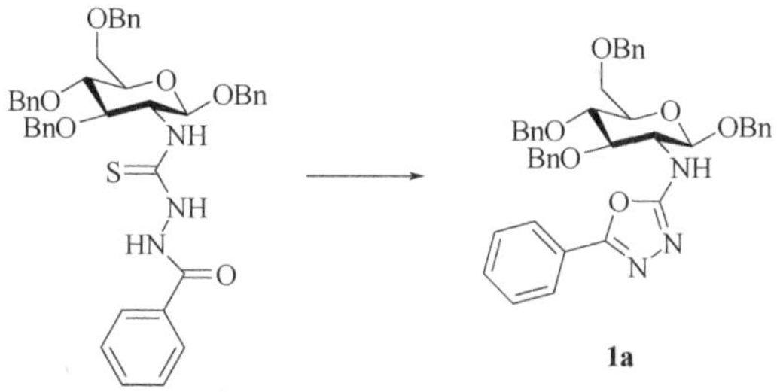

图 5-8　目标产物合成的条件优化选择步骤

（1）成环试剂的优化

实验中，以温度、溶剂、反应摩尔比、反应时间为固定量，以环合试剂为变量，考察了成环试剂对反应的影响，以筛选出最佳的环合试剂，实验结果如表 5-4 所示。

表 5-4　环合试剂与产率的关系

编号	环合试剂	产率/%	编号	环合试剂	产率/%
1	H_2SO_4	NR	5	p-TsCl/K_2CO_3	46
2	Ph_3P	NR	6	p-TsCl/TEA	85
3	p-TsCl	40	7	p-TsCl/Na_2CO_3	43
4	p-TsCl/pyridine	82			

实验中，成环前的化合物在环合为 **1a** 的过程中，选用了浓硫酸、三苯基膦及对甲苯磺酰氯为环合试剂，但在实验中发现，浓硫酸与三苯基膦作为该底物的环合试剂时，没有发生反应。在使用浓硫酸为环合试剂时，由于浓硫酸的强酸性，在加热过程中，使糖环氧化，成黑糊状，没有得到目标产物（编号 1）。在使用三苯基膦为环合试剂时，也未发生反应，猜想可能由于苄基保护的糖环本身就具有较大的位阻，三苯基膦本身也具有较大位阻导致反应不能进行（编

号 2)。在使用对甲苯磺酰氯为环合试剂时，TLC 监测反应时，有新点出现，说明反应进行，但最终产率较低，仅为 40%（编号 3）。依据该成环的反应机理，可知在碱催化时，可能会加快反应进程，在实验中选用了四种碱作为催化剂，分别为三乙胺、吡啶、碳酸钾、碳酸钠。在四种碱催化过程中，两种有机碱吡啶和三乙胺为催化剂时，得到较高产率，分别达到 82%、85%（编号 4,6），但使用吡啶为催化剂时，对产物的纯化产生影响。当选用无机碱碳酸钾和碳酸钠为催化剂时，产率仅为 46%、43%，分析可能原因是无机碱在乙腈中的溶解度较小，未完全起到催化作用。

（2）反应摩尔比的优化

实验中，以温度、溶剂、环合试剂、反应时间为固定量，改变成环前的化合物与对甲苯磺酰氯的摩尔比，以探究反应摩尔比对反应的影响，筛选出最佳的反应摩尔比，不同摩尔比对反应的产率影响如表 5-5 所示。

表 5-5　反应摩尔比与产率的关系

编号	n(原料)：n(p-TsCl)	产率/%	编号	n(原料)：n(p-TsCl)	产率/%
1	1：0.9	52	4	1：1.2	85
2	1：1	65	5	1：1.3	85
3	1：1.1	80	6	1：1.4	85

如上表所示，对甲苯磺酰氯的用量对反应最终的产率有较大的影响，由上表可以看出，在成环前的化合物与对甲苯磺酰氯的摩尔比为 1：1.2 时，产率达到最大 85%（编号 4）。当摩尔比大于 1：1.2 时，产率均小于 85%（编号 1~3），在 TLC 监测反应时，成环前的化合物未完全反应，溶液中有部分原料未转化为目标化合物。当摩尔比小于 1：1.2 时，产率保持在 85%（编号 5~6）。因此，可以断定摩尔比 1：1.2 为最佳的反应摩尔比。大于此值，反应未完全，小于此值时，造成对甲苯磺酰氯的浪费，而且在纯化目标化合物时造成困难。

（3）反应溶剂的优化

实验中，以环合试剂、温度、反应摩尔比、反应时间为固定量，以溶剂为变量，以探究反应溶剂对反应的影响，确定最佳的反应溶剂。实验中使用的溶剂及对应的产率如表 5-6 所示。

在筛选反应溶剂时，考虑了六种不同的溶剂，其中含有质子溶剂乙醇，偶

表 5-6　溶剂与产率的关系

编号	溶剂	产率/%	编号	溶剂	产率/%
1	DCM	36	4	DMF	84
2	DCE	40	5	ACN	85
3	EtOH	15	6	THF	70

极溶剂 *N,N*-二甲基甲酰胺（DMF）、乙腈（ACN）、四氢呋喃（THF），非极性溶剂二氯甲烷（DCM）、1,2-二氯乙烷（DCE）。由上表可以看出，在使用非极性溶剂 DCM 和 DCE 时，产率仅为 36% 和 40%，一方面由于 DCM 的沸点较低，达不到反应所需温度，另一方面可能由于此反应为亲核反应，非极性溶剂对该反应不利。在使用质子溶剂乙醇时，由于底物在该溶剂中的溶解度较小，加热后溶解度仍较小，反应不完全，产率仅为 15%。在使用偶极溶剂时，选用 DMF、ACN、THF，使用 THF 时，得到较低产率 70%，发现选用 DMF 和 ACN 时可以得到较高的产率，分别为 84% 和 85%，但在后处理过程中，由于 DMF 的高沸点，难以处理，因此，选用乙腈作为此反应的最佳溶剂。

（4）反应温度的优化

实验中，以环合试剂、溶剂、反应摩尔比、反应时间为固定量，以反应温度为变量，探究温度对反应产率的影响，以确定最佳的反应温度，实验中设置的温度与产率之间的关系如表 5-7 所示。

表 5-7　温度与产率的关系

编号	温度/℃	产率/%	编号	温度/℃	产率/%
1	0	NR	4	45	60
2	15	12	5	60	85
3	30	32	6	75	82

由上表可以看出，温度在此反应中起着重要的作用，对于产率有着较大的影响。在温度为 60 ℃时，反应产率达到最高，在温度低于 60 ℃时，由于温度较低，反应未完全，当温度不断升高，产率不断增加，但在温度超过 60 ℃时，由于温度较高，可能发生副反应，产生副产物，使产率稍微降低。因此，将温度设置在 60 ℃，为最佳的反应温度。

（5）反应时间的优化

实验中，以温度、溶剂、反应摩尔比、环合试剂为固定量，以反应时间为变量，探究出反应时间对产率的影响，以确定最佳的反应时间，产率随反应时间的变化如表 5-8 所示。

表 5-8　时间与产率的关系

编号	时间/h	产率/%	编号	时间/h	产率/%
1	1	27	4	4	80
2	2	46	5	5	85
3	3	68	6	6	85

由上表可以看出，时间对产率也有较大的影响，随着时间的延长，产率也不断增加，在 5h 达到最大，5h 后，产率不再随时间的延长而增加，可以断定，反应已经结束，因此，最佳的反应时间为 5h。

实验中，探究了环合试剂、反应摩尔比、溶剂、温度、时间等因素对产率的影响，通过对照实验，确定了最佳的反应条件：以对甲苯磺酰氯为环合试剂，以三乙胺为催化剂，成环前的化合物与对甲苯磺酰氯的摩尔比为 1:1.2，并以乙腈为溶剂，在 60 ℃条件下，反应 5h。

5.1.4.3　反应机理推测

合成目标产物可能的反应机理如图 5-9 所示：底物在碱的催化下，失去质子，形成亚胺结构，随后具有亲核性的硫原子进攻对甲苯磺酰氯，在碱作用下，再失去一质子，氧原子进攻 C=N 中的碳原子，对甲苯磺酰根离去，脱去一分子 H$_2$S，形成目标产物。

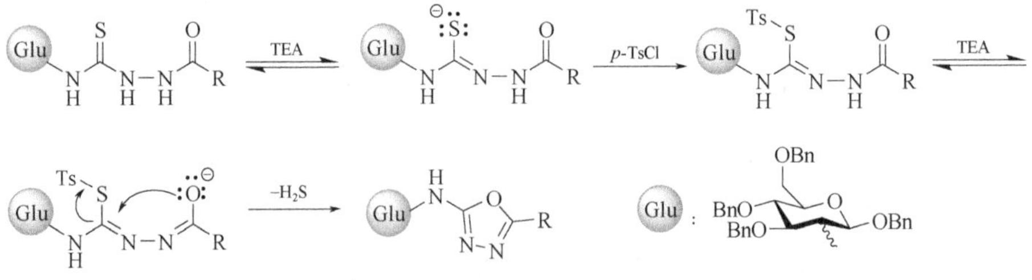

图 5-9　可能的反应机理

综上，本节为实现氨基的选择性修饰，采用苄基对氨糖中的四个羟基进行保护，且为提高氨基的反应活性，将氨基转化为异硫氰酸酯，再与不同种类的酰肼反应，得到的中间体直接在对甲苯磺酰氯与三乙胺的共同作用下关环得到目标化合物。实验中探究了反应环合试剂、反应摩尔比、溶剂、温度、时间等因素对产率的影响，确定了最佳的反应条件为：以对甲苯磺酰氯为环合试剂，以三乙胺为催化剂，底物与对甲苯磺酰氯的摩尔比为 1∶1.2，并以乙腈为溶剂，在 60 ℃条件下，反应 5h。采用此方法具有操作简单、反应时间短、底物适用范围广等优点。实验采用不同的酰肼对底物进行了扩展，酰肼主要采用了苯环体系和杂环体系。在进行底物扩展时，发现杂环化合物相比于苯环体系，反应时间较长，收率较低；在苯环体系中，带有给电子基的底物要比带有吸电子基的底物反应时间短，且收率更高；且在苯环对位和间位含有取代基的底物要比邻位含有取代基的底物反应快，收率高。这与推测的反应机理一致，苯环上带有给电子的底物，酰基氧的电子云密度较高，亲核性更强，反应更易进行，苯环上邻间位有取代基的底物，反应时位阻相比于邻位要小，反应易进行。最终得到未见报道的 10 种新型糖基 1,3,4-噁二唑衍生物。

5.2　氨基葡萄糖单元的 1,3,4-噁二唑类衍生物的合成

5.2.1　合成路线

目标化合物合成路线图见图 5-10。

5.2.2　实验步骤

N-(2-乙酰氨基-3,4,6-三-*O*-乙酰基-2-脱氧-*β*-D-吡喃糖)-*N'*-酰氨基硫脲的合成：分别将 2-乙酰氨基-3,4,6-三-*O*-乙酰基-2-脱氧-*β*-D-吡喃糖异硫氰酸酯Ⅳ（1 g，2.6 mmol）和酰肼类化合物（2.6 mmol）置于 50 mL 的圆底烧瓶中，加入 15 mL 乙醇，加热回流，TLC 跟踪反应至完全，减压浓缩至糖浆，然后加入适量热的

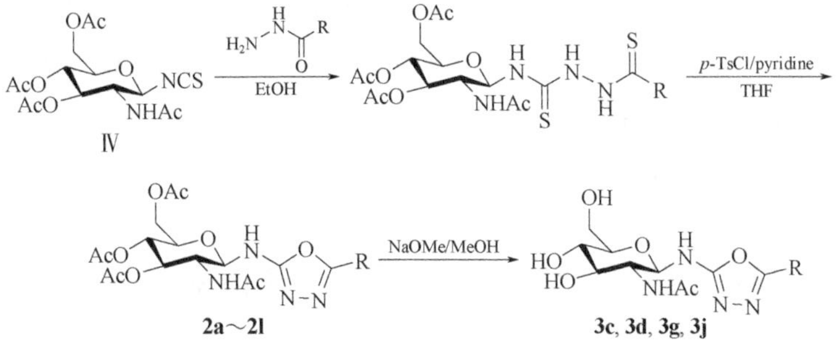

图 5-10

化合物	ξ-R	化合物	ξ-R	化合物	ξ-R
2a	⁓CH₃	2e	F—	2i	HO—
2b	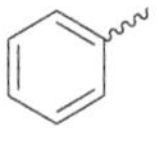 (苯基)	2f	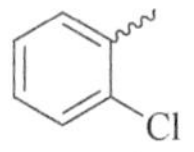 Cl (邻氯苯基)	2j	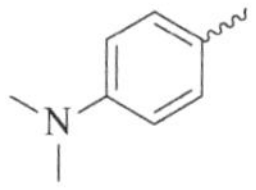 (CH₃)₂N—
2c	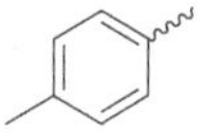 CH₃—	2g	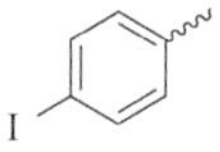 I—	2k	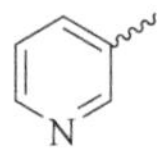 (吡啶基)
2d	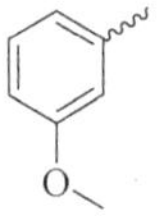 CH₃O— (间甲氧基苯基)	2h	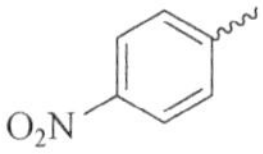 O₂N—	2l	 (噻吩基)

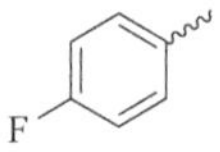

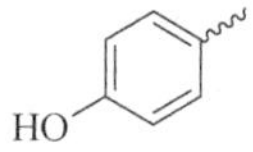

图 5-10   目标化合物 2a～2l 合成路线

乙醇水溶液至刚好溶解糖浆, 冷却, 放置重结晶, 得化合物 N-(2-乙酰氨基-3,4,6-三-O-乙酰基-2-脱氧-β-D-吡喃糖)-N'-酰氨基硫脲。

N-(2-乙酰氨基-3,4,6-三-O-乙酰基-2-脱氧-β-D-吡喃糖)-5-取代-1,3,4-噁二唑-2-胺 (2a～2l) 的合成: 取 N-(2-乙酰氨基-3,4,6-三-O-乙酰基-2-脱氧-β-D-吡喃糖)-N'-酰氨基硫脲 (1 mmol)、对甲苯磺酰氯 (0.23 g, 1.2 mmol)、吡啶 (0.25 mL, 2.1 mmol), 置于 50 mL 的圆底烧瓶中, 加入 15 mL 四氢呋喃, 在油浴中加热升温至 65 ℃, TLC 监测反应至完全, 减压蒸馏除去溶剂, 再加入 15 mL 乙酸乙酯溶解, 然后加入水 (3×20 mL), 萃取分液, 取有机相, 减压浓缩得粗品, 柱色谱 (洗脱剂: MeOH：DCM＝ 1：90) 得化合物 2。

N-(2-乙酰氨基-2-脱氧-β-D-吡喃糖)-5-取代-1,3,4-噁二唑-2-胺 (3) 的合成: 向配有恒压漏斗的 50 mL 的三口烧瓶中加入化合物 2 (1mmol) 和 10 mL 甲醇, 磁力搅拌 5 min 使其溶解, 再向反应液中缓慢滴加含有甲醇钠 (0.17g, 3.2 mmol) 的甲醇 (5 mL) 溶液, 于室温下反应 2.5 h 后, 用 Amberlite IR-120 阳离子交换树脂中和, 过滤, 滤液减压蒸馏得化合物 3。

5.2.3 结果分析

5.2.3.1 氨基葡萄糖单元的 1,3,4-噁二唑类衍生物性状及结构表征

共合成 12 种目标化合物, 合成化合物的理化参数、IR、¹H NMR、ESI-HRMS

数据见表 5-9、表 5-10 及表 5-11。

表 5-9　目标化合物 2a～2l 的理化性质

化合物	外观	产率/%	熔点/℃	MS（m/z）
2a	白色固体	84	148～149	451.1477[M+Na]+
2b	白色固体	90	231～232	513.1594[M+Na]+
2c	白色固体	92	194～195	527.1750[M+Na]+
2d	白色固体	88	193～194	543.1703[M+H]+
2e	白色固体	82	210～211	509.1692.[M+Na]+
2f	白色固体	69	189～190	547.1212[M+Na]+
2g	白色固体	81	224～225	639.0547[M+Na]+
2h	黄色固体	75	205～206	536.1621[M+H]+
2i	白色固体	78	205～206	529.1537[M+Na]+
2j	白色固体	87	222～223	556.2015[M+Na]+
2k	黄色固体	74	182～184	514.1548[M+Na]+
2l	白色固体	68	204～206	519.1163[M+Na]+

表 5-10　目标化合物 2a～2l 的 ^{1}H NMR 数据

化合物	^{1}H NMR(400 MHz, DMSO-d$_6$)，δ
2a	δ: 8.33 (d, J = 9.3 Hz, 1H, NH) 8.06 (d, J = 9.0 Hz, 1H, NH), 5.18 (m, 2H, H1, H3), 4.8(t, J = 9.8 Hz, 1H, H4), 4.20 (dd, J = 12.4、4.4 Hz, 1H, H6), 4.00～3.93 (dd, J = 19.9、10.6 Hz, 3H, H2, H5, H6'), 1.98～1.74 (4s, 12H, 4CH$_3$), 1.24 (s, 3H, CH$_3$)
2b	δ: 8.86 (d, J = 9.6 Hz, 1H, NH), 8.08 (d, J = 9.0 Hz, 1H, NH), 7.85 (dd, J = 6.6、3.0 Hz, 2H, Ar—H), 7.55 (m, 3H, Ar—H), 5.21 (m, 2H, H1, H3), 4.87 (t, J = 9.6 Hz, 1H, H4), 4.20 (dd, J = 12.6、4.5 Hz, 1H, H6), 4.01～3.94 (q, J = 9.4 Hz, 3H, H2, H5, H6'), 1.98～1.74 (4s, 12H, 4CH$_3$)
2c	δ: 8.79 (d, J = 9.6 Hz, 1H, NH), 8.06 (d, J = 8.9 Hz, 1H, NH), 7.73 (d, J = 8.1Hz, 2H, Ar—H), 7.36 (d, J = 8.1 Hz, 2H, Ar—H), 5.20 (td, J = 9.7、5.3 Hz, 2H, H1, H3), 4.87 (t, J = 9.7 Hz, 1H, H4), 4.20 (dd, J = 12.3、4.1 Hz, 1H, H6), 4.02～3.94 (m, 3H, H2, H5, H6'), 2.37 (s, 3H, CH$_3$), 1.96～1.74 (4s, 12H, 4CH$_3$)
2d	δ: 8.84 (d, J = 9.6 Hz, 1H, NH), 8.05 (d, J = 8.9 Hz, 1H, NH), 7.43 (m, 2 H,Ar—H), 7.31 (s, 1H, Ar—H), 7.10 (d, J = 7.9 Hz, 1H, Ar—H), 5.18 (td, J = 9.7、4.1 Hz, 2H, H1, H3), 4.86 (t, J = 9.8 Hz, 1H, H4), 4.18 (dd, J = 12.5、4.6 Hz, 1H, H6), 4.00～3.92 (m, 3H, H2, H5, H6'), 3.81 (s, 3H, CH$_3$O), 1.94～1.72 (4s, 12H, 4CH$_3$)
2e	δ: 8.83 (d, J = 9.7 Hz, 1H, NH), 8.06 (d, J = 8.9 Hz, 1H, NH), 7.90 (dd, J =8.9、5.3 Hz, 2H, Ar—H), 7.41 (t, J = 8.9 Hz, 2H, Ar—H), 5.20 (td, J = 9.7、5.9 Hz, 2H, H1, H3), 4.87 (t, J = 9.7 Hz, 1H, H4), 4.19 (dd, J = 12.3、4.4 Hz, 1H, H6), 4.02～3.94 (m, 3H, H2, H5, H6'), 1.96～1.74 (4s, 12H, 4CH$_3$)
2f	δ: 8.97 (d, J = 9.6 Hz, 1H, NH), 8.08 (d, J = 8.8 Hz, 1H, NH), 7.86 (dd, J =7.5、1.9 Hz, 1H, Ar—H), 7.67 (d, J = 7.7 Hz, 1H, Ar—H), 7.54 (td, J = 7.7、6.0 Hz, 2H, Ar—H), 5.20 (td, J = 9.7、6.4 Hz, 2H, H1, H3), 4.87 (t, J = 9.7 Hz, 1H, H4), 4.20 (dd, J = 12.3、4.2 Hz, 1H, H6), 4.03～3.93 (m, 3H, H2, H5, H6'),1.96～1.75 (4s, 12H, 4CH$_3$)
2g	δ: 8.89 (d, J = 9.6 Hz, 1H, NH), 8.06 (d, J = 9.0 Hz, 1H, NH), 7.93 (d, J = 8.5Hz, 2H, Ar—H), 7.61 (d, J = 8.5 Hz, 2H, Ar—H), 5.20 (td, J = 9.8 Hz、4.0 Hz, 2H, H1, H3), 4.87 (t, J = 9.8 Hz, 1H, H4), 4.19 (dd, J = 12.3、4.2 Hz, 1H, H6), 4.00～3.93 (m, 3H, H2, H5, H6'), 1.98～1.74 (4s, 12H, 4CH$_3$)

化合物	¹H NMR(400 MHz, DMSO-d₆)，δ
2h	δ: 9.13 (d, J = 9.5 Hz, 1H, NH), 8.39 (d, J = 8.8 Hz, 2H, Ar—H), 8.09 (d, J = 8.8 Hz, 3H, NH, Ar—H), 5.23 (m, 2H, H1, H3), 4.87 (t, J = 9.7 Hz, 1H, H4), 4.21 (dd, J = 12.5、4.5 Hz, 1H, H6), 4.06～3.96 (m, 3H, H2, H5, H6'), 1.97～1.74 (4s, 12H, 4CH₃)
2i	δ: 10.12 (s, 1H, OH), 8.65 (d, J = 9.6 Hz, 1H, NH), 8.04 (d, J = 8.9Hz, 1H, NH), 7.67 (d, J = 8.7 Hz, 2H, Ar—H), 6.90 (d, J = 8.8 Hz, 2H, Ar—H), 5.18 (dt, J = 14.6、9.8 Hz, 2H, H1, H3), 4.86 (t, J = 9.8 Hz, 1H, H4), 4.19 (dd, J = 12.6、4.4 Hz, 1H, H6), 4.01～3.91 (m, 3H, H2, H5, H6'), 1.98～1.74 (4s, 12H, 4CH₃)
2j	δ: 8.58 (d, J = 9.7 Hz, 1H, NH), 8.05 (d, J = 9.0 Hz, 1H, NH), 7.63 (d, J = 9.0 Hz, 2H, Ar—H), 6.80 (d, J = 9.1 Hz, 2H, Ar—H), 5.18 (dt, J = 17.1、9.8 Hz, 2H, H1, H3), 4.86 (t, J = 9.8 Hz, 1H, H4), 4.20 (dd, J = 12.4、4.5 Hz, 1H, H6), 4.00～3.91 (m, 3H, H2, H5, H6'), 2.99 (s, 6H, 2CH₃), 1.99～1.75 (4s, 12H, 4CH₃)
2k	δ: 9.03 (d, J = 1.6 Hz,1H, pyridine), 8.95 (d, J = 9.6 Hz, 1H, NH), 8.72 (d, J = 3.5 Hz, 1H, pyridine), 8.21 (dt, J = 8.0、1.9 Hz, 1H, pyridine), 8.05 (d, J = 8.9 Hz, 1H, NH), 7.59 (dd, J = 8.0、4.8 Hz, 1H, pyridine), 5.21 (dt, J = 9.8、1.6 Hz, 2H, H1, H3), 4.89 (dd, J = 12.2、7.1 Hz, 1H, H4), 4.21 (dd, J = 12.2、4.2 Hz, 1H, H6), 4.01～3.92 (m, 3H, H2, H5, H6'), 1.99～1.74 (4s, 12H, 4CH₃)
2l	δ: 8.85 (d, J = 9.6 Hz,1H, NH), 8.04 (d, J = 8.9 Hz, 1H, NH), 7.82 (d, J = 5.0Hz, thiophene), 7.59 (d, J = 2.7 Hz, 1H, thiophene), 7.23 (dd, J = 4.9、3.8 Hz, 1H, thiophene), 5.18 (dt, J = 14.8、9.7 Hz, 2H, H1, H3), 4.86 (t, J = 9.7 Hz, 1H, H4), 4.20 (dd, J = 12.4、4.5 Hz, 1H, H6), 4.02～3.94 (m, 3H, H2, H5, H6'), 1.98～1.74 (4s, 12H, 4CH₃)

表 5-11 目标化合物 2a～2l 的 IR 数据

化合物	IR(KBr)，ν/cm⁻¹
2a	3326, 2928, 1749, 1663, 1243, 1041, 913
2b	3220, 2966, 1749, 1663, 1616, 1442, 1374, 1228, 1049, 917
2c	3315, 2926, 1749, 1667, 1621, 1227, 1043, 916
2d	3316, 2946, 1746, 1666, 1622,1242, 1044, 917
2e	3383, 2957, 1749, 1668, 1624, 1227, 1045, 917
2f	3321, 2952, 1743, 1666, 1617, 1245, 1041, 916
2g	3421, 2924, 1747, 1662, 1624, 1224, 1045, 915
2h	3334, 2956, 1746, 1665, 1617, 1225, 1046, 917
2i	3392, 3054, 1752, 1630, 1611, 1238, 1045, 916
2j	421, 2924, 1747, 1662, 1624, 1224, 1045, 915
2k	3393, 2926, 1750, 1665, 1618, 1227,1049, 916
2l	3406, 2964, 1749, 1662, 1623, 1240,1038, 905

5.2.3.2 氨基葡萄糖单元的 1,3,4-噁二唑类衍生物的波谱数据解析

以 **2b** 为例进行分析，其结构见图 5-11。

产物结构经红外光谱、核磁氢谱、质谱证实，在红外谱图分析中，将中间体化合物与 **2b** 进行对比，以发现在成环前后，两种化合物之间红外谱图的不同。

通过对比，可以清楚地看出，成环前的化合物在 3374～3238 cm⁻¹ 的范围出现吸收峰，为 3 种亚氨基（N—H）的特征吸收；并且在 1539 cm⁻¹ 出现硫羰基（NH—CS—NH）的特征吸收峰。而在化合

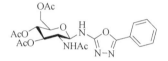

图 5-11　2b 的结构式

物 **2b** 中这一吸收峰消失，却在 1442cm⁻¹、1374 cm⁻¹ 出现了噁二唑环上 C═N 与 N—N═C 的特征吸收峰。成环前的化合物和 **2b** 均在 1750 cm⁻¹ 附近出现很强的吸收，为乙酰基上羰基（C═O）的伸缩振动特征吸收峰；而酰胺键上的羰基（C═O）伸缩振动则在 1660 cm⁻¹ 左右出现中等强度的特征吸收；在 1043～1082 cm⁻¹ 范围出现特征吸收，为糖环上吡喃醚的 C—O—C 键的伸缩振动吸收峰；在 910 cm⁻¹ 左右出现特征吸收，则说明糖环为 β-构型。而在脱保护化合物 **3b** 中，在 3424 cm⁻¹ 处出现宽而强的羟基特征吸收峰，从而掩蔽了亚胺 N—H 的特征吸收，其中在 1750 cm⁻¹ 附近乙酰基上羰基特征吸收峰的消失，证实了羟基保护基脱除，其他特征吸收峰依然存在。

在分析核磁氢谱时，成环前化合物与化合物 **2b** 进行比较，通过观察氢谱中氢的得失来判断反应过程。

成环前化合物与化合物 **2b** 均在 δ2.00～1.72 范围内出现四个单峰（12H），为糖环上乙酰基中 4 个甲基氢的特征吸收；在 δ5.47～3.80 范围内出现多重峰，为糖环上氢的特征吸收峰，其中糖环上 C1—H 由于受到 N、O 的去屏蔽作用，化学位移向低场移动达到最大值，并且受到 C2—H 和 N—H 的偶合，裂分为三重峰，其偶合常数 $J = 8.4～9.8$ Hz，说明它们均为 β-构型；在 δ8.25～8.07 范围内出现一个双峰，为糖环上乙酰氨基中 N—H 的特征吸收；成环前化合物在 δ 10.39～9.92 范围出现两个矮而宽的单峰，将其归属为两个相邻氮原子上的氢的特征吸收，由于羰基极强的去屏蔽作用，与它相连的 N—H 在 δ 10.39 处出现共振吸收峰，而与硫羰基相连的 N—H 的共振吸收峰则在 δ9.92 出现，而对于环合后的化合物 **2b** 在这一范围内并未出现共振吸收峰，说明了关环成功。同时由于受到糖环和噁二唑环的影响，与其两者相连的 N—H 质子向低场移动，化学位移为 8.86，而对于成环前化合物而言，与糖环相连的 N—H 质子化学位移却为 8.16。对于脱保护化合物 **3b**，化学位移在 2.0 左右只有一个单峰存在，为乙酰氨基中甲基的共振吸收，说明了糖环上乙酰基保护已被脱除，糖环上氢变化不大。

化合物 **2b**，ESI-HRMS 测得[M+Na]⁺ 为 513.1594，相应的理论值为 513.1592，

测定值与理论值基本一致。

5.2.4 结果讨论

5.2.4.1 实验路线设计

由于 1,3,4-噁二唑分子结构的特殊性，在其 C2 或 C5 位直接通过氮苷键引入糖基则较为困难，因此，1,3,4-噁二唑氨基葡萄糖氮苷键的构建需迂回进行。实验以氨基葡萄糖盐酸盐为起始原料，通过酰化、氯代、亲核取代三步反应，得到关键中间体氨基葡糖苷羟基位异硫氰酸酯，再与各种酰肼反应得到了不同取代的糖基酰胺基硫脲化合物。实验选择糖基酰胺基硫脲作为环合中间体，一方面考虑到硫脲结构中硫原子的可极化性高，易于被离去基团激活，另一方面考虑到氨基葡萄糖的 2-位氨基保护基的邻位参与效应对端位构型的影响。传统的环合试剂如 POCl$_3$、DCC、浓 H$_2$SO$_4$、多聚磷酸盐、乙烷溴乙酸盐、碘试剂以及氧化汞、氧化铅等，虽然有些是常用的，但是大都存在一个或者多个缺点，如反应条件苛刻、环合时间较长、副产物较多、催化剂昂贵、底物使用范围较窄以及对环境不友好等。考虑到反应条件对羟基和氨基保护基的影响，实验选择以对甲苯磺酰氯为激活离去基团，以吡啶为催化剂在极性非质子溶剂四氢呋喃中，脱硫环合得到了目标化合物 **2**。另外，实验在甲醇钠/甲醇体系中选择性脱除羟基保护基，得到了脱保护化合物 **3**。

5.2.4.2 实验条件优化

实验选择 *N*-(2-乙酰氨基-3,4,6-三-*O*-乙酰基-2-脱氧-*β*-D-吡喃糖)-*N′*-苯基酰氨基硫脲为模型反应底物，考察了环合试剂、催化剂、反应摩尔比、反应温度、反应溶剂以及反应时间对目标产物（**2b**）的影响，并筛选出了最佳反应条件。反应路线如图 5-12 所示。

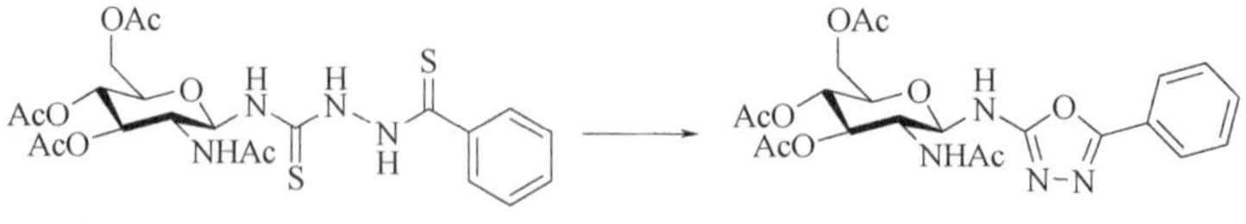

图 5-12 *N*-糖基-1,3,4-噁二唑-2-胺的工艺条件优化

（1）环合试剂及催化剂的选择

实验在固定反应摩尔比、温度、溶剂及时间的条件下，通过改变环合试剂及催化剂的种类，以目标产物 **2b** 的收率为标准，以期探索该反应的最佳环合试剂及催化剂。如表 5-12 所示。

表 5-12　环合试剂及催化剂的选择

编号	环合试剂(1)/催化剂(2)	产率/%	编号	环合试剂(1)/催化剂(2)	产率/%
1	TMSCl	NR	5	p-TsCl/TEA	45
2	TBDPSCl	NR	6	p-TsCl/pyridine（吡啶）	90
3	EDC.HCl	19	7	p-TsCl/K$_2$CO$_3$	32
4	p-TsCl	28	8	p-TsCl/NaHCO$_3$	23

注：n(原料)：n(1)：n(2) = 1：1.2：2.1，溶剂为 THF，T = 65 ℃，8 h。

实验开始时，选择了一些活性较好的羰基活化试剂如：三甲基氯硅烷（TMSCl）、叔丁基二苯基氯硅烷（TBDPSCl）、对甲苯磺酰氯（p-TsCl）以及1-乙基-(3-二甲基氨基)碳酰二亚胺盐酸盐（EDC·HCl）作为环合试剂。结果发现，当 TMSCl 和 TBDPSCl 被用来活化酰氨基硫脲中硫原子时，并未得到目标产物。可能原因是两者带有硅烷结构导致其位阻较大，未能成功进攻硫原子。当 EDC·HCl 和 p-TsCl 作为环合试剂时，如上表中（编号 3，4）所示，分别得到了 19% 和 28% 的产率。考虑到试剂价格以及后处理难易程度，考察了在 p-TsCl 作为环合试剂时，不同催化剂的加入对 **2b** 产率的影响。如表中（编号 6）所示，当以吡啶作为催化剂时，得到了最佳产率，达到 90%。当以三乙胺为催化剂时，产率则为 45%，经过分析大部分 N-(2-乙酰氨基-3,4,6-三-O-乙酰基-2-脱氧-β-D-吡喃糖)-N'-苯基酰氨基硫脲转化为了糖基噻二唑化合物。而以无机碱 K$_2$CO$_3$、NaHCO$_3$ 为催化剂时却得到了很低的产率，分别为 32% 和 23%，其原因可能是两者在四氢呋喃中的溶解度较小，导致其未能与反应液充分混合。

（2）反应摩尔比的优化

实验在固定反应温度、溶剂以及时间的条件下，通过改变 N-(2-乙酰氨基-3,4,6-三-O-乙酰基-2-脱氧-β-D-吡喃糖)-N'-苯基酰氨基硫脲、p-TsCl 和吡啶（pyridine）的摩尔配比，以目标产物 **2b** 的产率为标准，以期探索该反应的最佳摩尔比。如表 5-13、图 5-13 所示。

表 5-13 反应摩尔比的优化

编号	n(原料)：n(p-TsCl)：n(pyridine)	产率/%	编号	n(原料)：n(p-TsCl)：n(pyridine)	产率/%
1	1：0.9：1	52	5	1：1.2：2.1	90
2	1：1：1	58	6	1：1.3：2.1	91
3	1：1.1：1.5	73	7	1：1.3：2.4	91
4	1：1.2：1.8	81			

注：溶剂为 THF，T = 65 ℃，8 h。

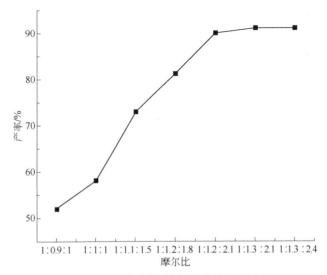

图 5-13　反应摩尔比对 **2b** 产率的影响

在实验过程中发现，p-TsCl 与 pyridine 的用量对反应产率影响很大，可能原因是 p-TsCl 作为硫原子激活试剂时，活性相对较弱，需要在碱性催化剂的作用下来实现活化。由上表数据可知，当 N-(2-乙酰氨基-3,4,6-三-O-乙酰基-2-脱氧-β-D-吡喃糖)-N'-苯基酰氨基硫脲、p-TsCl 和 pyridine 按照 1：1.2：2.1 的摩尔比反应时，产率达到最大，为 90%。改变反应摩尔比时，如表中（编号 1～3）所示，产率最大为 73%，且有部分 N-(2-乙酰氨基-3,4,6-三-O-乙酰基-2-脱氧-β-D-吡喃糖)-N'-苯基酰氨基硫脲没有转化为目标产物以及较多副产物生成，可能原因是催化剂用量太少，没有保证充分的碱性环境。若增加 p-TsCl 和 pyridine 用量，如表中（编号 6、7）所示，**2b** 产率并未明显增加，且 N-(2-乙酰氨基-3,4,6-三-O-乙酰基-2-脱氧-β-D-吡喃糖)-N'-苯基酰氨基硫脲已经反应完全，如若继续增大另外两种物质的用量，不仅造成浪费，也给产物的分离带来困难。

（3）反应温度的优化

实验在固定反应配比、溶剂以及时间的条件下，通过改变反应温度，以目标产物 **2b** 的产率为标准，以期探索该反应的最佳反应温度。如表 5-14、图 5-14 所示。

表 5-14　反应温度的优化

编号	温度/℃	产率/%	编号	温度/℃	产率/%
1	−10	NR	4	50	78
2	0	12	5	65	90
3	25	32			

注：n(原料)∶n(p-TsCl)∶n(pyridine) = 1∶1.2∶2.1，溶剂为 THF，8 h。

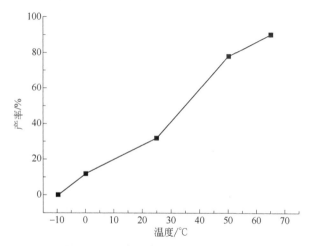

图 5-14　反应温度对 **2b** 产率的影响

实验发现，温度对 p-TsCl/pyridine 体系作用下的糖基酰胺基硫脲脱硫环合反应至关重要。由上表数据可知，温度在 0 ℃以下产率很低（如编号 1 所示），没有得到产物。随着反应温度的升高，反应物 N-(2-乙酰氨基-3,4,6-三-O-乙酰基-2-脱氧-β-D-吡喃糖)-N'-苯基酰胺基硫脲逐渐减少，产率明显增加。当在回流温度下反应时，反应时间明显缩短，产率达到最佳。考虑到溶剂沸点影响，把 65 ℃ 作为该方法的最佳反应温度。

（4）反应溶剂的优化

实验在固定反应配比、时间以及溶剂回流温度的条件下，通过改变反应溶剂，以目标产物 **2b** 的产率为标准，以期探索该反应的最佳反应溶剂。如表 5-15、图 5-15 所示。

表 5-15   反应溶剂的优化

编号	溶剂	产率/%	编号	溶剂	产率/%
1	DCM	36	4	DMF	19
2	DCE	24	5	NMP	8
3	ACN	51	6	THF	90

注: n(原料) : n(p-TsCl) : n(pyridine) = 1 : 1.2 : 2.1, T = 65 ℃, 8 h。

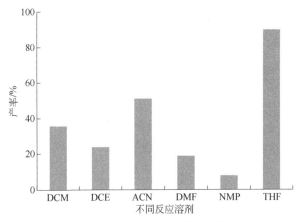

图 5-15   不同溶剂对 **2b** 产率的影响

对于反应溶剂的筛选, 实验开始时选择二氯甲烷 (DCM) 和 1,2-二氯乙烷 (DCE) 作为反应介质, 然而结果并不理想, 分别得到了 36% 与 24% 的产率, 可能原因是二氯甲烷沸点较低以及 1,2-二氯乙烷是非极性溶剂。考虑到溶剂沸点与极性大小影响, 尝试了以乙腈 (ACN)、N, N-二甲基甲酰胺 (DMF)、N-甲基吡咯烷酮 (NMP) 以及四氢呋喃 (THF) 作为反应溶剂。结果发现, 当反应介质为 THF 时, **2b** 产率达到最大, 可能原因是 p-TsCl 在其中能较好地溶解以及 THF 是一种非质子极性溶剂。然而, 在非质子极性溶剂 DMF、NMP 中却得到了较低的产率, 经过实验得知, N-(2-乙酰氨基-3,4,6-三-O-乙酰基-2-脱氧-β-D-吡喃糖)-N'-苯基酰氨基硫脲大部分脱水环合得到了糖基噻二唑化合物, 可能的解释是溶剂影响 N-(2-乙酰氨基-3,4,6-三-O-乙酰基-2-脱氧-β-D-吡喃糖)-N'-苯基酰氨基硫脲的区域选择性反应。

(5) 反应时间的优化

实验在固定反应配比、温度以及溶剂的条件下, 通过改变反应时间, 以目标产物 **2b** 的产率为标准, 以期探索该反应的最佳反应时间。如表 5-16、图 5-16

所示。

表 5-16　反应时间的优化

编号	时间/h	产率/%	编号	时间/h	产率/%
1	1	27	4	6	83
2	2	46	5	8	90
3	4	68	6	10	90

注：n[N-(2-乙酰氨基-3,4,6-三-O-乙酰基-2-脱氧-β-D-吡喃糖)-N'-苯基酰氨基硫脲]：n(p-TsCl)：n(pyridine) = 1：1.2：2.1，溶剂为 THF，T = 65 ℃。

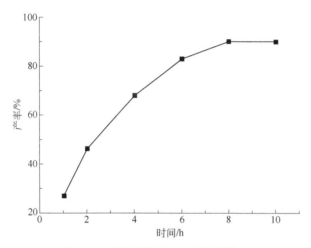

图 **5-16**　反应时间对 **2b** 产率的影响

　　由上表数据可知，随着反应时间的延长，所得目标产物 **2b** 产率逐渐增加。在反应时间达到 8 h 时，目标产物收率最大。若继续延长反应时间，**2b** 产率并没有发生明显变化，因此，选择 8 h 作为该方法的最佳反应时间。

　　综上所述，经过多次实验尝试探索得到最佳反应条件：以 p-TsCl/pyridine 体系为环合试剂，摩尔比为 n[N-(2-乙酰氨基-3,4,6-三-O-乙酰基-2-脱氧-β-D-吡喃糖)-N'-苯基酰氨基硫脲]：n(p-TsCl)：n(pyridine) = 1：1.2：2.1，并以 THF 为反应溶剂，于回流温度（65 ℃）下反应 8 h。

5.2.4.3　反应历程推测

　　研究发现，N-(2-乙酰氨基-3,4,6-三-O-乙酰基-2-脱氧-β-D-吡喃糖)-N'-苯基酰氨基硫脲的区域选择性反应依赖酰氨基硫脲结构中 N—H 质子的电离常数（pK_a 值），而其又受到糖环、R 基以及溶剂效应的影响。在 THF 溶剂中，以吡啶作为催化剂，首先与硫羰基相连的右侧 N—H 质子失去氢质子，形成亚胺结构中间体，然后 *p*-TsCl 进攻硫羰基上的硫原子，最后又在吡啶催化下，对甲苯磺酰根离子离去，脱去一分子硫化氢，得到环合产物。可能的机理如图 5-17 所示。

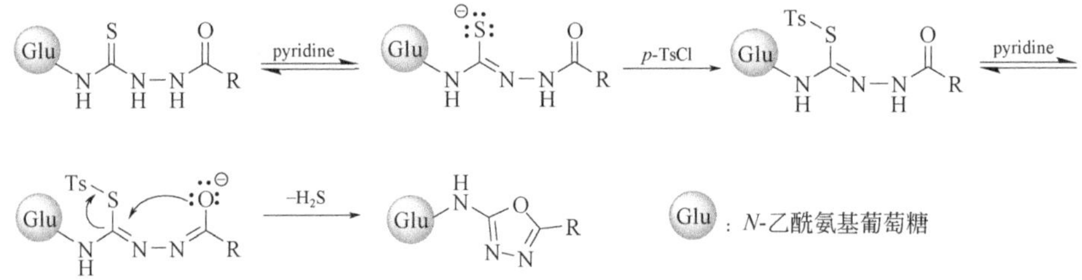

图 5-17　基于 *p*-TsCl/pyridine 体系环合 *N*-(2-乙酰氨基-3,4,6-三-*O*-乙酰基-2-脱氧-*β*-D-吡喃糖)-*N'*-苯基酰氨基硫脲的可能机理

综上，本节以氨基葡萄糖盐酸盐为起始原料，采用 *p*-TsCl/pyridine 环合体系建立了 *N*-乙酰氨基葡萄糖-5-取代-1,3,4-噁二唑-2-胺的合成方法，并通过模型反应对实验条件进行了工艺优化，得出最佳反应条件：在四氢呋喃溶剂中，摩尔比为 n(原料)∶n(*p*-TsCl)∶n(pyridine) = 1∶1.2∶2.1，65 ℃条件下反应 8 h 得到目标产物。此方法操作简单，后处理方便，且避免了一些敏感试剂如 $POCl_3$、DCC 以及浓 H_2SO_4 等对底物的影响。同时，实验也对底物进行了拓展，研究发现，带有脂肪族取代基比芳香族取代基更容易反应，且产率较高，可能原因是脂肪族取代基空间位阻相对较小，同时苯环上带有给电子基团的反应物比带有吸电子基团的反应物所得产率更高，这也符合吸电子基团诱导效应的规律。然而，具有杂环取代基的反应物参与反应时相对不易进行，反应时间相对较长且产率偏低。总之，采用此方法得到了 12 种未见文献报道的含有氨基葡萄糖单元的 1,3,4-噁二唑衍生物，这也为类似化合物的构建提供一种借鉴。另外，实验在甲醇钠/甲醇体系中，在室温下选择性脱除了羟基保护基，得到了 4 种脱保护糖基-1,3,4-噁二唑化合物。

5.3　氨基葡萄糖单元的苯并噁唑类衍生物的合成

5.3.1　合成路线

目标化合物合成路线图见图 5-18。

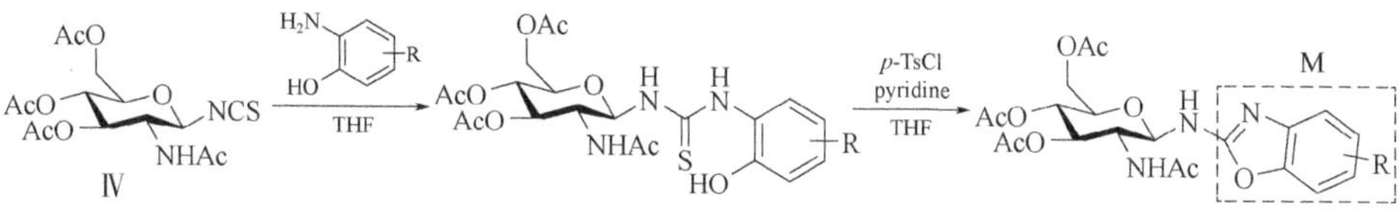

4a～4h

化合物	⌇M	化合物	⌇M	化合物	⌇M
4a	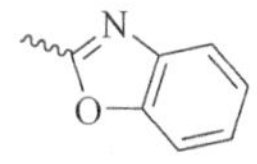	**4d**	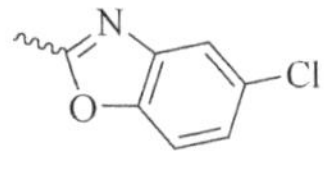	**4g**	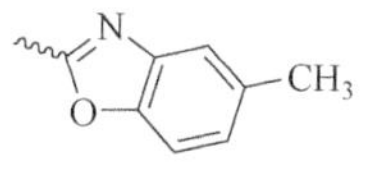
4b	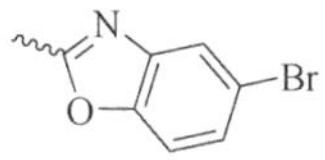	**4e**	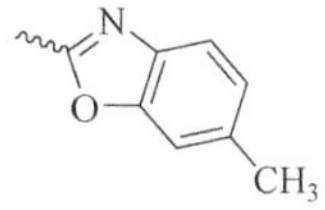	**4h**	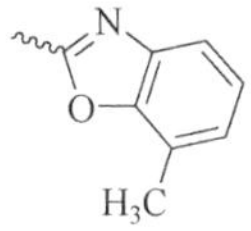
4c	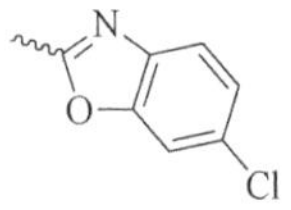	**4f**	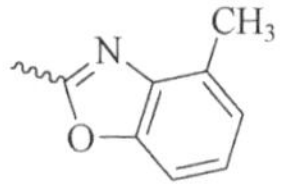		

图 5-18　目标化合物 4a～4h 的合成路线

5.3.2　实验步骤

N-(2-乙酰氨基-3,4,6-三-*O*-乙酰基-2-脱氧-*β*-D-吡喃糖)-*N'*-邻羟基苯硫脲的合成：称取邻氨基酚类化合物（1.85 mmol）置于 50 mL 的圆底烧瓶中，加入 2 mL THF 使其溶解，称取 2-乙酰氨基-3,4,6-三-*O*-乙酰基-2-脱氧-*β*-D-吡喃糖异硫氰酸酯Ⅳ（1.85 mmol）置于恒压漏斗中，加入 3 mL THF 使其溶解，并用恒压滴液漏斗滴加，搅拌反应过夜，有固体析出，抽滤得白色固体 *N*-(2-乙酰氨基-3,4,6-三-*O*-乙酰基-2-脱氧-*β*-D-吡喃糖)-*N'*-邻羟基苯硫脲。

N-(2-乙酰氨基-3,4,6-三-*O*-乙酰基-2-脱氧-*β*-D-吡喃糖)-取代苯并噁唑-2-胺（**4a**～**4h**）的合成：量取吡啶（2.1 mmol）直接加入上一步溶液中，称取对甲苯磺酰氯（2.22 mmol）溶于 10 mL THF 中并滴加至反应液，室温搅拌 0.5 h，反应毕，经柱色谱纯化（MeOH：DCM= 1：100）得固体 **4**。

5.3.3　结果分析

5.3.3.1　氨基葡萄糖单元的苯并噁唑类衍生物的性状及结构表征

共合成 8 种目标化合物，合成化合物的理化参数、IR、^{1}H NMR 及 ESI-HRMS 数据见表 5-17、表 5-18 及表 5-19。

表 5-17　目标化合物 4a～4h 的理化性质

化合物	外观	产率/%	熔点/℃	化合物	外观	产率/%	熔点/℃
4a	白色固体	86	58～60	**4e**	淡黄色固体	92	62～64
4b	淡黄色固体	88	71～73	**4f**	淡黄色固体	91	68～71
4c	淡橘色固体	89	65～66	**4g**	淡黄色固体	91	68～70
4d	淡黄色固体	90	69～72	**4h**	橙红色固体	94	63～65

表 5-18　目标化合物 4a～4h 的 ^{1}H NMR 数据

化合物	^{1}H NMR(500 MHz, DMSO-d$_6$)，δ
4a	δ: 8.87 (d, J = 10.0 Hz, 1H, NH), 8.08 (d, J = 10.0 Hz, 1H, NH), 7.43 (d, J = 10.0Hz, 1H, Ar—H), 7.35 (d, J = 5.0 Hz, 1H, Ar—H), 7.20～7.16 (m, 1H, Ar—H), 7.09～7.05 (m, 1H, Ar—H), 5.36 (t, J = 10.0 Hz, 1H, H-1^{Glu}), 5.23 (t, J = 10.0 Hz, 1H, H-3^{Glu}), 4.89 (t, J = 10.0 Hz, 1H, H-4^{Glu}), 4.23 (dd, J = 10.0、5.0 Hz, 1H, H-6a^{Glu}), 4.06～3.93 (m, 3H, H-2^{Glu}, H-5^{Glu}, H-6b^{Glu}), 1.99 (d, J = 10.0 Hz, 6H, CH$_3$), 1.94 (s, 3H, CH$_3$), 1.73 (s, 3H, CH$_3$)
4b	δ: 9.12 (d, J = 9.5 Hz, 1H, NH), 8.08 (d, J = 8.5 Hz, 1H, NH), 7.54 (d, J = 2.Hz, 1H, Ar—H), 7.42 (d, J = 8.5 Hz, 1H, Ar—H), 7.23 (dd, J = 8.5、2.0 Hz, 1H, Ar—H), 5.34 (t, J =9.5 Hz, 1H, H-1^{Glu}), 5.22 (t, J = 9.5 Hz, 1H, H-3^{Glu}), 4.88 (t, J = 10.0 Hz, 1H, H-4^{Glu}), 4.22 (dd, J = 12.5、4.5 Hz, 1H, H-6a^{Glu}), 4.06～3.93 (m, 3H, H-2^{Glu}, H-5^{Glu}, H-6b^{Glu}), 1.99 (d, J = 7.0 Hz, 6H, CH$_3$), 1.94 (s, 3H, CH$_3$), 1.73 (s, 3H, CH$_3$)
4c	δ: 9.07 (d, J = 9.5 Hz, 1H, NH), 8.08 (d, J = 9.0 Hz, 1H, NH), 7.63 (d, J = 2.0Hz, 1H, Ar—H), 7.34 (d, J = 8.5 Hz, 1H, Ar—H), 7.23 (dd, J = 8.0、2.0 Hz, 1H, Ar—H), 5.33 (t, J = 9.5 Hz, 1H, H-1^{Glu}), 5.22 (t, J = 10.0 Hz, 1H, H-3^{Glu}), 4.88 (t, J = 10.0 Hz, 1H, H-4^{Glu}), 4.22 (dd, J = 12.5、4.5 Hz, 1H, H-6a^{Glu}), 4.03～3.93 (m, 3H, H-2^{Glu}, H-5^{Glu}, H-6b^{Glu}), 1.99 (d, J = 7.5 Hz, 6H, CH$_3$), 1.94 (s, 3H, CH$_3$), 1.73 (s, 3H, CH$_3$)
4d	δ: 9.12 (d, J = 9.0 Hz, 1H, NH), 8.08 (d, J = 9.0 Hz, 1H, NH), 7.46 (d, J = 8.5Hz, 1H, Ar—H), 7.42 (d, J = 2.0 Hz, 1H, Ar—H), 7.10 (dd, J = 8.5、2.5 Hz, 1H, Ar—H), 5.34 (t, J = 9.5 Hz, 1H, H-1^{Glu}), 5.22 (t, J = 10.0 Hz, 1H, H-3^{Glu}), 4.88 (t, J = 10.0 Hz, 1H, H-4^{Glu}), 4.22 (dd, J = 12.0、4.0 Hz, 1H, H-6a^{Glu}), 4.03～3.93 (m, 3H, H-2^{Glu}, H-5^{Glu}, H-6b^{Glu}), 1.99 (d, J = 7.5 Hz, 6H, CH$_3$), 1.94 (s, 3H, CH$_3$), 1.73 (s, 3H, CH$_3$)
4e	δ: 8.75 (d, J = 9.5 Hz, 1H, NH), 8.07 (d, J = 9.0 Hz, 1H, NH), 7.25 (s, 1H,Ar—H), 7.21 (d, J = 8.0 Hz, 1H, Ar—H), 6.99 (d, J = 8.0 Hz, 1H, Ar—H), 5.33 (t, J = 9.5 Hz, 1H, H-1^{Glu}), 5.22 (t, J = 10.0 Hz, 1H, H-3^{Glu}), 4.88 (t, J = 9.5 Hz, 1H, H-4^{Glu}), 4.22 (dd, J = 12.5、8.0 Hz, 1H, H-6a^{Glu}), 4.02～3.91 (m, 3H, H-2^{Glu}, H-5^{Glu}, H-6b^{Glu}), 2.36 (s, 3H, CH$_3$), 1.99 (d, J = 9.0 Hz, 6H, CH$_3$), 1.94 (s, 3H, CH$_3$), 1.73 (s, 3H, CH$_3$)
4f	δ: 8.78 (d, J = 10.0 Hz, 1H, NH), 8.07 (d, J = 9.0 Hz, 1H, NH), 7.24 (d, J = 8.0 Hz, 1H, Ar—H), 7.00 (d, J = 7.5 Hz, 1H, Ar—H), 6.96 (t, J = 7.5 Hz, 1H, Ar—H), 5.36 (t, J = 10.0 Hz, 1H, H-1^{Glu}), 5.24 (t, J = 10.0 Hz, 1H, H-3^{Glu}), 4.88 (t, J = 10.0 Hz, 1H, H-4^{Glu}), 4.22 (dd, J = 12.5、4.5 Hz, 1H, H-6a^{Glu}), 4.02～3.95 (m, 3H, H-2^{Glu}, H-5^{Glu}, H-6b^{Glu}), 2.39 (s, 3H, CH$_3$), 1.99 (d, J = 9.5 Hz, 6H, CH$_3$), 1.94 (s, 3H, CH$_3$), 1.73 (s, 3H, CH$_3$)
4g	δ: 8.79 (d, J = 9.5 Hz, 1H, NH), 8.08 (d, J = 9.0 Hz, 1H, NH), 7.29 (d, J = 8.0Hz, 1H, Ar—H), 7.15 (s, 1H, Ar—H), 6.87 (d, J = 8.0 Hz, 1H, Ar—H), 5.34 (t, J = 10.0 Hz, 1H, H-1^{Glu}), 5.22 (t, J = 10.0 Hz, 1H, H-3^{Glu}), 4.88 (t, J = 10.0 Hz, 1H, H-4^{Glu}), 4.22 (dd, J = 12.5、4.0 Hz, 1H, H-6a^{Glu}), 4.02～3.92 (m, 3H, H-2^{Glu}, H-5^{Glu}, H-6b^{Glu}), 2.35 (s, 3H, CH$_3$), 1.99 (d, J = 8.5 Hz, 6H, CH$_3$), 1.94 (s, 3H, CH$_3$), 1.73 (s, 3H, CH$_3$)
4h	δ: 8.85 (d, J = 9.5 Hz, 1H, NH), 8.07 (d, J = 9.0 Hz, 1H, NH), 7.16 (d, J = 8.0Hz, 1H, Ar-H), 7.07 (t, J = 7.5 Hz, 1H, Ar-H), 6.89 (d, J = 7.5 Hz, 1H, Ar—H), 5.35 (t, J = 10.0 Hz, 1H, H-1^{Glu}), 5.23 (t, J = 10.0 Hz, 1H, H-3^{Glu}), 4.88 (t, J = 10.0 Hz, 1H, H-4^{Glu}), 4.22 (dd, J = 12.5、4.5 Hz, 1H, H-6a^{Glu}), 4.02～3.92 (m, 3H, H-2^{Glu}, H-5^{Glu}, H-6b^{Glu}), 2.38 (s, 3H, CH$_3$), 1.99 (d, J = 9.5 Hz, 6H, CH$_3$), 1.94 (s, 3H, CH$_3$), 1.73 (s, 3H, CH$_3$)

表 5-19　目标化合物 4a～4h 的 IR 数据

化合物	IR(KBr)，ν/cm^{-1}
4a	3442, 1749, 1638, 1587, 1242, 1126, 1045, 913
4b	3421, 1747, 1638, 1588, 1240, 1126, 1046, 911
4c	3421, 1747, 1638, 1586, 1236, 1126, 1047, 918
4d	3441, 1746, 1638, 1591, 1243, 1123, 1047, 921
4e	3415, 1748, 1638, 1585, 1244, 1113, 1044, 918
4f	3419, 1748, 1639, 1591, 1243, 1125, 1045, 915
4g	3416, 1748, 1639, 1591, 1243, 1127, 1045, 916
4h	3426, 1748, 1639, 1588, 1242, 1127, 1046, 913

5.3.3.2　氨基葡萄糖单元的苯并噁唑类衍生物的波谱数据解析

以 **4a** 为例进行分析，其结构见图 5-19。

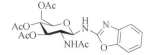

图 5-19　**4a** 的结构式

化合物 **4a** 的 IR 数据中，3442 cm^{-1} 左右出现的宽吸收峰为 N—H 的特征吸收峰；在 1749 cm^{-1} 处出现乙酰基上羰基（C=O）的伸缩振动吸收峰；而酰胺键上的羰基（C=O）吸收峰则在 1638 cm^{-1} 左右出现较强的吸收；在 1587 cm^{-1} 及 1242 cm^{-1} 处分别出现噁唑上 C=N、C—O—C 的特征吸收峰；在 1045 cm^{-1} 处出现特征吸收，为糖环上吡喃醚的 C—O—C 键的吸收峰；在 913 cm^{-1} 处出现的特征吸收峰证实了糖环的 β-构型。

化合物 **4a** 的 ^{1}H NMR 数据中，在 δ 2.00～1.73 范围内出现四个单峰（12H），是乙酰基上 4 个甲基氢的特征吸收峰；在 δ 5.36～3.93 范围内出现的多重峰，是糖环上氢的特征吸收峰，其中糖环上端位氢由于受到 N、O 的去屏蔽作用，化学位移向低场移动到最大值，并且因 C2—H 和 N—H 的偶合作用裂分为一个三重峰，其偶合常数 J=10.0 Hz 也说明了糖环的 β-构型；在 δ 8.08 处出现一个双峰，是糖环上乙酰氨基上 N—H 的特征吸收峰；在 δ 8.87 处出现一个双峰是连接糖环和苯并噁唑环的 N—H 的特征吸收峰，受两者的影响导致其向低场移动；在 δ 7.43～7.05 范围内出现的峰均为苯环上的氢。

5.3.4　结果讨论

5.3.4.1　实验路线设计

实验中选用氨糖盐酸盐为原料，经过除盐后，先酰化，再氯代，然后进行亲核取代制备成氨糖苷羟基位异硫氰酸酯，这一关键中间体和一系列的邻氨基苯酚类化合物反应制备出含有不同取代基的 *N*-酰糖-*N'*-邻羟基苯硫脲化合物。

将 *N*-酰糖-*N'*-邻羟基苯硫脲作为环合的中间体，一方面是因为氨糖的 2-乙酰氨基的邻位参与效应会对端位构型产生影响，另一方面考虑到硫脲结构中的硫原子具有较高极化活性，容易离去。传统的环合试剂有很多，如浓 H_2SO_4、DCC、$POCl_3$、乙烷溴乙酸盐、多聚磷酸盐、氧化铅、氧化汞以及碘试剂等，以上有些环合试剂是比较常用的，但或多或少都有一些缺点，如：环合时间长、副产物多、反应条件难、底物作用范围窄、价格昂贵以及污染环境等。由于氨基及羟基保护基的存在，实验中要对反应条件进行筛选。最后反应于极性非质子溶剂四氢呋喃中，在吡啶的碱性催化作用下，经对甲苯磺酰氯的激活脱硫环合制备出最终产品 **4**。

5.3.4.2 实验条件优化

实验中以化合物 **4a** 为例，对合成反应条件进行优化，得出最佳的环合试剂、催化剂、摩尔比、温度、溶剂及反应时长等实验条件，为合成此类化合物提供数据支持，以较优产率合成目标化合物（图 5-20）。

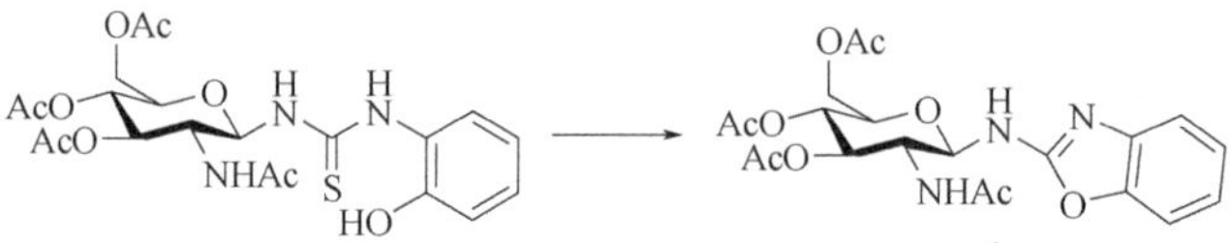

图 5-20　目标产物的合成

（1）反应环合试剂和催化剂的优化

详情见表 5-20。

表 5-20　环合试剂及催化剂对产率的影响

编号	环合试剂/催化剂	产率/%	编号	环合试剂/催化剂	产率/%
1	TMSCl	NR	5	*p*-TsCl/TEA	47
2	TBDPSCl	NR	6	*p*-TsCl/pyridine	89
3	EDC·HCl	16	7	*p*-TsCl/K_2CO_3	33
4	*p*-TsCl	25	8	*p*-TsCl/$NaHCO_3$	21

首先，实验中选择了几种羰基活化性能比较好的试剂，如：*p*-TsCl、

EDC·HCl、TBDPSCl 和 TMSCl。结果表明，当选用 TMSCl 和 TBDPSCl 作为活化剂活化硫原子时，没有目标产物生成（编号 1 和 2），当选用 EDC·HCl 和 *p*-TsCl 为活化环合试剂时，有 16% 和 25% 的产率（编号 3 和 4）。考虑到两种试剂的价格和后处理难易程度，我们选取 *p*-TsCl 作为反应环合试剂，用不同的反应催化剂，对产物 **4a** 产率的影响进行考察（编号 5～8）。当使用吡啶为催化剂时，获得最佳产率 89%。当使用三乙胺作为催化剂时，产率为 47%。当选用无机碱作为催化剂时（如：K_2CO_3、$NaHCO_3$），产率仅有 33% 和 21%。

（2）反应摩尔比的优化

详情见表 5-21、图 5-21。

表 5-21　反应摩尔比对产率的影响

编号	n(成环前化合物)：n(*p*-TsCl)：n(pyridine)	产率/%	编号	n(成环前化合物)：n(*p*-TsCl)：n(pyridine)	产率/%
1	1：0.9：1	50	5	1：1.2：2.1	89
2	1：1.0：1	56	6	1：1.3：2.1	90
3	1：1.1：1.5	63	7	1：1.3：2.4	90
4	1：1.2：1.8	76			

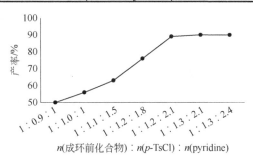

n(成环前化合物)：n(*p*-TsCl)：n(pyridine)

图 5-21　反应物摩尔比对产率的影响

实验证明，产率与环合试剂用量配比有关，因为 *p*-TsCl 活化硫原子的能力较弱，需要在碱性的条件下催化活化。当成环前化合物、*p*-TsCl 和 pyridine 反应时的摩尔比为 1：1.2：2.1 时，产率达到 89%（编号 5）。如果减少 *p*-TsCl 和 pyridine 用量，产率最大为 76%（编号 1～4），部分成环前化合物未转化为目标产物，可能是因为催化剂的量太少而不能确保足够的碱性环境。如果继续增加 *p*-TsCl 和 pyridine 用量，并没有提高产率，且造成试剂浪费。

（3）反应温度的优化

详情见表5-22、图5-22。

表5-22　反应温度对产率的影响

编号	温度/℃	产率/%	编号	温度/℃	产率/%
1	−10	NR	4	20	61
2	0	8	5	30	89
3	10	34	6	66	90

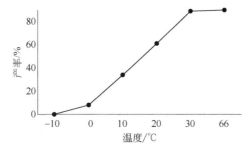

图5-22　反应温度对产率的影响

实验发现，温度对产率的影响很大。温度在0 ℃以下时，反应基本不发生（编号1和2）。随着温度的逐渐升高，目标产物 **4a** 的产率也在增加，在温度升到30 ℃时达到最佳（编号5）。若温度升高至66 ℃，**4a** 的产率没有很大变化（编号6），因此，最佳温度为30 ℃。

（4）反应溶剂的优化

详情见表5-23、图5-23。

表5-23　反应溶剂对产率的影响

编号	溶剂	产率/%	编号	溶剂	产率/%
1	DCM	37	4	DMF	21
2	DCE	24	5	NMP	9
3	ACN	53	6	THF	89

实验发现，不同反应介质对产率的影响很大。当溶剂为非极性溶剂，如二氯甲烷（DCM）和1,2-二氯乙烷（DCE）时，产率较低（编号1和2）。当溶剂为四氢呋喃（THF）、*N*-甲基吡咯烷酮（NMP）、*N*,*N*-二甲基甲酰胺（DMF）

以及乙腈（ACN）时，产率差距较大（编号3~6）。当反应介质为THF时，**4a**的产率达到最大值，可能是因为 *p*-TsCl 可以更好地溶解在非质子极性溶剂 THF 中。然而，在非质子极性溶剂 DMF 和 NMP 中产率较低。

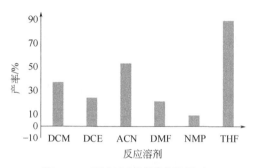

图 5-23　反应溶剂对产率的影响

（5）反应时间的优化

详情见表 5-24、图 5-24。

表 5-24　反应时间对产率的影响

编号	时间/h	产率/%	编号	时间/h	产率/%
1	0.5	5	5	6	73
2	1	13	6	8	89
3	2	24	7	10	89
4	4	55			

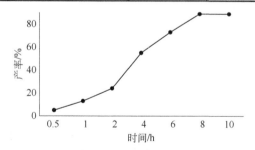

图 5-24　反应时间对产率的影响

实验发现，随着实验时间的增加，目标产物的生成越来越多（编号1~7）。在反应 8 h 时，目标产物的产率最大（编号6）。若继续增加反应时间，**4a** 的产率并没有继续增加，因此，将反应的最佳时长设为 8 h。

因此反应的最佳条件为：以 *p*-TsCl/pyridine 为环合体系，摩尔比为 *n*(成环前化合物)∶*n*(*p*-TsCl)∶*n*(pyridine) = 1∶1.2∶2.1，THF 作为溶剂，室温下(30 ℃)进行反应 8 h。

综上，本节以氨糖盐酸盐为原料，在 *p*-TsCl/pyridine 的条件下进行脱硫环合，建立了 *N*-酰糖-取代苯并噁唑-2-胺的制备方法，并确定了最佳反应条件：室温下，将 *N*-酰糖-*N*'-邻羟基苯硫脲、*p*-TsCl 及 pyridine（摩尔比为 1∶1.2∶2.1）溶于四氢呋喃，反应 8 h，得目标产物。最终，利用该方法制备了 8 种未见报道的含苯并噁唑杂环的糖类衍生物，为此类化合物的制备提供一种借鉴方法。

5.4 氨基葡萄糖噁唑类衍生物的生物活性研究

对以上 3 个系列氨基葡萄糖噁唑类衍生物，共计 30 个化合物进行了乙酰胆碱酯酶抑制活性研究，其实验方法、测试结果如下。

5.4.1 实验方法

5.4.1.1 溶液的配制

同 3.6.1.1。

5.4.1.2 实验原理

同 3.6.1.2。

5.4.2 结果分析

5.4.2.1 活性测定结果

每个化合物分为三组样品，取三次测量结果的平均数值，根据公式算出抑制率，测定其 IC_{50}，具体测试结果见表 5-25。

表 5-25　目标化合物体外 AChE 抑制活性测定结果

化合物	结构	抑制活性	
		抑制率/%	IC_{50}/(μmol/L)
		14.46	—

化合物	结构	抑制活性	
		抑制率/%	IC_{50}/(μmol/L)
1a		37.67	—
1b		59.44	—
1c		73.31	2.62±0.53
1d		89.20	4.19±0.233
1e		55.11	—

续表

化合物	结构	抑制活性	
		抑制率/%	IC$_{50}$/(μmol/L)
1f		91.12	3.12±0.43
1g		68.29	—
1h		96.81	11.59±0.84
1i		91.33	1.61±0.34
1j		92.15	2.70±0.51

化合物	结构	抑制活性	
		抑制率/%	$IC_{50}/(\mu mol/L)$
2a		13.87	—
2b		39.76	—
2c		25.68	—
2d		—	—
2e		15.62	—
2f		19.59	—
2g		35.22	—
2h		68.54	18.13±0.54
2i		16.78	—

化合物	结构	抑制活性	
		抑制率/%	IC$_{50}$/(μmol/L)
2j		46.23	—
2k		38.67	—
2l		56.52	27.58±3.16
4a		12	—
4b		14	—
4c		15	—
4d		8	—
4e		7	—
4f		20	—
4g		11	—

化合物	结构	抑制活性	
		抑制率/%	IC$_{50}$/(μmol/L)
4h		9	—

5.4.2.2　分析讨论

　　由上表可以看出，所合成的大部分化合物对乙酰胆碱酯酶均有抑制活性，在含氨基葡萄糖的 1,3,4-噁二唑衍生物中，化合物 **1c**、**1d**、**1f**、**1h**、**1i**、**1j** 均有较高的抑制率，分别为 73.31%、89.20%、91.12%、96.81%、91.33%、92.15%；且测定了 6 种化合物的 IC$_{50}$ 值，分别为 2.62 μmol/L、4.19 μmol/L、3.12 μmol/L、11.59 μmol/L、1.61 μmol/L、2.70 μmol/L，表现出较好的 AChE 抑制活性。在氨基葡萄糖单元的 1,3,4-噁二唑类衍生物（**2a～2l**）中，有 10 个化合物均表现出不同的 AChE 抑制活性，其中化合物 **2h** 与 **2l** 呈现出了中等强度的抑制活性，其 IC$_{50}$ 分别为 18.13 μmol/L 和 27.58 μmol/L。在氨基葡萄糖单元的苯并噁唑类衍生物中，所有化合物较起始原料氨基葡萄糖均具有抑制胆碱酯酶的活性。其中，化合物 **4f** 对胆碱酯酶表现出较好的抑制活性，乙酰胆碱酯酶抑制率为 20%。

参考文献

[1] Ahsan M J, Choupra A, Sharma R K, et al. Rationale design, synthesis, cytotoxicity evaluation, and molecular docking studies of 1, 3, 4-oxadiazole analogues[J]. Anti-Cancer Agents in Medicinal Chemistry (Formerly Current Medicinal Chemistry-Anti-Cancer Agents), 2018, 18(1): 121-138.

[2] 宋庆宝, 徐丽娟, 马淳安. 1,3,4-噁二唑类化合物合成及应用的研究新进展[J]. 浙江化工, 2009, 40(08): 17-24.

[3] 朱有全, 刘卫敏, 刘斌, 等. 具有除草活性的 3-(嘧啶基-2)-1,3,4-噁二唑-2(3H)-酮衍生物的设计、合成与定量构效关系的研究[J]. 有机化学, 2009, 29(04): 638-642.

[4] Bondock S, Adel S, Etman H A, et al. Synthesis and antitumor evaluation of some new 1, 3, 4-oxadiazole-based heterocycles[J]. European Journal of Medicinal Chemistry, 2012, 48: 192-199.

[5] Ohmoto K, Yamamoto T, Horiuchi T, et al. Design and synthesis of new orally active nonpeptidic inhibitors of human neutrophil elastase[J]. Journal of Medicinal Chemistry, 2000, 43(26): 4927-4929.

[6] Ono M, Haratake M, Saji H, et al. Development of novel β-amyloid probes based on 3, 5-diphenyl-1, 2, 4-oxadiazole[J]. Bioorganic & Medicinal Chemistry, 2008, 16(14): 6867-6872.

[7] Orlek B S, Blaney F E, Brown F, et al. Comparison of azabicyclic esters and oxadiazoles as ligands for the muscarinic receptor[J]. Journal of Medicinal Chemistry, 1991, 34(9): 2726-2735.

[8]   Martinez-Grau M A, Valcarcel I C G, Early J V, et al. Synthesis and biological evaluation of aryl-oxadiazoles as inhibitors of Mycobacterium tuberculosis[J]. Bioorganic & Medicinal Chemistry Letters, 2018, 28(10): 1758-1764.

[9]   Marri S, Kakkerla R, Krishna M P S M, et al. Synthesis and antimicrobial evaluation of isoxazole-substituted 1,3,4-oxadiazoles[J].Heterocyclic Communications, 2018, 24(5): 285-292.

[10]   El-Din M M G, El-Gamal M I, Abdel-Maksoud M S, et al. Synthesis and in vitro antiproliferative activity of new 1,3,4-oxadiazole derivatives possessing sulfonamide moiety[J]. European Journal of Medicinal Chemistry, 2015, 90: 45-52.

[11]   Ali M A, Shaharyar M. Oxadiazole mannich bases: Synthesis and antimycobacterial activity[J]. Bioorganic & Medicinal Chemistry Letters, 2007, 17(12): 3314-3316.

第6章

氨基葡萄糖 *N*–位修饰的酰胺类衍生物的合成及生物活性研究

6.1 氨基葡萄糖 *N*–位修饰的酰胺类衍生物的结构和功能特性

　　D-氨基葡萄糖是从海洋中分离的天然化合物，活性丰富，应用前景广阔。近几十年来，越来越多的化学修饰的氨基葡萄糖衍生物被人们所发掘，但 *N*-位修饰氨糖衍生物相对较少，并且在不需要保护羟基的条件下进行氨基修饰的化学反应也鲜有报道。酰胺键是构成多肽的基本单元，是组成生命的必要结构。因此，通过化学合成手段对氨基葡萄糖进行酰化修饰，以求利用其生物相容性得到具有特色生物活性的氨糖衍生物，丰富生物活性数据信息库，为新药的设计和研发提供宝贵的数据支持。

　　香豆素类化合物具有苯并-α-吡喃酮结构，广泛分布于高等植物中，尤其是茄科、菊科、兰科、瑞香科、芸香科、虎耳草科等中，甚至连动物中也存在香豆素类化合物。作为苯并氧杂环类化合物家族的重要分支，结构的特异性赋予了它们丰富的生物活性，如治疗肿瘤和炎症，具有凝血、抗氧化、杀灭细菌等多种药理活性[1-4]。因此，许多药物都拥有香豆素结构，如抗双凝血的双香豆素（Ⅰ）、华法林（Ⅱ）和醋硝香豆素（Ⅲ），抗氧化药物瑞香素（Ⅳ）和七叶内酯（Ⅴ），结构如图 6-1 所示。

　　香豆酮又名苯并呋喃，是氧杂环家族的重要成员之一。氧杂环类化合物因和许多天然化合物具有相似的生理和药理活性而被人们所关注。香豆酮（苯并呋喃）是一类重要的氧杂环类化合物，具有抗菌、抗病毒、降血脂等丰富的生物活性[5-8]。

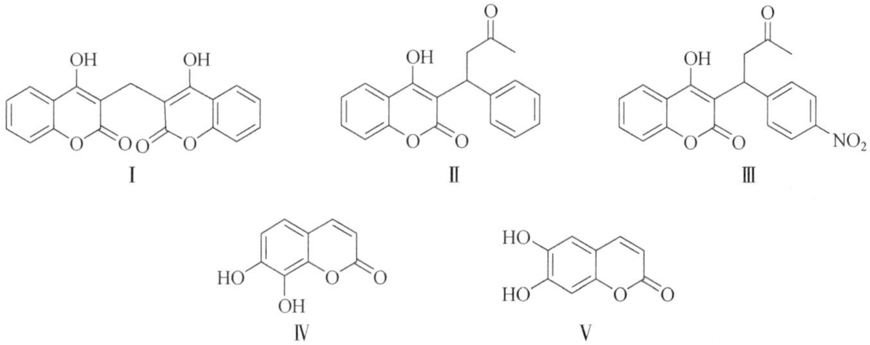

图 6-1　含香豆素基团的药物

色酮（苯并-γ-吡喃酮）是一种重要的苯并杂环类化合物，许多经化学修饰的色酮衍生物具有良好的杀菌消炎、对抗肿瘤细胞等重要活性，因此色酮衍生物的合成方法已被越来越多的科学家所关注[9-12]。色酮家族包含许多重要成员，如黄酮、异黄酮等（图 6-2）。

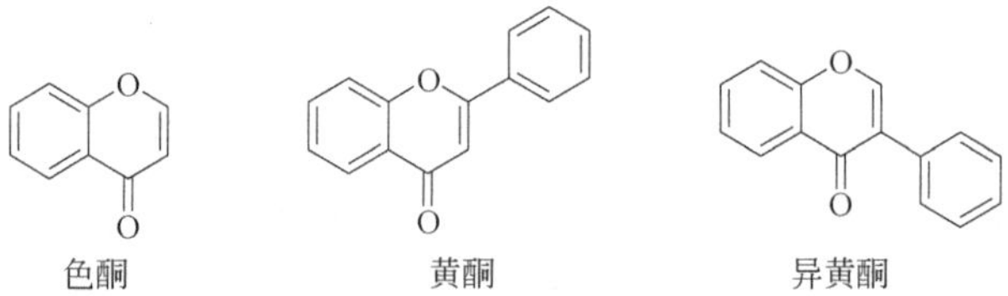

图 6-2　含色酮化合物的结构

本章研究在氨糖羟基未经保护的前提下，通过酰胺化反应将香豆素、香豆酮及色酮等引入氨基葡萄糖，设计合成了系列氨基葡萄糖 N-位修饰的酰胺类衍生物，内容如下。

6.2　氨基葡萄糖 N-位修饰的酰化香豆素类衍生物的合成

6.2.1　合成路线

目标化合物合成路线图见图 6-3。

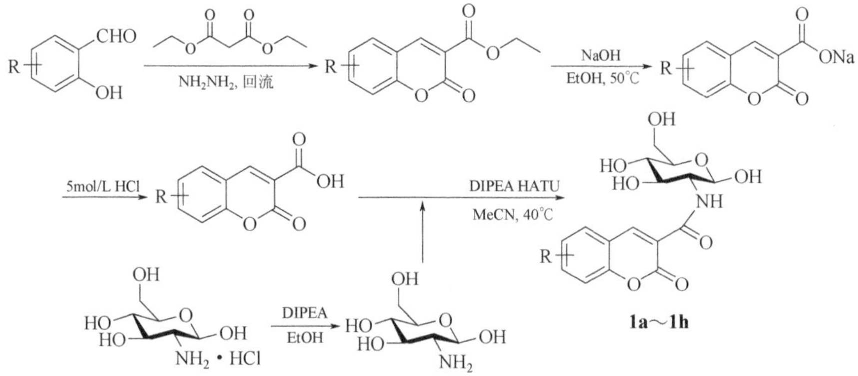

图 6-3 *N*-(*β*-D-吡喃葡萄糖基)-2-(取代香豆素基)-3-甲酰胺合成路线

化合物	⅊ R	化合物	⅊ R	化合物	⅊ R
1a	H	**1d**	8-OCH₃	**1g**	6-F
1b	6-CH₃	**1e**	6-NO₂	**1h**	6-OC₂H₅
1c	6-OCH₃	**1f**	7-OCH₃		

6.2.2 实验步骤

香豆素-3-羧酸乙酯的合成：取 50 mL 圆底烧瓶，加入水杨醛（1.0 g，8 mmol）、丙二酸二乙酯（1.8 ml，6 mmol），加入 20 mL 无水乙醇溶解，再滴加 20μL 的二乙胺，搅拌，加热回流 3 h。反应结束，趁热将溶液倒入冰水浴中，固体析出，得到粗产物。静置，减压抽滤，蒸馏水洗涤 3 次（3×10 mL），再用饱和食盐水洗涤 3 次（3×10 mL），放置干燥箱内干燥，得白色固体（1.57 g，7.2 mmol），产率为 90%。

香豆素-3-羧酸的合成：称取香豆素-3-羧酸乙酯（0.5 g，2.3 mmol）于 50 mL 圆底烧瓶中，加入 20 mL 无水乙醇，搅拌溶解。配制 10 mL 氢氧化钠（0.16 g，4 mmol）的水溶液，倒入恒压漏斗中缓慢滴加，溶液变黄。滴加结束，将反应溶液升温至 40 ℃，继续搅拌 1.0 h，充分反应后，滴加 HCl 溶液（0.5 mol/L）调节 pH 至 1~2。静置后，得到粗产物。减压抽滤，蒸馏水洗涤 3 次（3×10 mL），再用冰乙醇溶液洗涤 3 次（3×10 mL），放置干燥，得白色固体（0.418 g，2.2 mmol）。

氨基葡萄糖的合成：称取氨基葡萄糖盐酸盐（0.542 g，2.52 mmol）于 50 mL

圆底烧瓶，加入 N,N-二异丙基乙胺（0.416 mL，2.52 mmol），搅拌 2h，得化合物（0.451 g，2.52 mmol）。

2-羧基-N-(2-脱氧-β-D-吡喃糖-2-基)色烯-3-甲酰胺（**1**）的合成：取 50 mL 圆底烧瓶，称入香豆素-3-羧酸(0.4 g，2.1 mmol)，加入经 Na_2SO_4 干燥的乙腈 15 mL，搅拌溶解，加入 N,N-二异丙基乙胺（0.347 mL，2.1 mmol）。称取 HATU（1.12 g，2.9 mmol）溶解于 5 mL 乙腈，倒入恒压漏斗中缓慢滴加，溶液变成棕红色。再加入氨基葡萄糖（0.55 g，2.9 mmol）。将温度升至 40 ℃，持续搅拌 2 h 后，再减压抽滤，所得固体经无水乙腈洗涤三次（3×10 mL），得目标产物 **1**，产率为 84%。

6.2.3 结果分析

6.2.3.1 氨基葡萄糖 N-位修饰的酰化香豆素类衍生物的性状及结构表征

实验中，采用 Knoevenagal 合成法合成香豆素-3-羧酸乙酯，经水解生成羧酸。再将氨基葡萄糖进行去盐酸处理，最终生成氨基葡萄糖酰化香豆素衍生物。合成化合物的理化参数、IR、^{1}H NMR、ESI-HRMS 数据见表 6-1、表 6-2 及表 6-3。

表 6-1 目标化合物 1a～1h 的理化性质

化合物	外观	产率/%	熔点/℃	MS（m/z）
1a	白色固体	81	181～182	374.0855[M+Na]⁺
1b	白色固体	72	193～194	388.0990[M+Na]⁺
1c	淡黄色固体	74	142～143	404.0958[M+Na]⁺
1d	淡黄色固体	68	167～168	404.0950[M+Na]⁺
1e	黄色固体	73	212～213	419.0703[M+Na]⁺
1f	淡黄色固体	86	154～155	404.0955[M+Na]⁺
1g	淡黄色固体	85	136～137	392.0753[M+Na]⁺
1h	淡黄色固体	70	186～187	418.1113[M+Na]⁺

表 6-2 目标化合物 1a～1h 的 ^{1}H NMR 数据

化合物	^{1}H NMR(500 MHz, DMSO-d_6)，δ
1a	8.97 (s, 1H, Ar—H), 8.76 (d, J = 9.0 Hz, 1H,N—H), 8.03 (d, J = 5.0 Hz, 1H, Ar—H), 7.78 (t, J = 7.5 Hz, 1H, Ar—H), 7.55 (d, J = 8.5 Hz, 1H, Ar—H), 7.47 (t, J = 7.5 Hz, 1H, Ar—H), 6.71 (d, J = 4.5 Hz, 1H, H^{Glu}), 5.07 (t, J = 4.0 Hz, 1H,H^{Glu}), 4.99 (d, J = 5.5 Hz, 2H, H^{Glu}), 4.48 (t, J = 6.5 Hz, 1H, H^{Glu}), 3.92～3.85 (m, 1H, H^{Glu}),3.69～3.44 (m, 2H, O—H), 3.59～3.44 (m, 2H, O—H), 3.22～3.18 (m, 1H, H^{Glu})

化合物	¹H NMR(500 MHz, DMSO-d₆)，δ
1b	8.97 (s, 1H, Ar—H), 8.79 (d, J = 8.5 Hz, 1H, N—H), 7.81 (s, 1H, Ar—H), 7.61 (dd, J = 8.0 Hz, J = 1.5 Hz, 1H, Ar—H), 7.46 (d, J = 8.5 Hz, 1H, Ar—H), 6.71 (d, J = 4.5 Hz, 1H, H^{Glu}), 5.07 (t, J = 4.0 Hz, 1H, H^{Glu}), 5.00~4.98 (m, 2H, H^{Glu}), 4.49 (t, J = 6.5 Hz, 1H, H^{Glu}), 3.90~3.85 (m, 1H, H^{Glu}), 3.68~3.64 (m, 2H, O—H), 3.50~3.48 (m, 2H, O—H), 3.22~3.18 (m, 1H, H^{Glu}), 2.4 (s, 3H, CH₃)
1c	8.93 (s, 1H, Ar—H), 8.82 (d, J = 9.0 Hz, 1H, N—H), 7.61 (d, J = 3.0 Hz, 1H, Ar—H), 7.50 (m, 1H, Ar—H), 7.40 (m, 1H, Ar—H), 6.71 (d, J = 4.5 Hz, 1H, H^{Glu}), 5.07 (t, J = 4.0 Hz, 1H, H^{Glu}), 5.01~4.96 (m, 2H, H^{Glu}), 4.52~4.45 (m, 1H, H^{Glu}), 3.84 (s, 3H, OCH₃), 3.84~3.81 (m, 1H, H^{Glu}), 3.64~3.62 (m, 2H, O—H), 3.58~3.50 (m, 2H, O—H), 3.22~3.17 (m, 1H, H^{Glu})
1d	8.94 (s, 1H, Ar—H), 8.76 (d, J = 8.5 Hz, 1H, N—H), 7.57 (d, J = 7.0 Hz, 1H, Ar—H), 7.47 (t, J = 8.0 Hz, 1H, Ar—H), 7.15 (d, J = 4.0 Hz, 1H, Ar—H), 6.71 (d, J = 4.5 Hz, 1H, H^{Glu}), 5.07 (t, J = 4.0 Hz, 1H, H^{Glu}), 5.01~4.97 (m, 2H, H^{Glu}), 4.48 (t, J = 6.5 Hz, 1H, H^{Glu}), 3.95 (s, 3H, OCH₃), 3.90~3.86 (m, 1H, H^{Glu}), 3.67~3.62 (m, 2H, O—H), 3.53~3.43 (m, 2H, O—H), 3.22~3.18 (m, 1H, H^{Glu})
1e	9.13 (s, 1H, Ar—H), 8.76 (d, J = 2.5 Hz, 1H, N—H), 8.65 (d, J = 9.0 Hz, 1H, Ar—H), 8.55 (dd, J = 9.0 Hz, J = 2.5 Hz, 1H, Ar—H), 7.77 (d, J = 9.5 Hz, 1H, Ar—H), 6.74 (d, J = 4.5 Hz, 1H, H^{Glu}), 5.09 (t, J = 3.5 Hz, 1H, H^{Glu}), 5.03~4.98 (m, 2H, H^{Glu}), 4.50 (t, J = 6.0 Hz, 1H, H^{Glu}), 3.92~3.85 (m, 1H, H^{Glu}), 3.68~3.64 (m, 2H, O—H), 3.55~3.50 (m, 2H, O—H), 3.24~3.19 (m, 1H, H^{Glu})
1f	8.91 (s, 1H, Ar—H), 8.73 (d, J = 8.5 Hz, 1H, N—H), 7.18~7.15 (m, 2H, Ar—H), 7.08 (dd, J = 8.5 Hz, J = 2.0 Hz, 1H, Ar—H), 6.69 (d, J = 4.5 Hz, 1H, H^{Glu}), 5.06 (t, J = 4.0 Hz, 1H, H^{Glu}), 5.00~4.97 (m, 2H, H^{Glu}), 4.48 (t, J = 5.5 Hz, 1H, H^{Glu}), 3.91 (s, 3H, OCH₃), 3.90~3.86 (m, 1H, H^{Glu}), 3.67~3.63 (m, 2H, O—H), 3.53~3.49 (m, 2H, O—H), 3.22~3.19 (m, 1H, H^{Glu})
1g	8.95 (s, 1H, Ar—H), 8.76 (d, J = 10.5 Hz, 1H, N—H), 7.31~7.27 (m, 1H, Ar—H), 7.19~7.14 (m, 2H, Ar—H), 6.72 (d, J = 4.5 Hz, 1H, H^{Glu}), 5.08 (t, J = 4.0 Hz, 1H, H^{Glu}), 5.03~4.98 (m, 2H, H^{Glu}), 4.50 (t, J = 6.0 Hz, 1H, H^{Glu}), 3.92~3.85 (m, 1H, H^{Glu}), 3.68~3.64 (m, 2H, O—H), 3.53~3.50 (m, 2H, O—H), 3.20~3.18 (m, 1H, H^{Glu})
1h	8.93 (s, 1H, Ar—H), 8.76 (d, J = 8.5 Hz, 1H, N—H), 7.45 (d, J = 8.0 Hz, 1H, Ar—H), 7.39 (t, J = 8.0 Hz, 1H, Ar—H), 7.18 (d, J = 4.0 Hz, 1H, Ar—H), 6.71 (d, J = 4.5 Hz, 1H, H^{Glu}), 5.08 (t, J = 4.0 Hz, 1H, H^{Glu}), 5.02~4.99 (m, 2H, H^{Glu}), 4.48 (t, J = 6.5 Hz, 1H, H^{Glu}), 4.24 (t, 3H, OCH₃), 3.92~3.86 (m, 1H, H^{Glu}), 3.67~3.62 (m, 2H, O—H), 3.52~3.48 (m, 2H, O—H), 3.22~3.19 (m, 1H, H^{Glu}), 2.86 (dd, J = 10.5 Hz, J = 3.0 Hz, 3H, CH₃)

表6-3　目标化合物 1a~1h 的 IR 数据

化合物	IR(KBr)，ν/cm⁻¹
1a	3378, 3032, 2908, 1706, 1634, 1628, 1572, 1491, 1102, 1030, 849
1b	3354, 3092, 2949, 1706, 1616, 1542, 1093, 855
1c	3413, 3050, 2973, 1750, 1667, 1575, 1093, 843
1d	3363, 3095, 2934, 1700, 1613, 1572, 1093, 843
1e	3351, 3047, 2925, 1720, 1646, 1530, 1096, 840
1f	3333, 3095, 2940, 1726, 1622, 1539, 1099, 846
1g	3440, 3044, 2940, 1777, 1602, 1494, 1102, 822
1h	3419, 3092, 2931, 1715, 1613, 1536, 1093, 846

6.2.3.2　氨基葡萄糖 N-位修饰的酰化香豆素类衍生物的波谱数据解析

以 **1a** 为例进行分析，其结构见图 6-4。

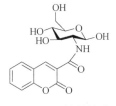

图 6-4　1a 的结构式

产物结构经红外光谱、核磁氢谱、质谱证实。在红外谱图分析中，可以清楚看出，化合物 **1a** 在 3378cm^{-1} 附近出现特征吸收峰，为酰胺键（—NHCO—）中 N—H 的特征吸收；在 1628～1491 cm^{-1} 为芳环上的特征吸收峰；在 1030cm^{-1} 左右出现的强吸收峰，均由氨糖上吡喃醚—C—O—C—伸缩振动产生。

在分析核磁氢谱时，目标化合物 **1a**：^{1}H NMR (500 MHz, DMSO-d$_6$), δ 8.97 (s, 1H, Ar—H), 8.76 (d, J = 9.0 Hz, 1H,N—H), 8.03 (d, J = 5.0 Hz, 1H, Ar—H), 7.78 (t, J = 7.5 Hz, 1H, Ar—H), 7.55 (d, J = 8.5 Hz, 1H, Ar—H), 7.47 (t, J = 7.5 Hz, 1H, Ar—H), 6.71 (d, J = 4.5 Hz, 1H, H^{Glu}), 5.07 (t, J = 4.0 Hz, 1H,H^{Glu}), 4.99 (d, J = 5.5 Hz, 2H, H^{Glu}), 4.48 (t, J = 6.5 Hz, 1H, H^{Glu}), 3.92～3.85 (m, 1H, H^{Glu}), 3.69～3.44 (m, 2H, O—H), 3.59～3.44 (m, 2H, O—H), 3.22～3.18 (m, 1H, H^{Glu})。

由以上数据可知，化合物 **1a** 在 δ 8.97 处有一个单峰，是香豆素母环上的 C—H 峰，在 δ 8.76 处的双重峰为氨基葡萄糖上 N—H 的质子峰，δ 8.03～7.27 为苯环上四个氢，氨基葡萄糖头碳上的氢受到—OH 和 C—O 的影响，出现在 δ 6.71 处，氨基葡萄糖的剩余 C—H 峰和 O—H 峰出现在 5.07～3.18 之间。

化合物 **1a**, ESI-HRMS 测得[M+Na]$^+$为 374.0855,相应的理论值为 374.0846, 测定值与理论值基本一致。

6.2.4　结果讨论

6.2.4.1　实验方案设计

香豆素是一类重要的苯并氧杂环化合物，许多香豆素类化合物与氨基葡萄糖具有相同或是相类似的生物活性。因此，将两者相结合有望丰富和提高相应的活性。设想以水杨醛为出发点，采用 Knoevenagal 合成法，在乙醇溶剂中合成香豆素类衍生物。再将生成的香豆素类衍生物制备成羧酸，通过 *N,N*-二异丙基乙胺与 HATU 的催化，最终氨基葡萄糖盐酸盐脱盐处理，在乙腈溶液中反应生成目标化合物。此方法不仅原料来源广泛，绿色环保，而且合成方法简单有效，操作简便。综上，采用以上方法合成出 8 种氨基葡萄糖酰化香豆素衍生物。

6.2.4.2　实验条件优化

本实验的最终合成步骤是本实验最重要的一个环节，以化合物香豆素-2-羧酸与缩合剂 HATU 为标准，通过改变两者的物料比、调节反应温度、尝试不同极性的溶剂以及选择适合的时间，观测目标化合物 **1a** 反应进程，确定最佳反应条件，为拓展该类化合物的合成提供指导（图 6-5）。

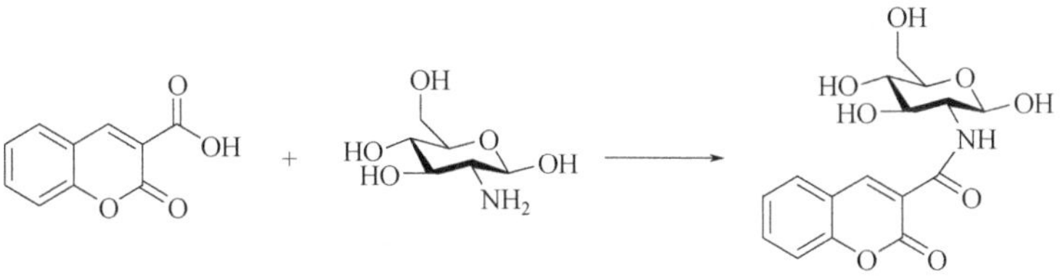

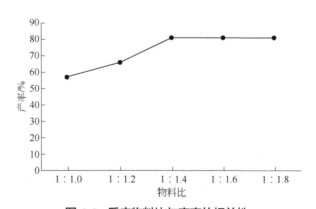

图 6-5　目标产物合成条件的优化

（1）反应物料比的优化

在确定反应温度、时间和溶剂条件下，以反应物摩尔比为变量，以此筛选出最优反应物料比。本实验以化合物香豆素-3-羧酸为基准，选择不同的摩尔比的 HATU，观察产物 **1a** 的产率，确定最佳物料比，见表 6-4、图 6-6。

表 6-4　反应物料比对产率的影响

编号	n（香豆素）：n（HATU）	产率/%	编号	n（香豆素）：n（HATU）	产率/%
1	1 : 1.0	57	4	1 : 1.6	81
2	1 : 1.2	66	5	1 : 1.8	81
3	1 : 1.4	81			

图 6-6　反应物料比与产率的相关性

由上图可知，缩合剂的用量影响反应产率。当 HATU 物质的量是反应物香豆素-3-羧酸的 1.0 和 1.2 倍时，产率在 50%至 70%之间（编号 1、2），主要原因是 HATU 的投料比例较低时，未能与化合物香豆素完全反应，导致与过量的氨基葡萄糖的反应也不充分。HATU 按照香豆素物质的量的 1.4 倍进行投料时，产率达 81%（编号 3），是最佳反应产率。继续增加 HATU 的用量，产率并没有增加（编号 4 和编号 5），还造成缩合剂的浪费。

（2）反应温度的优化

当确定反应的物料比、溶剂与时间时，通过调节不同的反应温度检测反应进程变化，判断温度对实验产率的影响，根据最优产率确定最优的反应温度，见表 6-5、图 6-7。

表 6-5　反应温度对产率的影响

编号	温度/℃	产率/%	编号	温度/℃	产率/%
1	0	NR	4	30	60
2	10	10	5	40	81
3	20	25	6	50	81

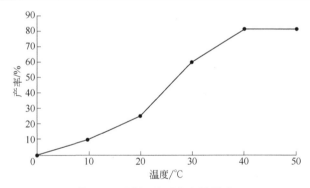

图 6-7　反应温度对产率的影响

由上图可知，选择不同反应温度，实验产率差异明显而又直观。随着温度的变化，产率也产生明显的差别。大部分化学反应需要活化能，该能量来源于反应物分子间的碰撞，温度的提高可以有效增加分子的碰撞概率，在不考虑反应体系的热稳定性条件下，提高温度往往能提高反应产率。本实验存在相同的实验情况，当反应体系处于低温状态时，反应产率较低，甚至不发生反应（编号 1、2、3）。随温度的升高，反应进程也明显加快，当温度升到 40 ℃（编号 5）时，产率达到 81%。当然，合成反应也存在自己的温度上限，本实验将温度升高至 50 ℃（编号 6），产率不再增加。因此，考虑到能量的损耗，挑选 40 ℃ 作为反应的最佳温度。

（3）反应溶剂的优化

当反应物之间的物料比、反应时间和温度都已经确定时，可以探究选择不同的反应溶剂对于产率的影响。因为反应物极性的不同，不同溶剂对反应底物的溶解情况也不相同。通过监测反应进程，以此来确定究竟哪种溶剂更适合本实验。见表 6-6、图 6-8。

表6-6 反应溶剂对产率的影响

编号	溶剂	产率/%	编号	溶剂	产率/%
1	DCM	NR	4	EtOH	60
2	EtOAc	10	5	ACN	81
3	MeOH	46			

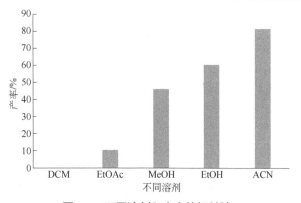

图6-8 不同溶剂和产率的相关性

本次实验，通过选择极性大小不同的反应溶剂，检测这些溶剂对化合物的生成存在的影响。当选择极性较小的二氯甲烷和乙酸乙酯时（编号 1、2），反应结果十分不理想。探究其主要因素，是化合物香豆素、缩合剂 HATU 和氨糖均具有较大极性，在 DCM 和 EtOAc 中并不能较好地溶解。在极性较大的甲醇（MeOH）和乙醇（EtOH）溶剂体系中（编号 3、4），产率中等。但当使用乙腈（ACN）作为反应溶剂时（编号 5），产率达到最高，主要由于乙腈虽然对底物和氨糖的溶解性没有甲醇、乙醇优秀，但对于缩合剂 HATU 的溶解性更好。所以反应溶剂选择乙腈。

（4）反应时间的优化

反应时间同样是影响反应进程的重要因素，随着反应时间的不同，产率或是副产物往往都会发生变化。因此，选择合适反应时间有时不仅能增加原料的利用率，还可以降低能量的损耗。见表6-7、图6-9。

表6-7　反应时间与产率的关系

编号	时间/h	产率/%	编号	时间/h	产率/%
1	0.5	15	4	2.0	81
2	1.0	32	5	2.5	81
3	1.5	58	6	3.0	81

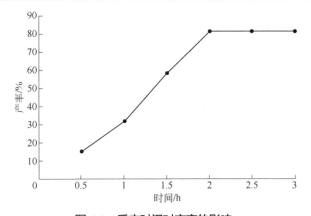

图6-9　反应时间对产率的影响

由上图可知，在一定时间内，时间的增长与产率成正相关。主要原因是，随着反应时间的推移，化合物分子间的碰撞也在不断进行，因此产率也不断增加。当反应时间到达2 h时（编号4），产率达到最大。继续延长时间，发现产率也不再增加。因此，确定最佳反应时间为2 h。

通过上述实验，获得最佳反应条件：反应选择乙腈作为溶剂，HATU 以香豆素-2-羧酸的物质的量的1.4倍进行投料，在40 ℃下反应2 h，可以得到81%的产率。

综上，本节以水杨醛为原料，采用Knoevenagal合成法，在乙醇溶液中合成香豆素类衍生物。再通过水解反应生成羧酸，通过 N, N-二异丙基乙胺与HATU的催化，生成 N-(β-D-吡喃葡萄糖基)-2-(取代香豆素基)-3-甲酰胺衍生物。此方法不仅原料来源广泛，绿色环保，而且合成方法简单高效。在分析和讨论了物料比、反应时间和温度以及反应溶剂对反应进程的影响后，筛选出最佳反应条件，共合成出 8 种氨基葡萄糖酰化香豆素衍生物，产率在 60%以上。

6.3 氨基葡萄糖 *N*-位修饰的酰化香豆酮类衍生物的合成

6.3.1 合成路线

目标化合物合成路线图见图 6-10。

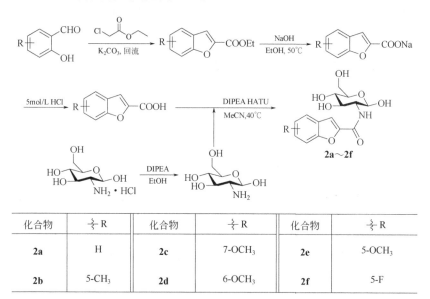

化合物	$\frac{z}{z}$ R	化合物	$\frac{z}{z}$ R	化合物	$\frac{z}{z}$ R
2a	H	**2c**	7-OCH₃	**2e**	5-OCH₃
2b	5-CH₃	**2d**	6-OCH₃	**2f**	5-F

图 6-10 *N*-(*β*-D-吡喃葡萄糖基)-2-(取代香豆酮基)-2-甲酰胺合成路线

6.3.2 实验步骤

香豆酮-2-羧酸乙酯的合成：取 50 mL 圆底烧瓶，加入水杨醛（1.0 g，8 mmol）、20 mL 丙酮溶解，再称量 K₂CO₃（2.12 g，10 mmol），充分搅拌后，加入氯乙酸乙酯（2.1 mL，20 mmol），加热回流 8 h。反应结束，旋干反应溶剂，再加入 15 mL 蒸馏水，使用乙酸乙酯萃取有机层（3×10 mL），再使用饱和食盐水洗涤有机相，加入无水 Na₂SO₄ 干燥，旋蒸，得到产物（1.06 g，5.6 mmol），产率为 70%。

香豆酮-2-羧酸的合成：称取香豆酮-2-羧酸乙酯（0.58 g，3.0 mmol）于 50 mL

圆底烧瓶中，加入 20 mL 无水乙醇，搅拌溶解。配制 10 mL 氢氧化钠（0.16 g，4 mmol）的水溶液，缓慢滴加。滴加结束，将反应溶液升温至 40 ℃，继续搅拌 1.0 h，待溶液充分反应后，滴加 HCl 溶液（0.5mol/L）调节 pH 至 1。静置后，得到粗产物。抽滤，蒸馏水洗涤 3 次（3×10 mL），再用冰乙醇溶液洗涤 3 次（3×10 mL），放置干燥，得白色固体（0.437 g，2.7 mmol）。

氨基葡萄糖的合成：称取氨基葡萄糖盐酸盐（0.542 g，2.52 mmol）于 50 mL 圆底烧瓶，加入 N,N-二异丙基乙胺（0.416 mL，2.52 mmol），搅拌 3 h，得化合物（0.451 g，2.52 mmol）。

2-羰基-N-(2-脱氧-β-D-吡喃糖-2-基)色烯-3-甲酰胺(**2**)的合成：取 50 mL 圆底烧瓶，称入香豆酮-2-羧酸（0.32 g，2.0 mmol），加入经 Na$_2$SO$_4$ 干燥的乙腈 15 mL，搅拌溶解，加入 N,N-二异丙基乙胺（0.71 mL，4.0 mmol）。称取 HATU（1.20 g，3.0 mmol）溶解于 5 mL 乙腈，缓慢加入溶液中，溶液颜色变黄。再加入氨基葡萄糖（0.46 g，2.6 mmol）。维持温度为 30 ℃，持续搅拌 50 min 后，结束反应。再浓缩抽滤，所得固体经乙腈洗涤三次（3×10 mL），得目标产物 **2**，产率为 85%。

6.3.3 结果分析

6.3.3.1 氨基葡萄糖 N-位修饰的酰化香豆酮类衍生物的性状及结构表征

实验中，采用传统的非金属催化法合成香豆酮-2-羧酸。将脱去盐酸盐的氨基葡萄糖与已合成好的香豆酮-2-羧酸反应，生成糖基香豆酮衍生物。采用上述方法，完成了 6 种氨基葡萄糖酰化香豆酮衍生物的合成。合成化合物的理化参数、IR、^{1}H NMR、ESI-HRMS 数据见表 6-8、表 6-9 及表 6-10。

表 6-8 目标化合物 2a~2f 的理化性质

化合物	外观	产率/%	熔点/℃	MS（m/z）
2a	白色固体	85	212~214	374.0907[M+Na]$^+$
2b	白色固体	77	189~190	338.1244[M+H]$^+$
2c	白色固体	64	265~266	376.1009[M+Na]$^+$
2d	白色固体	68	168~169	376.1015[M+Na]$^+$
2e	白色固体	72	181~182	376.1015[M+Na]$^+$
2f	淡黄色固体	76	132~133	364.0811[M+Na]$^+$

表 6-9 目标化合物 2a~2f 的 ^{1}H NMR 数据

化合物	^{1}H NMR(500 MHz, DMSO-d₆)，δ
2a	7.97 (d, J = 8.5 Hz, 1H, N—H), 7.79 (d, J = 7.5 Hz,1H, Ar—H), 7.71 (d, J = 8.5 Hz, 1H, Ar—H), 7.64 (s, J = 8.5 Hz, 1H, Ar—H), 7.51 (m, 1H, Ar—H),7.36 (t, J = 10.0 Hz, 1H, Ar—H), 6.61 (d, J = 4.0 Hz, 1H, H^{Glu}), 5.10 (t, J = 4.0 Hz, 1H, H^{Glu}), 5.02(d, J = 5.5 Hz, 1H, H^{Glu}), 4.85 (d, J = 6.0 Hz, 1H, H^{Glu}), 3.84~3.80 (m, 1H, H^{Glu}), 3.75~3.71 (m,1H, O—H), 3.67~3.64 (m, 2H, O—H), 3.55~3.50(m, 1H, O—H), 3.23~3.17 (m, 1H, H^{Glu})
2b	7.92 (d, J = 8.0 Hz, 1H, N—H), 7,56 (m, 2H, Ar—H), 7.30 (d, J = 8.5 Hz, 1H, Ar—H), 7.17 (d, J = 4.0 Hz, 1H, Ar—H), 6.61 (d, J = 4.0 Hz, 1H, H^{Glu}), 5.09(t, J = 3.5 Hz, 1H, H^{Glu}), 5.02 (d, J = 5.5 Hz, 1H, H^{Glu}), 4.85 (d, J = 5.5 Hz, 1H, H^{Glu}), 3.84~3.80 (m, 1H, H^{Glu}), 3.75~3.71 (m, 1H, O—H) 3.67~3.64 (m, 2H, O—H), 3.53~3,49(m, 1H, O—H), 3.22~3.16 (m,1H, H^{Glu}), 2.42 (s, 3H, C—H)
2c	8.07 (d, J = 6.5 Hz, 1H, N—H), 7.20 (s, 1H, Ar—H), 7.12 (m, 2H,Ar—H), 6.94 (d, J = 8.5 Hz, 1H, Ar—H), 6.56(d, J = 4.0 Hz, 1H, H^{Glu}), 5.09 (t, J = 3.5 Hz, 1H, H^{Glu}), 5.02 (d, J = 5.5 Hz, 1H, H^{Glu}), 4.85 (d, J = 5.5 Hz, 1H, H^{Glu}), 3.94 (s, 3H, —OCH₃), 3.84~3.80 (m, 1H, H^{Glu}), 3.75~3.71 (m, 1H, O—H) 3.67~3.64 (m, 2H, O—H), 3.53~3.49(m, 1H,O—H), 3.22~3.16 (m, 1H, H^{Glu})
2d	8.30 (d, J = 9.0 Hz, 1H, N—H), 7.73 (d, J = 8.5 Hz, 1H, Ar—H),7.56 (s, 1H, Ar—H), 7.27 (d, J = 1.5 Hz, 1H, Ar—H), 6.98 (m, 1H, Ar—H), 6.61 (d, J = 6.0 Hz, 1H, H^{Glu}), 5.09 (t, J = 4.0 Hz, 1H. H^{Glu}), 5.07 (d, J = 5.5 Hz, 1H, H^{Glu}), 4.85 (d, J = 5.5 Hz, 1H, H^{Glu}), 3.84 (s, 3H, —OCH₃), 3.83~3.80 (m, 1H, H^{Glu}), 3.75~3.71 (m, 1H, O—H), 3.67~3.64 (m, 2H, O—H), 3.53~3.49 (m, 1H, O—H), 3.22~3.16 (m, 1H, H^{Glu})
2e	7.90 (d, J = 3.5 Hz, 1H, N—H), 7.60 (d, J = 9.0 Hz, 1H, Ar—H),7.55 (s, 1H, Ar—H), 7.27 (d, J = 3.0 Hz, 1H, Ar—H),7.07 (m, 1H, Ar—H), 6.60 (d, J = 4.5 Hz, 1H, H^{Glu}), 5.09(t, J = 3.5 Hz, 1H, H^{Glu}), 5.01 (d, J = 5.5 Hz, 1H, H^{Glu}), 4.84 (d, J = 5.5 Hz, 1H, H^{Glu}), 3.81 (s, 3H, —OCH₃), 3.73~3.70 (m, 1H, H^{Glu}), 3.68~3.63 (m, 2H, O—H), 3.54~3.50 (m, 1H, O—H), 3.46~3.42 (m, 1H, O—H), 3,22~3.18 (m, 1H, H^{Glu})
2f	8.06 (d, J = 8.0 Hz, 1H, N—H), 7.63 (s, 1H, Ar—H), 7.61 (d, J = 8.0 Hz, 1H, Ar—H), 7.21 (s, 1H, Ar—H), 7.10 (m, 1H, Ar—H), 6.61 (d, J = 4.0 Hz, 1H, H^{Glu}), 5.09(t, J = 4.0 Hz, 1H, H^{Glu}), 5.02 (d, J = 5.5 Hz, 1H, H^{Glu}), 4.85 (d, J = 6.0 Hz, 1H, H^{Glu}), 3.85~3.81 (m, 1H, H^{Glu}), 3.74~3.70 (m, 1H, O—H), 3.65~3.62 (m, 2H, O—H), 3.53~3.46 (m, 1H, O—H), 3.24~3.18 (m, 1H, H^{Glu})

表 6-10 目标化合物 2a~2f 的 IR 数据

化合物	IR(KBr)，ν/cm⁻¹
2a	3401, 3065, 2360, 1593, 1447, 1215, 795
2b	3403, 3060, 2345, 1588, 1437, 1201, 792
2c	3412, 3050, 2344, 1583, 1424, 1254, 780
2d	3377, 3010, 2340, 1606, 1437, 1197, 812
2e	3420, 301 7, 2360, 1579, 1436, 1208, 780
2f	3421, 3009, 2401, 1573, 1438, 1213, 791

6.3.3.2 氨基葡萄糖 N-位修饰的酰化香豆酮类衍生物波谱数据解析

以 **2a** 为例进行分析，其结构见图 6-11。

产物结构经红外光谱、核磁氢谱、质谱证实。在红外谱图分析中，由化合物 **2a** 的红外谱图可以看出，在 3401cm⁻¹ 附近出现特征吸收峰，为酰胺键

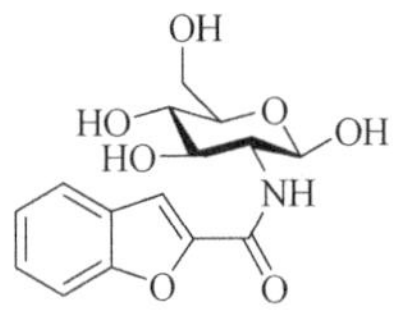

图 6-11　2a 的结构式

（—NHCO—）中 N—H 的特征吸收，1593～1134 cm^{-1} 为芳环上的特征峰。

在分析核磁氢谱时，化合物 **2a**：^{1}H NMR (500 MHz, DMSO-d$_6$)，7.97 (d, $J = 8.5$ Hz, 1H, N—H), 7.79 (d, $J = 7.5$ Hz,1H, Ar—H), 7.71 (d, $J = 8.5$ Hz, 1H, Ar—H), 7.64 (s, $J = 8.5$ Hz, 1H, Ar—H), 7.51 (m, 1H, Ar—H),7.36 (t, $J = 10.0$ Hz, 1H, Ar—H), 6.61 (d, $J = 4.0$Hz, 1H, H^{Glu}), 5.10 (t, $J = 4.0$ Hz, 1H, H^{Glu}), 5.02(d, $J = 5.5$ Hz, 1H, H^{Glu}), 4.85 (d, $J = 6.0$ Hz, 1H, H^{Glu}), 3.84～3.80 (m, 1H, H^{Glu}), 3.75～3.71 (m,1H, O—H), 3.67～3.64 (m, 2H, O—H), 3.55～3.50(m, 1H, O—H), 3.23～3.17 (m, 1H, H^{Glu})。

由以上数据可知，在 $\delta7.97$ 处的双重峰为氨基葡萄糖与香豆酮酰化的 N—H 的质子峰，香豆酮芳环上的 5 个氢处于 $\delta7.79$～7.36 之间，$\delta6.61$ 处为氨基葡萄糖上头碳位置的氢，氨糖上剩余的 C—H 和 O—H 处于 $\delta5.10$～3.17 之间。

化合物 **2a**，ESI-HRMS 测得[M+Na]$^+$为 374.0907,相应的理论值为 374.0897,测定值与理论值基本一致。

6.3.4　结果讨论

6.3.4.1　实验方案设计

传统合成法合成香豆酮一般采用弱碱作为催化剂。本实验采用水杨醛作为初始原料，在丙酮溶液中合成香豆酮类衍生物。再在制得香豆酮类衍生物后，水解生成羧酸，通过 *N,N*-二异丙基乙胺与 HATU 的催化，最终与脱去盐酸盐的氨基葡萄糖在乙腈溶液中反应，生成目标化合物。此方法不仅原料来源广泛，绿色环保，而且合成方法简单有效，操作简便。采用以上方法合成出 6 种氨糖香豆酮酰胺类衍生物。

6.3.4.2　实验条件优化

本实验的最终合成步骤是本实验最重要的一个环节，以化合物香豆酮-2-羧酸与缩合剂 HATU 为代表，通过检测反应进程，来确定不同的物料比、反应温度和反应时间以及溶剂选择对最终产物 **2a** 究竟有何影响，确定最佳反应条件，拓展该系列化合物的合成路线（图 6-12）。

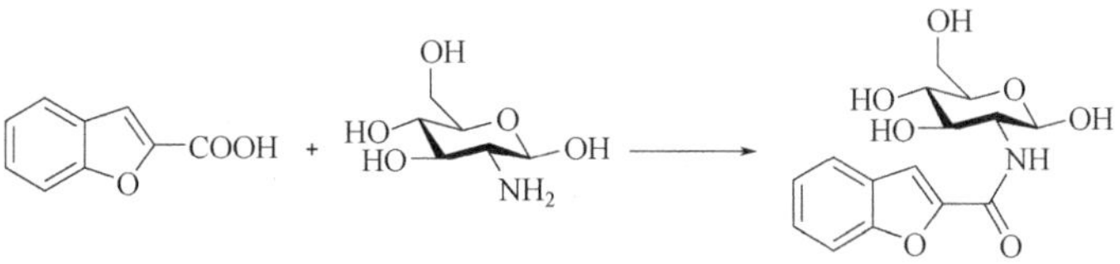

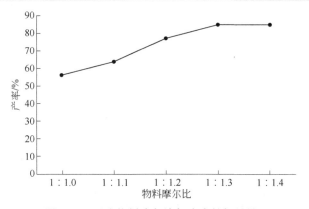

图 6-12 目标产物合成条件的优化

（1）物料摩尔比的优化

在确定反应时间、温度和反应溶剂条件下，以反应物摩尔比为变量，以此筛选出最优反应物料比。本实验以化合物香豆酮-2-羧酸为基准，选择不同的摩尔比的 HATU，观察产物 **2a** 的产率，确定最佳物料比，见表 6-11、图 6-13。

表 6-11　反应物料摩尔比对产率的影响

编号	n（香豆酮）：n（HATU）	产率/%	编号	n（香豆酮）：n（HATU）	产率/%
1	1：1.0	56	4	1：1.3	85
2	1：1.1	64	5	1：1.4	85
3	1：1.2	77			

图 6-13　反应物料摩尔比与产率的相关性

由上图可知，缩合剂 HATU 的用量影响反应产率。当反应物 HATU 投入物质的量是底物的 1.0、1.1、1.2 和 1.3 倍时，产率不断增加，并在 1.3 倍时达到最大产率 85%，是最优反应产率。继续增加 HATU 的使用量到 1.4 倍时，产率没有发生变化。因为 HATU 具有较大的分子量，投入过量的 HATU 还需要增加反应溶剂的使用，并且造成缩合剂的浪费，所以本实验选择 HATU 与化合物香豆酮-2-羧酸的摩尔比为 1.3∶1。

(2) 反应温度的优化

在已经确定反应的时间、物料比与反应溶剂时，通过检测不同温度下反应进程变化，判断温度对实验产率的影响，借此筛选出最佳的反应温度。见表 6-12、图 6-14。

表 6-12　反应温度对产率的影响

编号	温度/℃	产率/%	编号	温度/℃	产率/%
1	0	NR	4	30	81
2	10	35	5	40	81
3	20	66	6	50	81

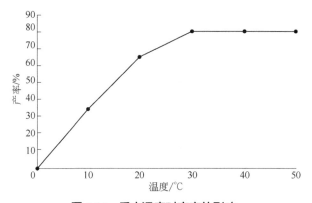

图 6-14　反应温度对产率的影响

选择不同反应温度，结果明显而又直观地反映在实验产率中。随着温度的变化，产率也产生明显的改变。大部分化学反应需要活化能，该能量来源于反应物分子间的碰撞，温度的提高可以有效增加分子的碰撞概率，在不考虑反应体系的热稳定性条件下，提高温度往往能提高反应产率。本实验存在相同的实验情况，当反应体系处于低温状态时，反应产率较低，甚至不发生反应（编号 1、2、3）。随温度的升高，反应进程也明显加快，当温度升到 30 ℃（编号 5）时，产率达到最大，为 81%。当然，合成反应也存在自己的温度上限，本实验将温度升高至 50 ℃（编号 6），产率不再增加。因此，考虑到能量的损耗，挑选 30 ℃作为反应的最佳温度。

(3) 溶剂的优化

当反应之间的投料比、时间和温度都已经确定，便可以考察溶剂对于反应的影响。因为反应物极性的不同，溶剂的选择对反应产率同样十分重要，本实验通过监测反应进程，以此来确定溶剂究竟在本实验起到什么样的作用。见表6-13、图6-15。

表6-13 反应溶剂对产率的影响

编号	溶剂	产率/%	编号	溶剂	产率/%
1	DCM	NR	4	EtOH	46
2	EtOAc	NR	5	ACN	85
3	MeOH	38			

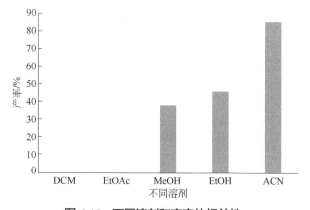

图6-15 不同溶剂和产率的相关性

考察溶剂极性的大小对反应产生的影响，当选择二氯甲烷（编号1）和乙酸乙酯（编号2）作为反应溶剂时，未得到产物，主要因为香豆酮羧酸和氨糖极性较大，在DCM和EtOAc中并不能较好地溶解，因此也无法相互作用。当使用甲醇（MeOH）和乙醇（EtOH）作为溶剂时（编号3、4），能得到一定产率的产物，但当使用溶剂乙腈（ACN）作为反应溶剂时（编号5），产率却能达到85%，主要由于乙腈能够充分使得HATU与羧酸反应，进而促进与氨糖反应。所以反应溶剂选择乙腈。

(4) 反应时间的优化

反应时间同样是影响反应进程的重要因素，随着反应时间的不同，产率或是副产物往往都会发生变化。因此，选择合适反应时间有时不仅能增加原料的利用率，也可以降低能量的损耗。其相互关系见表6-14、图6-16。

表6-14 反应时间与产率的关系

编号	时间/min	产率/%	编号	时间/min	产率/%
1	10	11	4	40	73
2	20	32	5	50	85
3	30	54	6	60	85

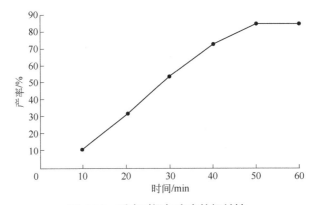

图6-16 反应时间与产率的相关性

由上图可知，在 50 min 内，时间的增长与产率成正相关。主要原因是，随着反应时间的推移，化合物分子间的碰撞也在不断进行，因此产率也不断增加。当反应时间到达 50 min 时（编号 5），产率达到最大。继续延长时间，发现产率也不再增加。因此，确定最佳反应时间为 50 min。

通过反复实验，获得最佳反应条件：温度设定为 30 ℃，反应选择乙腈作为溶剂，在 HATU 与香豆酮-2-羧酸摩尔比为 1.3∶1 的条件下反应 50 min，可以得到 85%产率。

综上，本节同样以水杨醛为原料，采用传统非金属催化法，在丙酮溶剂中合成香豆酮类衍生物。再通过水解反应生成羧酸，通过有机碱与缩合剂的催化，生成 N-(β-D-吡喃葡萄糖基)-2-(取代香豆酮基)-2-甲酰胺衍生物。此合成方法操作简单。讨论了反应时间和温度、物料比及反应溶剂的选择对目标化合物合成的影响，得到最佳反应条件，共合成出 6 种氨基葡萄糖酰化香豆酮衍生物，产率在60%以上。

6.4 氨基葡萄糖 *N*-位修饰的酰化色酮类衍生物的合成

6.4.1 合成路线

目标化合物合成路线图见图 6-17。

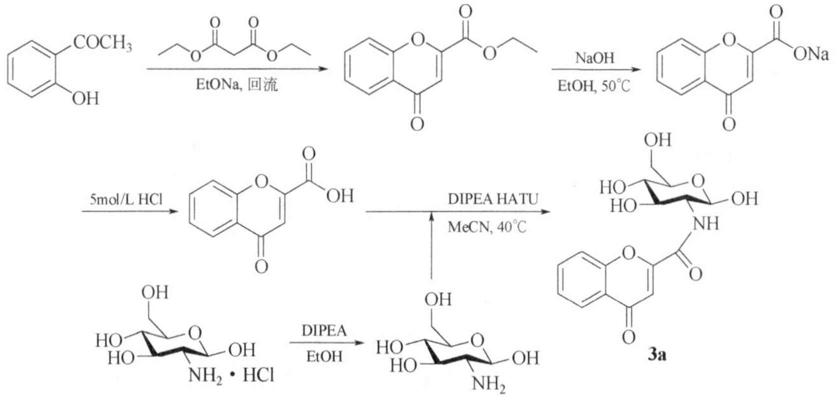

图 6-17 *N*-(β-D-吡喃葡萄糖基)-2-(取代色酮基)-3-甲酰胺合成路线

6.4.2 实验步骤

色酮-2-羧酸乙酯的合成：取 50 mL 圆底烧瓶，称取乙醇钠（0.2g，3mmol）加入 20 mL 无水乙醇溶解。再加入邻羟基苯乙酮（530 μL，5 mmol）、草酸二乙酯（2.7 mL，20 mmol），加热回流 10 h。反应结束，冷却至室温，有固体析出，得到粗产物。静置，减压抽滤，冰乙醇洗涤 3 次（3×10 mL），放置干燥，得白色固体（0.75 g，3.4 mmol），产率为 68%。

色酮-2-羧酸的合成：称取色酮-2-羧酸乙酯（0.5 g，2.3 mmol）于 50 mL 圆底烧瓶中，加入 20 mL 无水乙醇，搅拌溶解。配制 10 mL 氢氧化钠（0.16 g，4 mmol）的水溶液，缓慢滴加到溶液中，持续搅拌。滴加结束，将反应溶液升温至 40 ℃，继续搅拌 1.0 h，充分反应后，滴加 HCl 溶液（0.5 mol/L）调节溶液至酸性。静置后，得到粗产物。减压抽滤，饱和食盐水洗涤 3 次（3×10 mL），冰乙醇溶液洗涤 3 次（3×10 mL），放置干燥，得白色固体（0.34 g，1.8 mmol）。

氨基葡萄糖的合成：称取氨基葡萄糖盐酸盐（1.1 g，5.0 mmol）于 50mL 圆底烧瓶，加入 N,N-二异丙基乙胺（1.3 mL，7.5 mmol），搅拌 2 h，得化合物（0.9 g，5.0 mmol）。

4-羰基-N-(2-脱氧-β-D-吡喃糖-2-基)色烯-3-甲酰胺(3)的合成：取 50 mL 圆底烧瓶，称入色酮-2-羧酸（0.4 g，2.1 mmol），加入经 Na₂SO₄ 干燥的乙腈 15 mL，搅拌溶解，加入 N,N-二异丙基乙胺（0.347 mL，2.1 mmol）。称取 HATU（1.60 g，4.2 mmol）溶解于 5 mL 乙腈，溶液变成黄色。再加入氨基葡萄糖（0.56 g，3.1 mmol）。将溶液加热至 45 ℃，持续搅拌 1.5 h 后，再减压抽滤，所得固体经无水乙腈洗涤三次（3×10 mL），得目标产物（0.55 g，1.6 mmol），产率为 75%。

6.4.3　结果分析

6.4.3.1　氨基葡萄糖 N-位修饰的酰化色酮类衍生物的性状及结构表征

实验中，采用 Kostanecki 合成法合成色酮-2-羧酸。再将氨基葡萄糖进行除盐酸处理，最终合成氨基葡萄糖酰化色酮。合成化合物的理化参数、IR、^{1}H NMR 及 ESI-HRMS 数据见表 6-15、表 6-16 及表 6-17。

表 6-15　目标化合物 3a 的理化性质

化合物	外观	产率/%	MS（*m/z*）
3a	白色固体	75	374.0855[M+Na]⁺

表 6-16　目标化合物 3a 的 ^{1}H NMR 数据

化合物	^{1}H NMR(500 MHz, DMSO-d₆)，δ
3a	δ 8.87 (d, *J* = 4.5 Hz ,1H, Ar—H)，8.09 (d, *J* =7.5 Hz, 1H, N—H)，7.94 (t, *J* = 7.0 Hz, 1H, Ar—H)，7.79 (d, *J* = 8.0 Hz, 1H, Ar—H)，7.58 (d, *J* = 8.0Hz, 1H, Ar—H)，6.86 (s, 1H, Ar—H)，6.76 (d, *J* = 6.0 Hz, 1H, H^{Glu})，5.07～5.04 (m, 2H, H^{Glu})，4.73 (t, *J* = 6.5 Hz, 1H, H^{Glu})，4.58 (t, *J* = 5.5 Hz, 1H, H^{Glu})，3.66～3.60 (m, 2H, O—H)，3.57～3.53 (m, 1H,H^{Glu})，3.51～3.48 (m, 2H, O—H)，3.18～3.13 (m, 1H, H^{Glu})

表 6-17　目标化合物 3a 的 IR 数据

化合物	IR(KBr)，*ν*/cm⁻¹
3a	3301, 2950, 2873, 1651, 1547, 1465, 1268, 757, 653

6.4.3.2　氨基葡萄糖 *N*-位修饰的酰化色酮类衍生物波谱数据解析

以 **3a** 为例进行分析，其结构见图 6-18。

产物结构经核磁氢谱、质谱证实，由 **3a** 核磁氢谱数据可知，化合物 **3a** 在 δ 8.87 处有一个单峰，是色酮环 C5 上的 C—H 峰，在 δ 8.09 处的双重峰为氨基葡萄糖上 N—H 的质子峰，δ 7.94～7.58 为苯环上剩余三个氢，δ 6.86 是色酮母环上的 C—H 峰，氨基葡萄糖头碳上的氢出现在 δ 6.76 处，氨基葡萄糖的剩余 C—H 峰和 O—H 峰出现在 δ 5.07～3.13 之间。

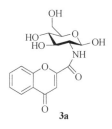

图 6-18　**3a** 的结构式

化合物 **3a**，ESI-HRMS 测得 $[M+Na]^+$ 为 374.0855，相应的理论值为 374.0846，测定值与理论值基本一致。

6.4.4　结果讨论

6.4.4.1　实验方案设计

色酮也具有苯并吡喃环结构，期望将它们引入氨基葡萄糖中。设想以邻羟基苯乙酮为出发点，采用 Kostanecki 合成法，在乙醇溶液中合成色酮类衍生物。再将制备的色酮类衍生物水解成羧酸类衍生物，通过 *N,N*-二异丙基乙胺与 HATU 的催化，最终与脱去盐酸盐的氨基葡萄糖在乙腈和乙醇混合溶液中反应，生成目标化合物。此方法不仅原料来源广泛，绿色环保，而且合成方法简单有效，操作简单。综上，采用以上方法，合成出 1 种氨基葡萄糖酰化色酮。

6.4.4.2　实验条件优化

本实验的最终合成步骤是本实验最关键的一个环节，选取色酮-2-羧酸和缩合剂 HATU 为代表，通过检测反应进程，来确定不同的物料比、反应温度和时间以及选择合适溶剂，使得最终产物 **3a** 能够达到最高的产率，为该类化合物的合成筛选出最适合的实验条件（图 6-19）。

（1）物料比的优化

在设定反应温度、反应时间和确定反应溶剂后，以反应物摩尔比为变量，筛选出最优反应物料比。本实验以化合物色酮-2-羧酸为基准，选择不同的摩尔比的 HATU，观察产物 **3a** 的产率，确定最佳物料比，见表 6-18、图 6-20。

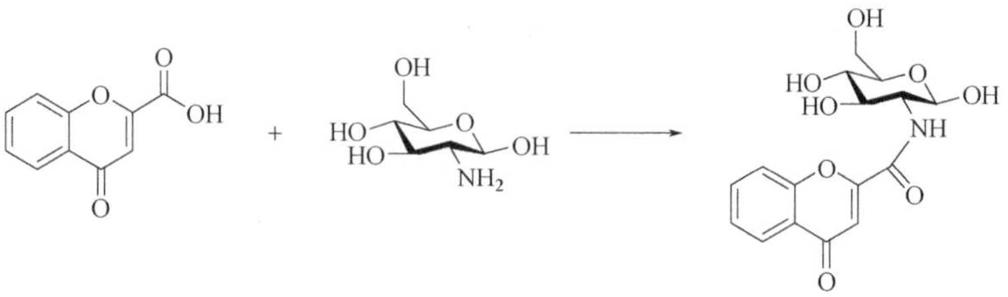

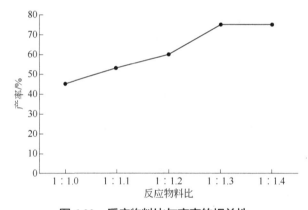

图 6-19　目标产物合成条件的优化

表 6-18　反应物料比对产率的影响

编号	n（色酮-2-羧酸）：n（HATU）	产率/%	编号	n（色酮-2-羧酸）：n（HATU）	产率/%
1	1：1.0	45	4	1：1.3	75
2	1：1.1	53	5	1：1.4	75
3	1：1.2	60			

图 6-20　反应物料比与产率的相关性

由上图可知，缩合剂 HATU 的用量影响反应产率。当反应物 HATU 投入物质的量是反应物色酮-2-羧酸的 1.0、1.1、1.2 和 1.3 倍时，产率不断增加，并在 1.3 倍时达到最大产率 75%，是最优反应产率。继续增加 HATU 的使用量到 1.4 倍时，产率没有发生变化，因为 HATU 具有较大的分子量，投入过量的 HATU 还需要增加反应溶剂的使用，并且造成缩合剂的浪费，所以本实验选择 HATU 与底物的摩尔比为 1.3：1。

（2）温度的优化

当确定反应的物料比、溶剂与时间时，通过筛选不同的反应温度检测反应进程变化，判断温度对实验产率的影响，以此确定最优的反应温度。见表 6-19、

图 6-21。

表 6-19 反应温度对产率的影响

编号	温度/℃	产率/%	编号	温度/℃	产率/%
1	0	NR	4	45	75
2	15	35	5	60	70
3	30	62			

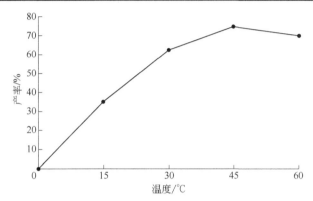

图 6-21 反应温度与产率的相关性

选择不同反应温度，结果明显而又直观地反映在实验产率中。随着温度的变化，产率也产生明显的差别。大部分化学反应需要活化能，该能量来源于反应物分子间的碰撞，温度的提高可以有效增加分子的碰撞概率，在不考虑反应体系的热稳定性条件下，提高温度往往能提高反应产率。本实验也与合成氨糖香豆素类化合物存在相同的实验情况，当反应体系处于低温状态时，反应产率较低，甚至不发生反应（编号 1、2、3）。随着温度的升高，反应进程也明显加快，当温度升到 45 ℃（编号 5）时，产率达到 75%。然而，将温度继续升高至 60 ℃（编号 6），产率反而有所下降。这一现象产生一方面可能是缩合剂失活造成的，另一方面也可能是副产物增多导致的。综上，选择 45 ℃作为反应的最佳温度。

（3）溶剂的优化

反应物间的投料比、时间和温度都已经确定，便可以考察溶剂对于反应的影响。因为反应物极性的不同，溶剂的选择对反应产率同样十分重要，本实验通过检测反应进程，以此来确定溶剂究竟在本实验起到什么样的作用。见表

6-20、图 6-22。

表6-20　反应溶剂对产率的影响

编号	溶剂	产率/%	编号	溶剂	产率/%
1	DCM	5	4	EtOH	50
2	EtOAc	11	5	ACN	75
3	MeOH	36			

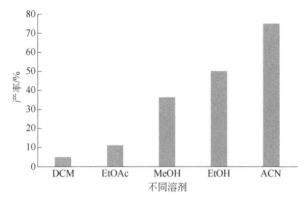

图 6-22　不同溶剂对产率的影响

本实验中，选择极性大小不一的反应溶剂，经过相互比较发现，当选择极性较小的二氯甲烷和乙酸乙酯时（编号 1、2），反应结果十分不理想。探究其主要原因是色酮羧酸和化合物氨糖极性较大，在 DCM 和 EtOAc 中并不能较好地溶解。在极性较大的甲醇（MeOH）和乙醇（EtOH）溶剂体系中（编号 3、4），产率中等。但当使用溶剂乙腈（ACN）作为反应溶剂时（编号 5），产率达到最高，主要由于乙腈虽然对底物的溶解性没有甲醇、乙醇优秀，但是对于缩合剂 HATU 的溶解性更好。所以反应溶剂选择乙腈。

（4）时间的优化

反应时间同样是影响反应进程的重要因素，随着反应时间的不同，产率或是副产物往往都会发生变化。因此，选择合适反应时间有时不仅能增加原料的利用率，也可以降低能量的损耗。见表 6-21、图 6-23。

本实验中，反应产率也随着反应时间的增加而增加。反应时间从 0.3 h 升至 1.5 h，产率也从 11% 提升至 75%（编号 1~5）。延长时间至 1.8 h，发现产率并无明显变化。将所得反应液浓缩，经过柱色谱，得到目标化合物。因此，最佳反应时间为 1.5 h。

表 6-21 反应时间与产率的关系

编号	时间/h	产率/%	编号	时间/h	产率/%
1	0.3	11	4	1.2	66
2	0.6	32	5	1.5	75
3	0.9	54	6	1.8	75

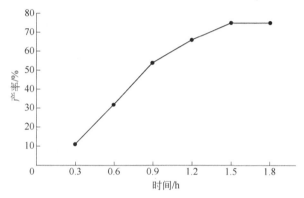

图 6-23　反应时间与产率的相关性

通过上述条件筛选，得出最佳反应条件：以色酮-2-羧酸与 HATU 的物料比为 1∶1.3，温度为 45 ℃，在乙腈溶液中，历经 1.5 h 的反应时间。

综上，本节以邻羟基苯乙酮为原料，采用传统非金属催化法，在丙酮溶剂中合成色酮衍生物。再通过水解反应生成羧酸，通过有机碱与缩合剂的催化，生成 N-(β-D-吡喃葡萄糖基)-2-(取代色酮基)-2-甲酰胺衍生物。此合成讨论了物料比、反应时间和温度以及反应溶剂对目标化合物合成的影响，得到最佳反应条件，简单、高效地合成含氨糖色酮衍生物，产率为 75%。

6.5　氨基葡萄糖 N-位修饰的酰胺类衍生物的生物活性研究

对以上 3 个系列氨基葡萄糖 N-位修饰的酰胺类衍生物,共计 15 个化合物进行了乙酰胆碱酯酶抑制活性研究,其实验方法、测试结果如下。

6.5.1 实验方法

6.5.1.1 溶液的配制

同 3.6.1.1。

6.5.1.2 实验原理

同 3.6.1.2。

6.5.2 结果分析

6.5.2.1 活性测定结果

每个化合物平行测定三次并取其平均值，根据公式计算抑制率，具体测试结果见表 6-22。

表 6-22 目标化合物体外胆碱酯酶抑制活性测定结果

化合物	结构	抑制率/%	化合物	结构	抑制率/%
1a		60	**1e**		40
1b		71	**1f**		56
1c		34	**1g**		28
1d		43	**1h**		62

化合物	结构	抑制率/%	化合物	结构	抑制率/%
2a		84	2e		38
2b		33	2f		44
2c		45	3a		75
2d		57			

6.5.2.2 结果分析

由上表可以看出，所合成出目标产物对乙酰胆碱酯酶均有较高的抑制活性，大多数化合物对乙酰胆碱酯酶的抑制率在 50% 以上，其中氨基葡萄糖 *N*-位修饰的酰化香豆酮化合物 **2a** 的抑制效果最优，抑制率达到 84%。

参考文献

[1] Wang Y, Yan W, Chen Q, et al. Inhibition viral RNP and anti-inflammatory activity of coumarins against influenza virus [J]. Biomedicine & Pharmacotherapy, 2017, 87: 583-588.

[2]   Hamdy A M, Khaddour Z, Al-masoudi N A, et al. Synthesis of arylated coumarins by Suzuki–Miyaura cross-coupling. Reactions and anti-HIV activity [J]. Bioorganic & medicinal chemistry, 2016, 24(21): 5115-5126.

[3]   Zhang R-R, Liu J, Zhang Y, et al. Microwave-assisted synthesis and antifungal activity of novel coumarin derivatives: Pyrano [3, 2-c] chromene-2, 5-diones [J]. European journal of medicinal chemistry, 2016, 116: 76-83.

[4]   Zhang L, Yao Y C, Gao M Y, et al. Anticancer activity and DNA binding property of the trimers of triphenylethylene coumarin hybrids [J]. Chinese Chemical Letters, 2016, 27(11): 1708-1716.

[5]   Liu J, Jiang F, Jiang X, et al. Synthesis and antimicrobial evaluation of 3-methanone-6-substituted-benzofuran derivatives [J]. European journal of medicinal chemistry, 2012, 54: 879-886.

[6]   Galal S A, Abd El-all A S, Hegab K H, et al. Novel antiviral benzofuran-transition metal complexes [J]. European journal of medicinal chemistry, 2010, 45(7): 3035-3046.

[7]   Judd D, Cardwell K, Panchal T, et al. Benzofuran based non-peptide antagonists of angiotensin Ⅱ related to GR117289: part Ⅳ; imidazopyridinylbenzofurans [J]. Bioorganic & Medicinal Chemistry Letters, 1994, 4(5): 725-728.

[8]   Sashidhara K V, Modukuri R K, Sonkar R, et al. Hybrid benzofuran–bisindole derivatives: New prototypes with promising anti-hyperlipidemic activities [J]. European journal of medicinal chemistry, 2013, 68: 38-46.

[9]   Desai S, Sun W, Gabriel J, et al. The synthesis and preliminary evaluation of substituted chromones, coumarins, chromanones, and benzophenones as retinoic acid receptor ligands [J]. Heterocyclic Communications, 2008, 14(3): 129-136.

[10]   Ceylan-Ünlüsoy M, Verspohl E J, Ertan R. Synthesis and antidiabetic activity of some new chromonyl-2, 4-thiazolidinediones [J]. Journal of enzyme inhibition and medicinal chemistry, 2010, 25(6): 784-789.

[11]   Simmons D L. What makes a good anti-inflammatory drug target? [J]. Drug discovery today, 2006, 11(5-6): 210-219.

[12]   Zhang Y, Jung S Y, Jin C, et al. Design and synthesis of 4-aryl-4-oxobutanoic acid amides as calpain inhibitors [J]. Bioorganic & medicinal chemistry letters, 2009, 19(2): 502-507.

第**7**章

氨基葡萄糖 *N*-位修饰的1,2,4-三氮唑类衍生物的合成及生物活性研究

　　三氮唑是由两个碳原子和三个氮原子组成的五元杂环，包括两种互变异构形式的 1,2,3-三氮唑和 1,2,4-三氮唑，其独特的五元芳香氮杂环结构使三唑环易发生多种非共价键相互作用，而且可作为噻唑、吡啶等的替代品[1]。1,2,4-三氮唑表现出广谱的生物活性，如抗癌、抗肿瘤、抗氧化、抗菌等[2]。目前 1,2,4-三氮唑已成为药物设计中重要的结构单元，很多药物含有 1,2,4-三氮唑环，如三唑酮、三唑醇[3]、伏立康唑[4]、米曲唑[5]等。将其引入氨基葡萄糖结构中，有望得到具有较好生物活性的化合物。

　　（1）抗菌活性

　　Patel 等[6]采用一锅法设计合成了一系列含有 1,2,4-三氮唑酰胺结构的化合物。经过体外抗菌实验研究发现，取代基为甲氧基的化合物对革兰氏阳性菌和绿脓杆菌表现出较强的抗菌活性（图 7-1），其 IC_{50} 值较低，分别为 2.54 μmol/L、3.78 μmol/L。

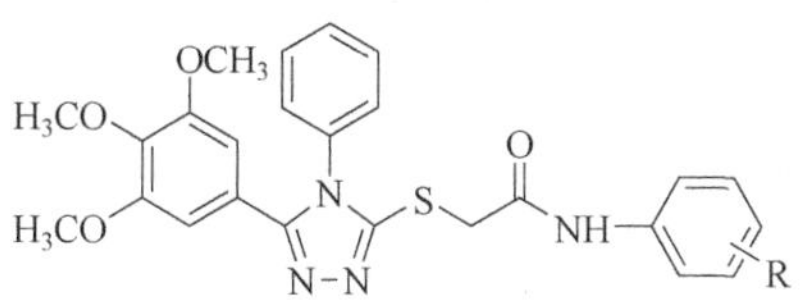

图 7-1　1,2,4-三氮唑酰胺类化合物的结构

Khera 等[7]设计合成了一系列含噁唑烷酮的 1,2,4-三氮唑衍生物（图 7-2），研究结果表明，此类化合物对所测试的革兰氏阳性菌表现出了良好的抗菌活性，其 CYP 浓度小于 10μmol/L，比阳性对照药利奈唑胺的效力高 2 至 4 倍。

（2）抗炎活性

Mohamed 等[8]采用一锅法制备了一系列基于 1,2,4-三氮唑的席夫碱衍生物，以吲哚美辛为对照药，采用卡拉胶诱导的大鼠足水肿方法测试目标化合物的抗炎活性。所测试的化合物均表现了较好的抗炎活性（图 7-3），其平均抑制率为 60.79%～64.52%。

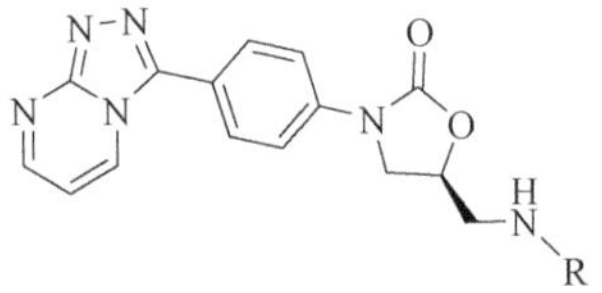

图 7-2　含噁唑烷酮的 1,2,4-三氮唑
衍生物的结构

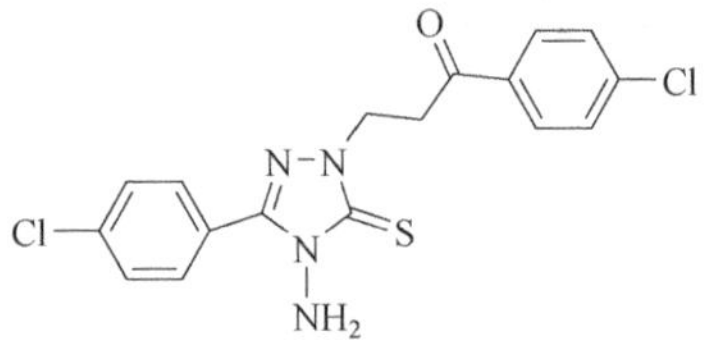

图 7-3　1,2,4-三氮唑胺基类
化合物的结构

Walaa 等[9]设计合成了一系列乙酰氨基取代的 1,2,4-三氮唑衍生物，以吲哚美辛为阳性对照药，经分析得知，取代基为对甲氧基的化合物具有较好的抗炎效果（图 7-4），且活性优于吲哚美辛，具有进一步研究的潜在价值。

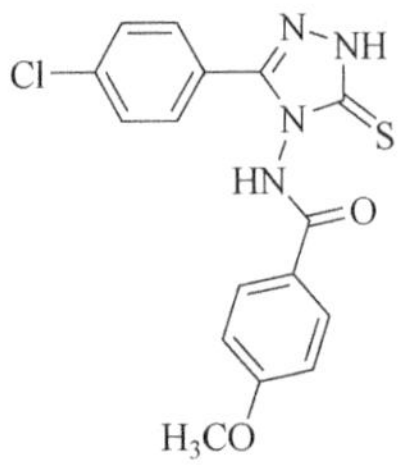

图 7-4　对甲氧基 1,2,4-三氮唑
类化合物的结构

（3）抗肿瘤活性

Kaldrikyan 等[10]以 5-甲基苯并呋喃-2-羧酸乙酯、水合肼以及取代异硫氰酸酯等为原料，设计合成了一系列 1,2,4-三氮唑衍生物（图 7-5），经过抗肿瘤活性测试，研究结果表明，多数化合物表现了很好的抑制肉瘤生长的效果。

（4）抗癌活性

Kamal[11]等用 3-肼基-4-甲基等一系列原料设计合成了 6 种含有 1,2,4-三氮唑甲酰胺的化合物（图 7-6）。研究表明，这些化合物对于 RPMI-8226 癌细胞具有一定的体外增殖抑制活性，特别是取代基为甲氧基的化合物表现出的抗癌活性最佳。

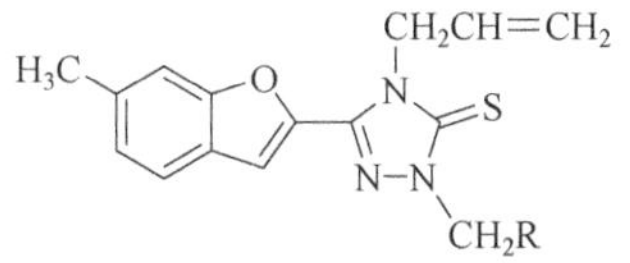

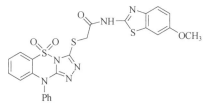

图 7-5　苯并呋喃的 1,2,4-三氮唑类
化合物的结构

图 7-6　含 1,2,4-三氮唑甲酰胺的
化合物的结构

Murty[12]等以取代羧酸为原料，合成了多个系列的 1,2,4-三氮唑衍生物（图 7-7）。并且利用 MTT 法测试了这些衍生物对 U937 细胞、THP-1 细胞、COLO-205 细胞、MCF-7 细胞以及 HL-60 细胞五种不同的癌细胞的体外增殖抑制活性。以依托泊苷为阳性对照药，测试结果分析，大部分化合物显示了不同程度的抗癌效果。

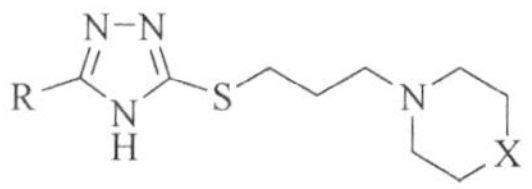

综上所述，基于 1,2,4-三氮唑具有广泛生物活性，本章节研究通过化学修饰，将 1,2,4-三氮唑结构引入氨基葡萄糖，设计合成了一系列含 1,2,4-三氮唑结构的氨基葡萄糖衍生物，内容如下。

图 7-7　1,2,4-三氮唑衍生物的结构

7.1　氨基葡萄糖 *N*-位修饰的 1,2,4-三氮唑类衍生物的合成

7.1.1　合成路线

目标化合物合成路线图见图 7-8。

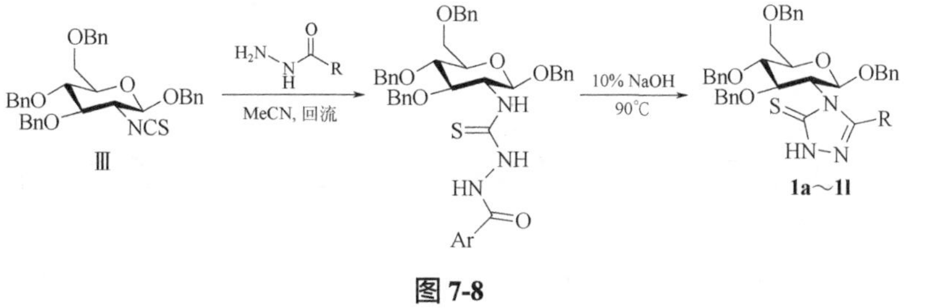

图 7-8

化合物	⌇-Ar	化合物	⌇-Ar	化合物	⌇-Ar
1a	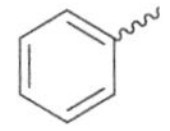 苯基	**1e**	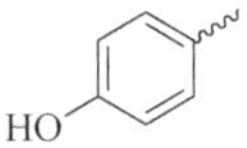 4-羟基苯基 (HO—)	**1i**	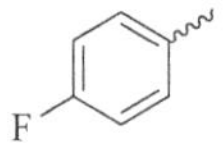 4-氟苯基 (F—)
1b	 噻吩基 (S)	**1f**	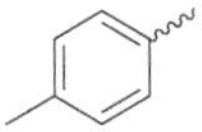 4-甲基苯基	**1j**	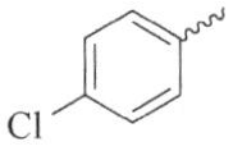 4-氯苯基 (Cl—)
1c	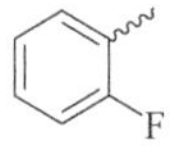 2-氟苯基 (F)	**1g**	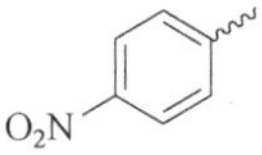 4-硝基苯基 (O_2N—)	**1k**	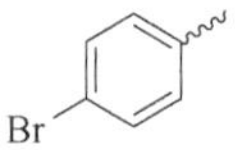 4-溴苯基 (Br—)
1d	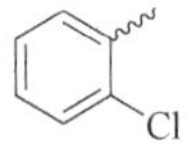 2-氯苯基 (Cl)	**1h**	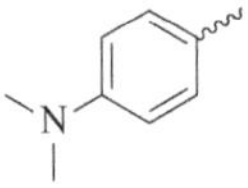 4-二甲氨基苯基	**1l**	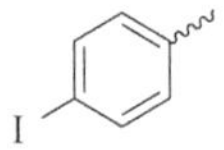 4-碘苯基 (I—)

图 7-8　目标化合物 **1a～1l** 的合成路线

7.1.2　实验步骤

N-(1,3,4,6-四-O-苄基-2-脱氧-β-D-吡喃糖-2-基)-N'-芳酰胺基硫脲的合成：称取芳基酰肼化合物（3.8 mmol）和 2-脱氧-2-异硫氰酸酯-1,3,4,6-四-O-苄基-β-D-吡喃糖Ⅲ（2 g, 3.4 mmol）溶于 30 mL 乙腈中，移至油浴锅，70 ℃下反应，反应毕，蒸除溶剂，得粗品 N-(1,3,4,6-四-O-苄基-2-脱氧-β-D-吡喃糖-2-基)-N'-芳酰胺基硫脲。

3-芳基-4-(1,3,4,6-四-O-苄基-2-脱氧-β-D-吡喃糖-2-基)-1H-1,2,4-三唑-5(4H)-硫酮（**1a～1l**）的合成：称取化合物 N-(1,3,4,6-四-O-苄基-2-脱氧-β-D-吡喃糖-2-基)-N'-芳酰胺基硫脲（2 mmol）溶于盛有 20 mL 10%氢氧化钠水溶液的烧瓶中，移至油浴锅，90 ℃下反应，TCL 监测反应，反应毕，用盐酸调节 pH 至 6～7，二氯甲烷萃取，蒸馏水洗涤，得粗品 **1**，经柱色谱得纯品。

7.1.3　结果分析

7.1.3.1　氨基葡萄糖 N-位修饰的 1,2,4-三氮唑类衍生物的性状及结构表征

共合成 12 种目标化合物,合成化合物的理化参数、IR、^{1}H NMR、ESI-HRMS 数据见表 7-1、表 7-2 及表 7-3。

表 7-1　目标化合物 1a～1l 的理化性质

化合物	外观	产率/%	熔点/℃	MS（m/z）
1a	白色固体	88	139～140	722.2654[M+Na]⁺
1b	淡黄色固体	93	145～146	706.2405[M+H]⁺
1c	白色固体	91	112～113	718.2744[M+H]⁺
1d	白色固体	84	106～107	756.2265[M+Na]⁺
1e	白色固体	82	96～97	716.2785[M+H]⁺
1f	白色固体	88	136～137	714.2999[M+H]⁺
1g	黄色固体	79	103～104	745.2694[M+H]⁺
1h	淡黄色固体	81	131～132	765.3072[M+Na]⁺
1i	白色固体	87	127～128	718.2748[M+H]⁺
1j	白色固体	85	123～124	734.2447[M+H]⁺
1k	白色固体	90	132～133	778.1942[M+H]⁺
1l	淡黄色固体	77	127～128	848.1621[M+Na]⁺

表 7-2　目标化合物 1a～1l 的 ¹H NMR 数据

化合物	¹H NMR(500 MHz, DMSO-d₆)，δ
1a	14.08 (s, 1H, N—H), 7.57～7.44 (m, 5H, Ar—H), 7.36～7.24 (m, 14H, Ar—H), 7.23～7.19 (m, 2H, Ar—H), 7.18～7.12 (m, 2H, Ar—H), 7.07～7.03 (m, 2H, Ar—H), 6.21 (d, J = 8.0 Hz, 1H, H^{Glu}), 5.65 (dd, J = 10.0、8.5 Hz, 1H, H^{Glu}), 4.82 (d, J = 12.0 Hz, 1H, —CH₂Ph), 4.71 (dd, J = 11.0、4.0 Hz, 2H, —CH₂Ph), 4.59～4.48 (m, 4H, —CH₂Ph), 4.41 (d, J = 11.0 Hz, 1H, —CH₂Ph), 3.93 (t, J = 9.0 Hz, 1H, H^{Glu}), 3.75～3.63 (m, 3H, H^{Glu}), 3.50 (t, J = 9.0 Hz, 1H, H^{Glu})
1b	14.13 (s, 1H, N—H), 7.86 (d, J = 5.0 Hz, 1H, Ar—H), 7.46 (d, J = 5.0 Hz, 1H, Ar—H), 7.39～7.31 (m, 7H, Ar—H), 7.30～7.20 (m, 10 H, Ar—H), 7.15～7.10 (m, 2H, Ar—H), 7.02 (s, 2H, Ar—H), 6.18 (d, J = 8.5 Hz, 1H, H^{Glu}), 5.59 (t, J = 9.0 Hz, 1H, H^{Glu}), 4.82 (d, J = 12.0 Hz, 1H, —CH₂Ph), 4.74～4.68 (m, 2H, —CH₂Ph), 4.60～4.51 (m, 4H, —CH₂Ph), 4.39 (d, J = 11.5 Hz, 1H, —CH₂Ph), 4.15 (t, J = 9.0 Hz, 1H, H^{Glu}), 3.77～3.64 (m, 3H, H^{Glu}), 3.58 (t, J = 9.0 Hz, 1H, H^{Glu})
1c	14.25 (s, 1H, N—H), 7.68～7.60 (m, 1H, Ar—H), 7.42 (t, J = 9.0 Hz, 1H, Ar—H), 7.38～7.25 (m, 16H, Ar—H), 7.20 (d, J = 7.0 Hz, 2H, Ar—H), 7.15 (d, J = 7.0 Hz, 2H, Ar—H), 7.10 (d, J = 4.5 Hz, 2H, Ar—H), 6.12 (d, J = 8.0 Hz, 1H, H^{Glu}), 5.61 (t, J = 9.0 Hz, 1H, H^{Glu}), 4.80 (d, J = 12.5 Hz, 1H, —CH₂Ph), 4.73～4.65 (m, 2H, —CH₂Ph), 4.58～4.43 (m, 5H, —CH₂Ph), 3.73～3.58 (m, 4H, H^{Glu}), 3.47 (t, J = 9.0 Hz, 1H, H^{Glu})
1d	14.18 (s, 1H, N—H), 7.62～7.34 (m, 3H, Ar—H), 7.33～7.24 (m, 15H, Ar—H), 7.23～7.16 (m, 4H, Ar—H), 7.15～7.13 (m, 2H, Ar—H), 6.11 (d, J = 8.0 Hz, 1H, H^{Glu}), 5.63 (t, J = 5.0 Hz, 1H, H^{Glu}), 4.88～4.73 (m, 2H, —CH₂Ph), 4.71～4.61 (m, 1H, —CH₂Ph), 4.56～4.45 (m, 5H, —CH₂Ph), 3.69 (t, J = 9.0 Hz, 1H, H^{Glu}), 3.68～3.47 (m, 3H, H^{Glu}), 3.45 (t, J = 9.0 Hz, 1H, H^{Glu})
1e	13.92 (s, 1H, N—H), 10.07 (s, 1H, —OH), 7.38～7.24 (m, 16H, Ar—H), 7.21 (d, J = 7.0 Hz, 2H, Ar—H), 7.14 (d, J = 7.0 Hz, 2H, Ar—H), 7.03 (d, J = 7.0 Hz, 2H, Ar—H), 6.83 (d, J = 8.0 Hz, 2H, Ar—H), 6.20 (d, J = 8.5 Hz, 1H, H^{Glu}), 5.62 (t, J = 9.0 Hz, 1H, H^{Glu}), 4.81 (d, J = 12.5 Hz, 1H, —CH₂Ph), 4.68 (dd, J = 11.0、7.5 Hz, 2H, —CH₂Ph), 4.59～4.49 (m, 4H, —CH₂Ph), 4.38 (d, J = 11.0 Hz, 1H, —CH₂Ph), 3.95 (t, J = 9.0 Hz, 1H, H^{Glu}), 3.75～3.62 (m, 3H, H^{Glu}), 3.50 (t, J = 9.0 Hz, 1H, H^{Glu})

化合物	^{1}H NMR(500 MHz, DMSO-d$_6$)，δ
1f	14.02 (s, 1H, N—H), 7.39～7.32 (m, 7H, Ar—H), 7.31～7.25 (m, 11H, Ar—H), 7.24～7.20 (m, 2H, Ar—H), 7.17～7.12 (m, 2H, Ar—H), 7.07～7.02 (m, 2H, Ar—H), 6.20 (d, J = 8.0 Hz, 1H, H^{Glu}), 5.63 (t, J = 8.5 Hz, 1H, H^{Glu}), 4.82 (d, J = 12.0 Hz, 1H, —CH$_2$Ph), 4.71 (d, J = 11.0 Hz, 2H, —CH$_2$Ph), 4.58～4.48 (m, 4H, —CH$_2$Ph), 4.40 (d, J = 11.0 Hz, 1H, —CH$_2$Ph), 3.92 (t, J = 8.5 Hz, 1H, H^{Glu}), 3.75～3.63 (m, 3H, H^{Glu}), 3.49 (t, J = 9.0 Hz, 1H, H^{Glu}), 3.30 (s, 3H, —CH$_3$)
1g	14.28 (s, 1H, N—H), 8.41～8.31 (m, 2H, Ar—H), 7.82～7.69 (m, 2H, Ar—H), 7.44～6.99 (m, 20H, Ar—H), 6.19 (d, J = 8.0 Hz, 1H, H^{Glu}), 5.63 (t, J = 9.0 Hz, 1H, H^{Glu}), 4.81 (t, J = 11.0 Hz, 1H, —CH$_2$Ph), 4.77～4.67 (m, 2H, —CH$_2$Ph), 4.60～4.48 (m, 4H, —CH$_2$Ph), 4.41 (t, J = 10.0 Hz, 1H, —CH$_2$Ph), 3.89 (t, J = 8.5 Hz, 1H, H^{Glu}), 3.75～3.63 (m, 3H, H^{Glu}), 3.56 (t, J = 8.5 Hz, 1H, H^{Glu})
1h	13.87 (s, 1H, N—H), 7.37～7.25 (m, 16H, Ar—H), 7.25～7.21 (m, 2H, Ar—H), 7.17～7.13 (m, 2H, Ar—H), 7.06～7.02 (m, 2H, Ar—H), 6.75 (d, J = 9.0 Hz, 2H, Ar—H), 6.22 (d, J = 8.0 Hz, 1H, H^{Glu}), 5.64 (dd, J = 10.5、9.0 Hz, 1H, H^{Glu}), 4.83 (d, J = 12.5 Hz, 1H, —CH$_2$Ph), 4.69 (t, J = 10.0 Hz, 2H, —CH$_2$Ph), 4.59～4.49 (m, 4H, —CH$_2$Ph), 4.40 (d, J = 11.0 Hz, 1H, H^{Glu}), 4.03 (dd, J = 10.5、8.5 Hz, 1H, H^{Glu}), 3.75～3.63 (m, 3H, H^{Glu}), 3.49 (t, J = 9.0 Hz, 1H, H^{Glu}), 2.95 (s, 6H, —CH$_3$)
1i	14.25 (s, 1H, N—H), 7.68～7.60 (m, 1H, Ar—H), 7.42～7.25 (m, 17H, Ar—H), 7.20～7.10 (m, 6H, Ar—H), 6.12 (d, J = 8.0 Hz, 1H, H^{Glu}), 5.61 (dd, J = 10.0、8.5 Hz, 1H, H^{Glu}), 4.80 (d, J = 12.0 Hz, 1H, —CH$_2$Ph), 4.73～4.65 (m, 2H, —CH$_2$Ph), 4.58～4.43 (m, 4H, —CH$_2$Ph), 4.52～4.45 (m, 1H, —CH$_2$Ph), 3.75～3.58 (m, 4H, H^{Glu}), 3.47 (t, J = 9.0 Hz, 1H, H^{Glu})
1j	14.12 (s, 1H, N—H), 7.53～7.48 (m, 2H, Ar—H), 7.38～7.26 (m, 16H, Ar—H), 7.25～7.21 (m, 2H, Ar—H), 7.17～7.12 (m, 2H, Ar—H), 7.07～7.03 (m, 2H, Ar—H), 6.19 (d, J = 8.0 Hz, 1H, H^{Glu}), 5.63 (dd, J = 10.0、8.5 Hz, 1H, H^{Glu}), 4.82 (d, J = 12.5 Hz, 1H, —CH$_2$Ph), 4.71 (dd, J = 11.0、5.0 Hz, 2H, —CH$_2$Ph), 4.60～4.48 (m, 4H, —CH$_2$Ph), 4.40 (d, J = 11.0 Hz, 1H, —CH$_2$Ph), 3.87 (dd, J = 10.5、8.5 Hz, 1H, H^{Glu}), 3.75～3.63 (m, 3H, H^{Glu}), 3.52 (t, J = 9.0 Hz, 1H, H^{Glu})
1k	14.17 (s, 1H, N—H), 7.75 (d, J = 7.0 Hz, 2H, Ar—H), 7.40～7.24 (m, 18H, Ar—H), 7.16～6.95 (m, 4H, Ar—H), 6.19 (d, J = 7.0 Hz, 1H, H^{Glu}), 5.62 (t, J = 8.5 Hz, 1H, H^{Glu}), 4.82 (d, J = 11.5 Hz, 1H, —CH$_2$Ph), 4.76～4.64 (m, 2H, —CH$_2$Ph), 4.57～4.47 (m, 4H, —CH$_2$Ph), 4.40 (d, J = 10.5 Hz, 1H, —CH$_2$Ph), 3.88 (t, J = 8.0 Hz, 1H, H^{Glu}), 3.71～3.65 (m, 3H, H^{Glu}), 3.54 (t, J = 8.0 Hz, 1H, H^{Glu})
1l	14.12 (s, 1H, N—H), 7.90 (d, J = 7.5 Hz, 2H, Ar—H), 7.40～7.21 (m, 18H, Ar—H), 7.14 (d, J = 7.5 Hz, 2H, Ar—H), 7.04 (d, J = 7.0 Hz, 2H, Ar—H), 6.19 (d, J = 8.0 Hz, 1H, H^{Glu}), 5.61 (t, J = 9.5 Hz, 1H, H^{Glu}), 4.81 (d, J = 12.5 Hz, 1H, —CH$_2$Ph), 4.70 (d, J = 11.0 Hz, 2H, —CH$_2$Ph), 4.60～4.47 (m, 4H, —CH$_2$Ph), 4.39 (d, J = 11.0 Hz, 1H, —CH$_2$Ph), 3.88 (t, J = 9.0 Hz, 1H, H^{Glu}), 3.75～3.60 (m, 3H, H^{Glu}), 3.54 (t, J = 8.5 Hz, 1H, H^{Glu})

表7-3　目标化合物 1a~1l 的 IR 数据

化合物	IR(KBr)，ν/cm^{-1}
1a	3431, 3088, 2927, 1557, 1509, 1450, 1359, 1267, 1048, 915
1b	447, 3073, 2929, 1582, 1359, 1271, 1076, 911
1c	433, 3089, 2925, 1560, 1359, 1269, 1059, 913
1d	3421, 3063, 2926, 1604, 1361, 1263, 1061, 917
1e	3418, 3201, 3062, 2924, 1513, 1386, 1211, 1053, 912
1f	3439, 3089, 2948, 1516, 1360, 1253, 1057, 908
1g	3424, 3090, 2924, 1559, 1347, 1261, 1057, 918
1h	3423, 3087, 2868, 1614, 1362, 1288, 1058, 909
1i	3429, 3063, 2869, 1611, 1363, 1267, 1058, 910

化合物	IR(KBr)，ν/cm^{-1}
1j	3446, 3088, 2941, 1606, 1361, 1255, 1057,917
1k	3427, 3086, 2941, 1602, 1357, 1273, 1058, 911
1l	3428, 3087, 2928, 1600, 1360, 1269, 1027, 917

7.1.3.2 氨基葡萄糖 *N*-位修饰的 1,2,4-三氮唑类衍生物的波谱数据解析

以 **1a** 为例进行分析，其结构见图 7-9。

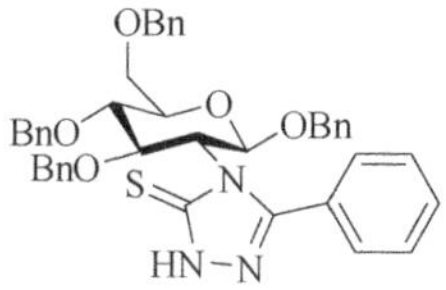

产物结构经红外光谱、核磁氢谱、质谱证实。在红外谱图分析中，将中间体化合物与 **1a** 进行对比，以发现在成环前后，两种化合物之间红外谱图的不同。

图 7-9 **1a** 的结构式

在 3440 cm^{-1} 左右出现的吸收峰，为成环前的化合物结构中 *N,N'*-二酰肼基[—C2^{Glu}—NH—C(S)—NH—NH—C(O)—]的 N—H 特征吸收峰，同时在 1687 cm^{-1} 和 1278 cm^{-1} 处分别出现 C=O、C=S 的特征吸收峰；与成环前的化合物相比，化合物 **1a** 在 3431~3300 cm^{-1} 处出现宽峰为三氮唑环上 N—H 的特征吸收峰，在 1509 cm^{-1} 出现的峰为三氮唑上 C=N 的峰，但在 1687 cm^{-1} 没有羰基的吸收峰，而 1267 cm^{-1} 处仍然出现硫羰基的特征吸收峰，说明了三氮唑硫酮存在的合理性；此外，成环前的化合物和 **1a** 分别在 1064 cm^{-1}、1048cm^{-1} 处出现糖环上醚键（—C—O—C—）的特征峰，同时两者都在 915 cm^{-1} 左右有吸收，表明糖环为 β-构型。

在分析核磁氢谱时，成环前化合物与化合物 **1a** 进行比较，通过观察氢谱中氢的得失来判断反应过程。

成环前中间体化合物：^{1}H NMR (500 MHz, DMSO-d$_6$)，δ: 10.40 (s, 1H, N—H)，9.49 (s, 1H, N—H), 8.27 (d, *J* = 7.5 Hz, 1H, N—H), 7.92 (d, *J* = 4.5 Hz, 1H, Ar—H), 7.86 (d, *J* = 6.0 Hz, 1H, Ar—H), 7.44~7.23 (m, 20H, Ar—H), 7.20~7.10 (m, 3H, Ar—H), 4.84 (d, *J* = 11.5 Hz, 1H, H^{Glu}), 4.73 (d, *J* = 14.0 Hz, 2H, —CH$_2$Ph), 4.64~4.48 (m, 6H, —CH$_2$Ph), 3.81~3.60 (m, 3H, H^{Glu}), 3.50~3.40 (m, 3H, H^{Glu})。

目标化合物 **1a**：^{1}H NMR (500 MHz, DMSO-d$_6$), δ: 14.08 (s, 1H, N—H), 7.57~7.44 (m, 5H, Ar—H), 7.36~7.24 (m, 14H, Ar—H), 7.23~7.19 (m, 2H, Ar—H), 7.18~7.12 (m, 2H, Ar—H), 7.07~7.03 (m, 2H, Ar—H), 6.21 (d, *J* = 8.0 Hz,

1H, H^{Glu}), 5.65 (dd, J = 10.0、8.5 Hz, 1H, H^{Glu}), 4.82 (d, J = 12.0 Hz, 1H, —CH$_2$Ph), 4.71 (dd, J = 11.0、4.0 Hz, 2H, —CH$_2$Ph), 4.59~4.48 (m, 4H, —CH$_2$Ph), 4.41 (d, J = 11.0 Hz, 1H, —CH$_2$Ph), 3.93 (t, J = 9.0 Hz, 1H, H^{Glu}), 3.75~3.63 (m, 3H, H^{Glu}), 3.50 (t, J = 9.0 Hz, 1H, H^{Glu})。

由上述数据可知，成环前化合物在 δ 10.40 和 δ 9.49 各出现一个单峰，这是由于成环前化合物的 N,N'-二酰基肼[—C(S)—NH—NH—C(O)—]上两个氮原子分别与羰基、硫羰基相连，周围并没有与 C—H 相连，且两个氮原子的氢很活泼，互换速度快，导致氮原子上的氢都不出现裂分；在 δ 8.27 出现双重峰，这是成环前化合物结构中氨糖的 2-位氨基与硫羰基相连[—C2^{Glu}—NH—C(S)—]的 N—H 受到 C2^{Glu}—H 影响，发生偶合裂分所致。与成环前化合物相对比，目标产物 **1a** 在 δ 14.08 出现一个单峰，而在 δ 10.42、δ 9.51 和 δ 8.27 均没有出现峰，这正是由于 1,2,4-三氮唑-3-硫酮的生成，在 δ 14.08 出现的单峰是三氮唑环上[—C(S)—NH—N=C—]的 N—H 因其受环上硫羰基（C=S）的去屏蔽作用，且并没有与 C—H 相连所致。在 δ 9.51 和 δ 8.27 并没有出现峰，是因为成环前化合物[—C(S)—NH—NH—C(O)—]羰基旁的 N—H 和[—C2^{Glu}—NH—C(S)—]硫羰基旁的 N—H 参与三氮唑的构建，氮原子周围并无氢原子相连，所以在 δ 9.51 和 δ 8.27 处不产生化学位移。两种物质都在 δ 7.92~7.03 出现多重峰，均为苯环的氢，在 δ 4.82~4.41 出现的峰，是苄基上亚甲基的氢。此外，由于氨基葡萄糖的 C1 与两氧原子相连，C1 氢的化学位移值相对于糖环上其他位的氢处于低场最大值，且偶合常数值证明了苄基保护的糖环是 β-构型。

化合物 **1a**，ESI-HRMS 测得[M+Na]$^+$为 722.2654，相应的理论值为 722.2659，测定值与理论值基本一致。

7.1.4 结果讨论

7.1.4.1 实验路线设计

实验起始，设想将氨糖盐酸盐脱盐后，没有保护羟基的情况下，2-位氨基直接转化为异硫氰酸酯，可是实验过程中发现氨糖上的羟基极易发生反应，甚至导致糖环的破坏，副产物太多。为此，选择性对羟基进行保护，有利于氨糖 2-位上氨基的反应。实验在讨论对羟基的保护时，鉴于对羟基选择性的保护，优先考虑了易脱除的乙酰基，但在实现 2-位氨基向异硫氰酸酯转化的过程中，发现酰化的氨基葡萄糖在碱性条件下（三乙胺、氢氧化钠），易脱去保护的乙酰基，生成未知物质。因此，选用了耐酸、碱的苄基保护，苄基保护的氨糖在碱性条件下（三乙胺、氢氧化钠），有效生成糖基异硫氰酸酯，与芳基酰肼反应，得 N-糖基-N'-芳酰胺基硫脲。糖基酰胺基硫脲的结构中含有氨基、羰基和硫羰基，碱性条件下，氨糖上的氨基易于进攻羰基的碳正离子，脱水成环。1,2,4-氮三唑衍生物的合成按三氮唑间接构造法的中间体不同主要分为：N,N'-二酰基肼类化合物碱性条件下的环合体系和缩氨基硫脲类衍生物的氧化环合体系。缩氨基硫脲类衍生物的氧化环合体系成环试剂有 FeCl$_3$、PPA、Cu(ClO$_4$)$_2$ 等，但在成环过程中缺点较多，如：条件苛刻、副反应较多和环境污染较大等。为此，选用 N,N'-二酰基肼类化合物碱性条件下的环合体系。故实验选用浓度为 10%的氢氧化钠作为碱性环合剂，进而环合成目标产物。

7.1.4.2 实验条件优化

实验中选取成环前化合物作为反应底物模板，探究了环合试剂、环合试剂的浓度、反应温度及时间对目标产物 **1a** 产率的影响，优化了合成条件，确定最佳反应条件，为扩展该系列其他目标产物的合成提供参考依据。如图 7-10 所示。

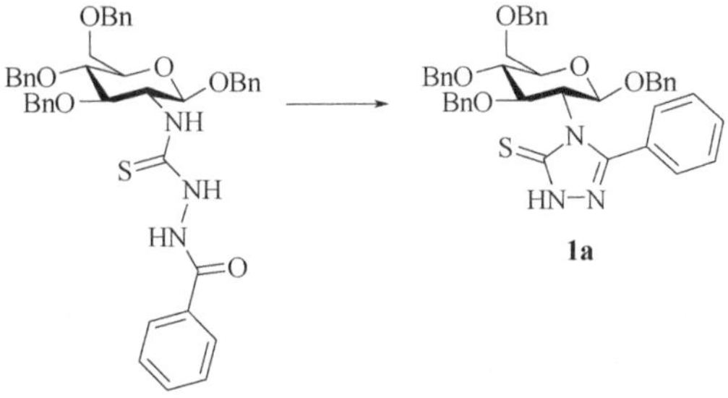

图 7-10 目标产物合成条件的优化

（1）环合试剂的优化

以反应温度、时间及环合试剂的浓度为固定量，环合试剂为变量，考察环合试剂的影响，以目标产物 **1a** 的产率为标准，确定最佳环合试剂。见表 7-4、图 7-11。

实验中，成环前化合物环合成糖基 1,2,4-三氮唑的过程中，选用三乙胺与吡啶作为环合试剂时，成环前化合物并没有发生反应（编号 1 和 2）。选用碳酸钾和碳酸钠为环合试剂时，催化环合过程中，TLC 跟踪反应，发现新点出现，说明已发生反应，但由于碳酸钾与碳酸钠的弱碱性，导致所得产率仅为 14% 和 13%（编号 3 和 4）。选择氢氧化钾和氢氧化钠作为环合试剂，催化环合过程中，发现经此两种无机碱作用均能得到较高产率，分别达到 86%、88%（编号 5 和 6），但氢氧化钾的碱性比氢氧化钠大，加热过程中，会使糖环破坏，影响产率，且氢氧化钾的价格高于氢氧化钠，故选择氢氧化钠作为环合试剂。

表 7-4　环合试剂与产率的相关性

编号	环合试剂	产率/%	编号	环合试剂	产率/%
1	TEA	NR	4	Na_2CO_3	13
2	pyridine	NR	5	KOH	86
3	K_2CO_3	14	6	NaOH	88

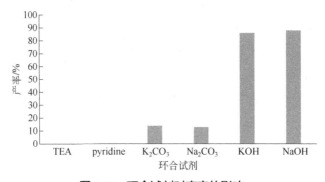

图 7-11　环合试剂对产率的影响

（2）环合试剂浓度的优化

以环合试剂、反应温度及时间为固定量，环合试剂的浓度为变量，考察环合试剂碱性浓度的影响，以目标产物 **1a** 的产率为标准，确定环合试剂最佳浓度。见表 7-5、图 7-12。

表 7-5　环合试剂浓度对产率的影响

编号	浓度/%	产率/%	编号	浓度/%	产率/%
1	5	57	5	25	17
2	10	88	6	30	NR
3	15	87	7	35	NR
4	20	63			

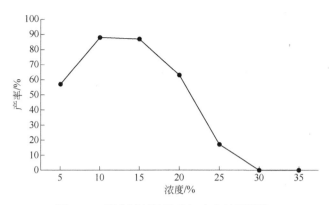

图 7-12　环合试剂的浓度与产率的相关性

实验中，根据产率，发现碱性环合体系下，氢氧化钠的浓度对于糖基三氮唑的生成至关重要。从上表数据来看，当氢氧化钠的浓度由 5%增至 15%（编号 1、2 和 3）时，产率明显增加。氢氧化钠的浓度分别为 10%和 15%（编号 2 和 3）时，对产率没有影响。当氢氧化钠的浓度由 15%增至 25%（编号 4 和 5）时，产率明显降低，TLC 跟踪反应，发现副产物增多，产率降低。当氢氧化钠的浓度增至 30%时，TLC 跟踪反应，无目标产物生成，继续增大氢氧化钠浓度，TLC 监测反应，仍无目标产物生成，这可能由于强碱导致氨糖的破坏。因此选择 10% 氢氧化钠作为碱性环合体系。

（3）反应温度的优化

以反应时间、环合试剂及环合试剂浓度为固定量，反应温度为变量，考察温度对产率的影响，以目标产物 **1a** 的产率为标准，确定最佳反应温度。见表 7-6、图 7-13。

表 7-6　温度对产率的影响

编号	温度/℃	产率/%	编号	温度/℃	产率/%
1	30	NR	5	85	76
2	50	NR	6	90	88
3	70	31	7	95	88
4	80	57	8	100	73

实验中，反应温度的变化起着重要作用，对目标产物的产率影响大，当反应温度为 30 ℃和 50 ℃时，未发生反应（编号 1 和 2）。当反应温度小于 85 ℃时，反应发生，但产率仅为 31%和 57%（编号 3 和 4）。当反应温度为 90 ℃和 95 ℃，产

率达到最佳（编号6和7），但温度不断升高至100 ℃时，产率反而下降（编号8），可能因为持续高温，加速了碱性体系下氨基葡萄糖的裂解，发生副反应，产生多种副产物，使产率降低，因此，确定90 ℃为最佳反应温度。

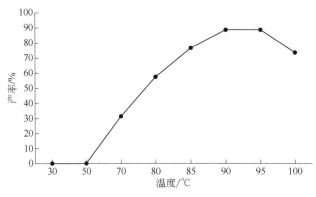

图7-13　温度与产率的相关性

（4）反应时间的优化

以反应温度、环合试剂及环合试剂浓度为固定量，反应时间为变量，考察时间对产率的影响，以目标产物 **1a** 的产率为标准，确定最佳反应时间。见表7-7、图7-14。

表7-7　反应时间对产率的影响

编号	时间/h	产率/%	编号	时间/h	产率/%
1	1	17	5	5	88
2	2	36	6	6	88
3	3	53	7	7	76
4	4	80			

实验中，反应时间对产率影响很大，随着时间延长，产率不断提高，在5 h和6 h的时候，达到最大产率（编号5和6），反应发生完全，6 h后，产率随时间的延长反而降低（编号7），可以断定，在碱性体系中持续高温反应，会导致糖环的裂解。因此，5 h为最佳反应时间。

因此，通过多次试验得到最佳反应条件：以10%的氢氧化钠溶液作为碱性环合试剂，并作为溶剂，反应温度为90 ℃，反应5 h。

综上所述，本节主要研究了氨糖羟基的保护基选择、糖基异硫氰酸酯的合

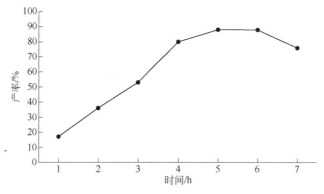

图 7-14　时间与产率的相关性

成，以及碱性条件下实现 N-糖基-N′-芳酰胺基硫脲一步合成糖基三氮唑类化合物，讨论了碱性环合试剂、环合试剂的浓度、温度及时间对目标化合物合成的影响，得到最佳反应条件。探究了芳环上取代基对反应的影响，发现取代基的类型对此反应并无大影响，产率达到 77% 以上。总之，采用此方法可以简单、便捷地合成出 12 种未见报道的 3-芳基-4-糖基-1,2,4-三氮唑-5-硫酮化合物。

7.2　氨基葡萄糖 N-位修饰的1,2,4-三氮唑类衍生物的生物活性研究

对以上系列 12 个化合物进行了乙酰胆碱酯酶抑制活性研究，其实验方法、测试结果如下。

7.2.1　实验方法

7.2.1.1　溶液的配制

同 3.6.1.1。

7.2.1.2　实验原理

同 3.6.1.2。

7.2.2　结果分析

7.2.2.1　活性测定结果

每个化合物平行测定三次并取其平均值，根据公式计算抑制率，具体测试结果见表 7-8。

表7-8 目标化合物体外 AChE 抑制活性检测结果

化合物	结构	抑制活性	
		抑制率/%	IC$_{50}$/(μmol/L)
	OH / HO, HO, OH / NH$_2$·HCl	1.79	—
1a	OBn / BnO, BnO, OBn / S, N, N, HN—N, 苯基	94.07	8.07 ± 0.46
1b	OBn / BnO, BnO, OBn / S, N, HN—N, 噻吩基(S)	92.43	6.40 ± 0.24
1c	OBn / BnO, BnO, OBn / S, N, HN—N, F	92.11	3.01 ± 0.83
1d	OBn / BnO, BnO, OBn / S, N, HN—N, Cl	85.51	12.47 ± 2.17
1e	OBn / BnO, BnO, OBn / S, N, HN—N, OH	79.01	—
1f	OBn / BnO, BnO, OBn / S, N, HN—N, CH$_3$	94.43	2.04 ± 0.16
1g	OBn / BnO, BnO, OBn / S, N, HN—N, NO$_2$	64.41	—

化合物	结构	抑制活性	
		抑制率/%	IC$_{50}$/(μmol/L)
1h		69.39	—
1i		98.38	4.75 ± 0.32
1j		93.96	2.71 ± 1.03
1k		87.23	12.45 ± 1.31
1l		74.42	—

7.2.2.2 分析讨论

由上表可知, 有 8 个糖基三氮唑化合物对 AChE 表现出较好的抑制活性, 分别为 **1a**、**1b**、**1c**、**1d**、**1f**、**1i**、**1j** 和 **1k**, 其 IC$_{50}$ 分别为 8.07 μmol/L、6.40 μmol/L、3.01 μmol/L、12.47 μmol/L、2.04 μmol/L、4.75 μmol/L、2.71 μmol/L 和 12.45 μmol/L。此外, 卤素取代的化合物活性普遍高于其他取代的化合物。相比之下, 糖基三氮唑化合物 **1f** 表现出最优的抑制效率, 其 IC$_{50}$ 为 2.04 μmol/L。如图 7-15 所示。

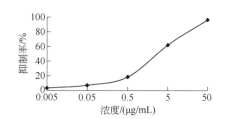

图 7-15 不同浓度下化合物 **1f** 与乙酰胆碱酯酶抑制率的相关性曲线

参考文献

[1] 王艳, 周成合. 三唑类药物研究新进展[J]. 中国科学, 2011, 41 (9): 1429-1456.

[2] Khaligh P, Salehi P, Bararjanian M, et al. Synthesis and in vitro antibacterial evaluation of novel 4-substituted 1-menthyl-1,2,3-triazoles[J]. Chemical Pharmaceutical Bulletin, 2016, 64 (11): 1589-1596.

[3] 胡志强, 杨亚迅, 张功胜, 等. 2-{5-[(1H-1,2,4-三唑-1-基)甲基]-4-苯基-4H-1,2,4-三唑-3-硫基}-1-芳基乙酮类化合物的合成、表征及生物活性测试[J]. 有机化学, 2007, 27(3): 419-423.

[4] Li L J, Ding H, Wang B G. Synthesis and evaluation of novel azoles as potent antifungal agents[J]. Bioorganic & Medicinal Chemistry Letters, 2014, 24 (1): 192-194.

[5] 王超杰, 曹钦坡, 宋攀攀, 等. 3,6-取代-1,2,4-氮三唑[3,4-a]酞嗪衍生物的合成和抗肿瘤活性评价[J]. 有机化学, 2016, 36(10): 1626-1635.

[6] Patel V G, Shukla M B. Synthesis, and antimicrobial evaluation of some new acetamide deriatives containing 1,2,4-triazole ring[J]. International Journal of Research in Pharmaceutical and Biomedical Sciences, 2013, 4(1): 2229-3701.

[7] Khera M K, Cliffe I A, Mathur T. Synthesis and in vitro activity of novel 1,2,4-triazolo[4,3-a] pyrimidine oxazolidinone antibacterial agents[J]. Bioorganic &Medicinal Chemistry Letters, 2011, 21(10): 2887-2889.

[8] Mohamed A A, Gamal E A A, Taha F S A. New nitric oxide donating 1,2,4-triazole oxime hybrids: Synthesis, investigation of antinfla-mimatory, ulceroginic liability and antiproliferative activities[J]. Bioorganic & Medicinal Chemistry Letters, 2013, 23(14): 3839-3849.

[9] Walaa S E S, Mohamed N A, Abbas E M, et al. Synthesis and anti-inflammatory properties of novel 1,2,4-triazole derivatives[J]. Research on Chemical Intermediates, 2013, 39: 2543-2554.

[10] Kaldrikyan M A, Melik R G, Aresnyan F H, et al. Synthesis and antitumor activity of 5-methylbenzofuryl-substituted 1,2,4-triazoles and triazoline-5-thiones[J]. Pharmaceutical Chemistry Journal, 2013, 47(4): 13-16.

[11] Kamal A, Naseer A M, Yellamelli V V. Synthesis and biological evaluation of mercapto triazolo-benzothiadiazine linked aminobenzothiazoles as potential anticancer agents[J]. Chemical Biology & Drug Design, 2009, 73(6): 687-693.

[12] Murty M S R, Ram K R, Rao R V, et al. Synthesis of new s-alkylated-3-mercapto-1,2,4-triazole derivatives bearing cyclic amine moiety as potent anticancer agents[J]. Letters in Drug Design & Discovery, 2012, 9(3): 276-281.